体质健康测评的
基本理论与方法研究

张金铭◎著

中国水利水电出版社
www.waterpub.com.cn
·北京·

内 容 提 要

　　随着生活节奏的加快,人们面临的生活和工作的压力也随之越来越大,用于健身锻炼的时间少之又少。关注体质健康,不仅成为当前研究领域的重要课题之一,同时,也是全社会应该努力的方向。

　　本书对体质健康测评的基本理论进行了全面、深入的分析和研究,主要对身体形态、机能、素质测评的操作方法进行了探讨。

　　本书具有理论性强、逻辑清晰、结构完整、内容全面且丰富等特点,是一本值得学习研究的著作。

图书在版编目(CIP)数据

　　体质健康测评的基本理论与方法研究/张金铭著
. —北京:中国水利水电出版社,2017.6
　　ISBN 978-7-5170-5603-4

　　Ⅰ.①体… Ⅱ.①张… Ⅲ.①人体测量—监测 ②体格检查—监测 Ⅳ.①Q984 ②R194.3

　　中国版本图书馆 CIP 数据核字(2017)第 167435 号

书　　名	体质健康测评的基本理论与方法研究 TIZHI JIANKANG CEPING DE JIBEN LILUN YU FANGFA YANJIU
作　　者	张金铭　著
出版发行	中国水利水电出版社 (北京市海淀区玉渊潭南路1号D座 100038) 网址:www. waterpub. com. cn E-mail:sales@ waterpub. com. cn 电话:(010)68367658(营销中心)
经　　售	北京科水图书销售中心(零售) 电话:(010)88383994、63202643、68545874 全国各地新华书店和相关出版物销售网点
排　　版	北京亚吉飞数码科技有限公司
印　　刷	三河市龙大印装有限公司
规　　格	170mm×240mm　16 开本　19.75 印张　354 千字
版　　次	2017 年 9 月第 1 版　2017 年 9 月第 1 次印刷
印　　数	0001—2000 册
定　　价	88.00 元

前　言

随着社会经济的不断发展,人们的生活水平日益提高,充裕的物质条件带来了"文明病""亚健康"等负面影响。越来越快的生活和工作节奏,人们面临的压力也越来越大,而用于健身锻炼的时间却越来越少。再加上当前垃圾食品泛滥,很多人肥胖的概率大大增加,尤其是青少年。由此,国民体质的整体水平呈现出下降的趋势。因此,关注体质健康不仅成为了当前研究领域的重要课题之一,同时也是全社会应该关注的方向。

关注体质健康,首先要对体质健康有所了解,那么就需要对体质健康进行测评,这是非常重要的一个步骤。这一步骤的实行能够为体质健康的进一步锻炼和发展提供一定的依据和指导,意义重大。但是,从当前形势来看,这方面的专门研究还相对较少,即使有也只是将这些方面的内容做简单地表述,分析得不够透彻,涉及的面也不够广泛,这对于体质健康的充分了解是不利的。鉴于此,特意撰写了《体质健康测评的基本理论与方法研究》一书,希望能够为改善上述问题提供一定的依据和支持。同时,也为进一步促进和提高国民体质健康起到应有的作用。

本书共十章,其中,第一章对体质健康的基本知识进行了阐述,主要包括体质与健康的基本概念与关系、体质与健康评价的指标、我国居民体质健康状况调查以及影响我国居民体质健康的因素,由此能够对体质健康有一个初步的了解和认识;第二章对体质健康测评的理论与发展进行了解析,由此能够对体质健康建立起初步概念;第三章至第六章,分别对身体形态(体格、体型、骨龄、身体成分、身体姿势)测评、身体机能(呼吸系统机能、心血管系统机能、平衡机能、神经系统机能)测评、身体素质(力量、速度、耐力、柔韧、灵敏、协调能力等)测评,以及心理健康与社会适应力测评的理论与操作方法进行了分析。由此能够较为全面地来对体质健康的内容进行测评,具有重要的实践指导意义;第七章对学生、国民、运动员等社会各类群体体质测评的程序与方法进行研究;第八章对提高身体素质的运动处方进行了研究,主要包括青少年、中年人、老年人、女性等不同人群的健身运动方法的制定;第九章对促进体质健康发展的运动方式选择与方法进行了研究;第十章对全民健身运动及健身效果的测评进行了研究。

总的来看,本书结构清晰明了、语言简洁凝练、内容丰富全面,立意新颖独特,对体质健康测评进行了全面、深入地分析和研究,充分体现出了其显著的科学性、系统性、全面性、时代性、实用性等特点,是一本参考和借鉴价值非常强的专业学术著作。

本书在撰写过程中参考借鉴了部分专家学者的研究成果和观点,在此一并表示感谢!另外,由于时间和精力有限,书中不足之处敬请广大读者批评指正!

作　者

目　　录

前言

第一章　体质健康概述……………………………………………… 1
　　第一节　体质与体康的基本概念及关系辨析……………………… 1
　　第二节　体质与健康评价的指标…………………………………… 6
　　第三节　我国居民体质健康状况调查……………………………… 13
　　第四节　影响我国居民体质健康的因素分析……………………… 18

第二章　体质健康测评的理论与发展……………………………… 30
　　第一节　体质健康测评的基本理论………………………………… 30
　　第二节　体质健康测评的科学性研究……………………………… 36
　　第三节　体育测量评价学科的发展概况…………………………… 53

第三章　身体形态测评的理论与操作方法………………………… 57
　　第一节　身体形态测量概述………………………………………… 57
　　第二节　体格测评…………………………………………………… 62
　　第三节　体型测评…………………………………………………… 73
　　第四节　骨龄测评…………………………………………………… 77
　　第五节　身体成分测评……………………………………………… 79
　　第六节　身体姿势测评……………………………………………… 83

第四章　身体机能测评的理论与操作方法………………………… 92
　　第一节　呼吸系统机能的测评……………………………………… 92
　　第二节　心血管系统机能的测评…………………………………… 103
　　第三节　平衡机能的测评…………………………………………… 115
　　第四节　神经系统机能的测评……………………………………… 121

第五章　身体素质测评的理论与操作方法………………………… 124
　　第一节　力量素质测评……………………………………………… 124
　　第二节　速度素质测评……………………………………………… 129

第三节　耐力素质测评 ……………………………………………… 133

第四节　柔韧素质测评 ……………………………………………… 140

第五节　灵敏素质测评 ……………………………………………… 145

第六节　协调能力测评 ……………………………………………… 150

第七节　身体素质成套测评 ………………………………………… 155

第六章　心理健康与社会适应力测评的理论与操作方法 ………… 157

第一节　心理健康与社会适应力的关系 …………………………… 157

第二节　心理健康与社会适应力测评的基本理论 ………………… 159

第三节　心理健康测评 ……………………………………………… 169

第四节　社会适应力测评 …………………………………………… 182

第七章　社会各类群体体质测评的程序与方法研究 ……………… 189

第一节　学生体质测评 ……………………………………………… 189

第二节　国民体质测评 ……………………………………………… 199

第三节　运动员选材测评 …………………………………………… 203

第八章　提高身体素质的运动处方研究 …………………………… 221

第一节　运动处方概述 ……………………………………………… 221

第二节　青少年健身运动处方 ……………………………………… 230

第三节　中年人健身运动处方 ……………………………………… 240

第四节　老年人健身运动处方 ……………………………………… 244

第五节　女性健身运动处方 ………………………………………… 247

第九章　促进体质健康发展的运动方式选择与方法研究 ………… 254

第一节　体质健康促进的理论基础 ………………………………… 254

第二节　体质健康促进的原则与方法 ……………………………… 260

第三节　体质健康促进的常见运动项目与锻炼方法 ……………… 264

第十章　我国全民健身运动及健身效果的测评研究 ……………… 286

第一节　全民健身概述 ……………………………………………… 286

第二节　全民健身活动的分类与管理 ……………………………… 290

第三节　全民健身效果的评价 ……………………………………… 302

参考文献 ………………………………………………………………… 308

第一章　体质健康概述

体质健康已成为当前社会普遍关注的热点话题。这主要归因于当前社会经济的快速发展，人们生活水平的不断提高，物质生活的不断满足，以及对精神文化生活的不断追求等。健康的体质对人们从事正常的工作、生活、学习有着非常积极的影响。本章就体质健康的基本知识进行阐述。

第一节　体质与健康的基本概念及关系辨析

一、体质的概念

体质，即人体的质量，主要是人体在先天的遗传性和后天的获得性基础上所表现出来的生理功能、心理发展、身体素质和运动能力等方面综合的、相对稳定的特征。体质包括人体的体能、体格、精神状态、生理机能和适应能力等内容的发展水平。

先天遗传性和后天获得性是决定人体质好坏的两个重要因素。

先天遗传性是指对人体生长发育变化产生影响的先决条件，如相貌肤色、身体素质、性格特征、形态结构等，这些都会受到先天遗传的影响。

后天获得性是指由体育锻炼、营养状况、地质气候、劳动条件、社会环境、保健及卫生医疗等构成的影响人体发展变化的后天条件。

从概念方面来说，体质是指人进行生命活动和工作能力的物质基础。在人体基本活动能力方面，强健的体质是其中的基本条件。

（一）体质的科学内涵

（1）体质的内涵明确指出人作为一个有机整体，是相互密切协调的、统一的。体质就是这个有机整体中诸多能力的综合体现。

（2）体质的内涵重点强调了体质在身体和心理两个方面发生、发展过程中的密切联系，与动物有着本质的区别。

（3）体质的内涵在承认先天遗传因素作用的同时，也强调了体质塑造中后天因素的重要性。由于种族、民族、地域、性别、年龄的不同，人群和个体的体质发展表现出明显的规律性和特殊性，而并不是完全相同的形式。

（4）体质的内涵强调要综合地对体质状况进行评价。

（5）体质的内涵既强调了生理功能和体格发育是以身体素质和运动能力作为外在表现，又强调了合理、科学的体育锻炼能够很好地促进体格的发育和生理功能的能动作用。体质对于全民健身事业的发展和群众体育活动的开展都具有非常重要的意义。

（6）随着社会科技的快速发展，以及人们认识水平的不断提高，对体质的概念及其范畴也有了更深入的见解。在任何一个时期，体质的概念都不是人们认识的终结，也不是真理的穷尽，而只是对当时现实的概括。由此可见，随着人们认识水平的提高，体质的内涵也随之得到不断的发展。

（7）体质研究是一个非常复杂的系统工程。从体质研究的整个过程来看，它是没有穷尽的，而从体质研究领域来看，各个学科都是相互纵横交错，有着非常密切的联系。所以跨区域、跨专业、跨学科对体质进行综合的研究是非常必要的。当然，这并不是要排除深入研究，对于某些课题来说，进行单一学科和局部范围内的深入研究也是必不可少的。但要做好与其他学科和科学进行联系，对其他研究领域的知识和研究成果进行借鉴和应用，以更好地避免片面性。

（二）理想体质

在体质的形成、发展和消亡的过程中，具有明显的个体性差异和阶段性，表现出从健康状态到功能障碍，甚至是严重疾病状态或从一般功能状态到最佳功能状态等各种不同的体质水平。理想体质是指在不同的状态中，人体体质所表现出来的较高水平和较高层次。理想体质有着非常明显的人群特征，如职业、种族、性别和年龄等。

所谓理想体质就是指在遗传的基础上，经过后天的努力塑造所达到的全面良好状态。

理想体质主要从以下几个方面体现出来：

（1）身体健康，主要是指人体各脏器没有疾病。

（2）体格健壮、体型匀称，身体形态发育良好。

（3）运动系统、呼吸系统和心血管系统具有良好的生理机能。

（4）具有较强的工作能力和运动能力。

（5）健康的心理，具有坚定的意志和乐观的情绪，有着较强的抗刺激和抗干扰能力。

（6）具有较强的适应自然环境和社会环境的能力。

综合可知，要想对理想体质进行客观评价，必须要采用多指标进行全面综合的评价，而且原则上应以同样人群的较高水平（即处于该人群第 80 百分位数以上）的数据，建立理想体质的评价标准。

二、健康的概念

（一）健康的定义

进入 21 世纪之后，对于健康的认识，人们不再只是停留在身体没有疾病这一层面，世界卫生组织将其定义为健康并不是单指一个人身体没有疾病或虚弱现象，而是指身体、心理、社会与自然和谐统一的完美状态，也就是说一个人只有在身体、心理、社会适应和道德四个方面都处于完美状态才能算是完全健康的人。

从定义的角度来看，现代健康更加多元和广泛，它包含了生理、心理和社会适应三个方面。一个人的社会适应性主要是由其生理和心理素质状况决定的，对于心理健康来说，身体健康是其基础；同时身体健康又将心理健康作为精神支柱。一些心理问题的出现是随着生理状况的改变而产生的，如疾病或生理缺陷，特别是痼疾，很容易使人产生烦恼、抑郁、焦躁、忧虑等不良情绪，从而导致各种不正常心理状态的出现。情绪的好坏会对人的生理功能产生影响，如良好的情绪状态可以使人的生理功能达到最佳状态；反之，就会使人体的某种生理功能降低而引起疾病。要想做到身心统一，就必须做到身体和心理两个方面紧密依存。

（二）健康的分类

根据现代健康的定义，可将健康分为身体健康、心理健康和社会健康（社会适应性）三种，具体如下。

1. 身体健康

身体健康是指人的身体能够正常生长发育，能够抵抗一般的感冒和传染性疾病，具有良好的生活节奏和生活习惯，主要表现为体态匀称，食欲好，睡眠好，气色佳、有精神，不易感到疲劳，具有良好的体能，能够满足日常生活和工作的需要。

2. 心理健康

心理健康包含狭义和广义两个层面,就广义层面来说,心理健康指的是一种高效的、满意的、持续的心理状态;狭义层面的心理健康更是指一个人的心理活动过程内容完整、协调一致,也就是说,人的行为、情感、意志、认识、人格协调和完整,在与社会相适应的同时,还能够同社会更好地保持同步。

确切地说,所谓心理健康就是指一个人在生理、心理方面与社会处于相互协调的和谐状态,主要表现在以下几个方面。

(1)智力正常。正常的智力是人们进行日常生活、工作、劳动和学习所必须具备的最为基本的心理条件。

(2)情绪愉快与稳定。愉快、稳定的情绪是一个人心理健康的重要标志,它意味着一个人的机体功能协调,能够表明其中枢神经系统处在一个相对平衡的状态。

(3)行为协调统一。人的意识支配人的行为,思想与行为统一、协调,同时具有自我控制的能力。当一个人表现为思想混乱、注意力无法集中,做事杂乱无章,语言支离破碎时,就表明其意识和行为产生了矛盾,这时就需要进行心理调节。

(4)和谐的人际关系。在现代社会生活中,人与人之间要善于友好相处,构建一个良好、和谐的人际关系。

通常来说,交往活动中能够将一个人的心理健康状态很好地表现出来。和谐的人际关系是维持心理健康的必要条件,同时也是重新获得心理健康的重要方法。

(5)良好的社会适应能力。人们生活在变化万千、纷繁复杂的大千世界之中,这就注定了一生中人会遇到各种困难和挫折,以及环境的变化。只有具备了良好的社会适应能力,才能对社会环境的变化进行较好的适应和应对。当然,并不是在每个方面都能对心理健康有所体现。在社会生活实践中,只要能够对自我有正确的认识,能够自觉控制自我,正确地看待和对待外界,使心理保持平衡和协调,这便具备了心理健康的基本特征。

3. 社会健康

社会健康是指个体同他人、个体同社会环境之间的交互作用,同时具有良好的人际关系和实现社会角色的能力,又称为社会适应性。

目前,尚未对社会健康所包括的内容做出统一的定论。对于社会适应能力划分,《体育运动与大学社会适应能力的关系研究》(肖丽琴,2007)将其划分为:学习能力、独立能力、人际关系、自我归属、耐挫力、道德规范、心理压力、合作竞争八个维度。在社会交往中,具有良好社会适应能力的人通常能够表现为能够同他人友好相处,少生烦恼,心情舒畅,具有安全感和自信心;知道如何结交朋友、维持友谊,知道如何帮助他人或向他人求助,能聆听他人的意见,表达自己的思想,能以负责任的态度行事,并且能够在社会中找到适合自己的位置。

从某种意义上来说,一个人社会适应能力的高低可以表明其成熟程度。对于大学生来说,具备良好的社会适应能力对其步入社会,谋求生存和发展具有重要的意义。

(三)亚健康

亚健康是一个新概念,是一个新的医学理论,它是随着科技和社会的快速发展,人们生活水平的不断提高而出现的产物。在现代社会生活中,人们的社会生活压力和不健康的生活方式都在不断增大,这对亚健康的产生有着非常直接的影响。作为一种状态,世界卫生组织将亚健康定义为:处于健康与疾病之间的一种临界状态,换句话说就是虽然通过各种医学仪器检验,结果是阴性的,但人体的各个系统仍然有不适感。

亚健康主要表现为以下几个方面。

(1)由于长期的精神紧张、脑力劳动过度所造成的疲劳综合征,如失眠、健忘、心悸、胸闷气短、精力不足、注意力分散,遇事紧张,颈、肩、腰、背酸痛等。

(2)重病恢复期以及长期慢性病所引起的各种不适等。

(3)由于内分泌失调、更年期综合征及人体衰老所引起的盗汗、抑郁、头晕、目眩、烦躁、潮热、月经不调、性机能减退等。

从中医理论的角度,结合亚健康的诸多表现来说,亚健康就是"虚劳症精气不足型"。中医对心、肝、脾、肾五脏功能和人体的阴阳气血进行调理,促使其恢复到正常的状态,以对"虚劳症"进行克服。

三、体质与健康的关系辨析

(一)体质与健康相互区别

体质与健康是从不同的范畴、不同的角度来对人体的状况进行探究的两个相互关联的概念。从概念的外延来看,体质只是健康的一个方面,而健康内在地包含着体质,增强体质和增进健康是相互一致的,体质的增强最终是为了增进健康,而人们的最终目标便是增进健康。健康更加侧重与强调对自然环境和社会环境的适应、疾病的预防、卫生保健、心理卫生,以及对生活方式的影响等。

(二)体质与健康相互联系

人类对体质健康的理解随着时代的不断发展和进步而得到更为深入的认识,同时针对体质健康的全面评价和测试也得以不断地探索和研究。人的体质强弱和健康状况的好坏都与人体的形态发育、运动能力、心理状况、生理机能等有着直接的联系;体质,是所有生命活动的重要物质基础;而健康是体质状况的表现和反映。所以说,健康是将体质作为前提和基础的,通过采用各种方法和手段来促使体质得以不断增强,其最终的目的就是增进健康,对生活进行享受。

体质与健康之间存在一定的相关性,但并不是线性关系。但对于健康的人来说,他们的体质也同样存在着很大的差别,而体质相近的人,在健康状况方面也存在着很大的不同。例如,从客观来讲,一个身心、社会都处于良好的状态,但在主观上总是担心自己有什么疾病,又或者从主观上来讲,一个人自我感觉良好,但客观上却存在着某种疾病,这些都是不健康的。对于学生来说,通过进行身体运动锻炼和医疗保健,增强体质,最终目的是为了改善自身的健康状况,使生活更加幸福、快乐。

根据《国家学生体质健康标准来看》,对于体质健康可以分为二位一体的一个概念,换句话说,大学生的健康状况通过体质健康突出问题和大学生体质测试成绩等级来说明。对于体质健康水平,体质健康能够从身体形态、身体机能、身体素质、常见病等方面来加以综合评定。

第二节 体质与健康评价的指标

对于体质与健康评价的指标,本节主要以大学生体质与健康的评价相关指标来进行分析。

一、体质的评价指标

体质的相关评价指标在内容和方法方面有很多,结合大学生具体实际,其主要的评价指标包括以下几个方面。

（一）身体形态发育指标

反映身体形态发育的基本指标主要有身高、体重、胸围三项。通过这三项的测试，可以反映骨骼、肌肉的发育以及营养和呼吸功能状况。

（二）生理机能指标

生理机能是指人体各器官系统的功能状况，主要通过脉搏、血压和肺活量等指标，反映心血管系统和呼吸系统的生长发育和机能的发展水平。

（三）身体素质和运动能力指标

当前，我国大学生测定身体素质和运动能力时，主要选择代表速度素质和快速奔跑能力的 50 米跑；代表下肢、肩部和腰腹力量协调素质及跳跃能力的立定跳远；代表上肢力量和攀登能力的引体向上或握力；代表女生腰腹肌力量和耐力的一分钟快速仰卧起坐；代表持久能力反映人体心肺功能的男生 1 000 米跑和女生的 800 米跑，或 50 米×8 往返跑；以及代表柔韧素质的坐位体前屈等。

（四）心理指标

心理指标主要包括反应能力、感知能力、注意力和认知能力。

二、健康的评价指标

在对健康指标进行制定时，必须把年龄、性别、地区等因素的差异考虑在内，同时也要对民族差异进行考虑。

通常来说，人体的健康指标是由身体的健康、精神的健康和社会适应的健康三方面因素构成。

（一）身体的健康

世界卫生组织（WHO）认为健康应具备以下标志：

（1）精力充沛，对于日常的工作和生活压力都能够从容地进行应对，并且不感到过分紧张。

（2）处事乐观，乐于承担责任，态度积极。

（3）善于休息，睡眠良好。

（4）具有较强的应变能力，对外界环境的诸多变化都能够积极适应。

（5）能抵抗感冒等一般性传染病。

（6）体重适当，身体匀称，站立时头、肩、背位置协调。

（7）反应敏锐，眼睛明亮，眼睑没有炎症。

（8）牙齿清洁、无空洞、无痛感，齿龈颜色正常、无出血现象。

（9）头发有光泽，无头皮屑。

（10）肌肉丰满，皮肤具有弹性，走起路来比较轻松。

从上可知，健康除了身体没有疾病之外，还包括在精神、身体两个方面都能够对自然和社会环境进行快速完全的适应。

（二）精神的健康

这包括一个人的行为思想与其基本价值观方向一致，觉得生活充实有意义，对美和善的向往，能精力充沛地履行各种职能，完成各种任务，而且能从中发现并享受乐趣，感受到自身的价值，使生活变得更有意义。

（三）社会适应的健康

能够融洽、愉快地扮演生活中的各种角色，如朋友、邻居、同学、恋人等，在社会各领域的生活中发挥积极的作用。

三、体质与健康的综合评价方法

为了贯彻《中共中央国务院关于深化教育改革全面推进素质的决定》提出的"学校教育要树立健康第一的指导思想，切实加强体育工作"的精神，促进学生积极参加体育锻炼，教育部与国家体育总局于 2002 年联合颁布了《学生体质健康标准（试行方案）》（以下简称《标准》）。

对于全日制中小学、中等职业学校和普通高等学校的在校学生来说，这一《标准》都是比较适用的。《标准》采用百分制来进行计分。测试项目包括身高、体重、肺活量、握力、坐位体前屈、立定跳远、仰卧起坐、台阶试验、50米跑、50 米×8 往返跑、800 米跑、1 000 米跑。由于学生处于不同的年级，所以有着不同的必测和选测项目，并且根据测试的结果可以给出相应的评分和评价等级。《标准》代替了《大学生体育合格标准》《中学生体育合格标准》《小学生体育合格标准》。与此同时，《标准》成绩即作为《国家体育锻炼标准》达标成绩。相比原来的各种评测体系，《标准》贯彻了"健康第一"的主导思想，更加科学、合理、全面。"更科学的评估体系"是新标准的一大特点。科学研究发现，身体形态对人体健康具有很重要的意义。从新标准来看,身体形态是整体评价的一个方面,并且在低年龄组评价体系中占有非常大的比重。另一方面,一个人是否健康可以通过其心血管系统和呼吸系统功能的强弱予以反映出来,这两个指标也是决定人的生命长短的重要因素。在新标准中,机能的评价也被列为一个重要指标(表1-1至表1-4)。

《标准》强调的是促进学生身体的正常生长和发育、形态机能的全面协调发展、身体健康素质的全面提高和激励学生主动自觉地参加经常性的体育锻炼的功能。其目的是促使学生家长甚至全社会都能够重新认识"健康"概念,能够有助于为学生更好地实现体质健康目标提供明确的帮助和督导;能够更好地促使学校体育课程得到全面改革;能够针对学生的体质与健康状况进行及时监督和反馈,从而更好地激发学生自觉参与体育锻炼,一生追求健康的生活方式;能够很好地减轻学校、教师和学生的负担,有助于学校和行政部门进行管理。

表 1-1　学生体质健康评分标准(男生)

分值/项目		台阶试验	1 000米跑	肺活量体重指数	50米跑(秒)	立定跳远(厘米)	坐位体前屈(厘米)	握力体重指数
优秀	成绩 分数	59以上 20	3′39以下 20	75以上 15	6.8以下 30	255以上 30	18.1以上 20	75以上 20
	成绩 分数	58~54 17	3′40~3′46 17	74~70 13	6.9~7.0 26	254~250 26	18.0~16.0 17	74~70 17
良好	成绩 分数	53~50 16	3′47~4′00 16	69~64 12	7.1~7.3 25	249~239 25	15.9~12.3 16	69~63 16
	成绩 分数	49~46 15	4′01~4′18 15	63~57 11	7.4~7.7 23	238~227 23	12.2~8.9 15	62~56 15
及格	成绩 分数	45~43 13	4′19~4′29 13	56~54 10	7.8~8.0 20	226~220 20	8.8~6.7 13	55~51 13
	成绩 分数	42~40 12	4′30~5′04 12	53~44 9	8.1~8.4 18	219~195 18	6.6~0.1 12	50~41 12
不及格	成绩 分数	39以下 10	5′05以上 10	43以下 8	8.5以上 15	194以下 10	0.1以下 10	40以下 10

表 1-2　学生体质健康评分标准（女生）

分值/项目		台阶试验	800米跑	肺活量体重指数	50米跑（秒）	立定跳远（厘米）	坐位体前屈（厘米）	握力体重指数	仰卧起坐（次/1分钟）
优秀	成绩 分数	56以上 20	3'37以下 20	61以上 15	8.3以下 30	196以上 30	18.1以上 20	57以上 20	44以上 20
	分数 成绩	55～52 17	3'38～3'45 17	60～57 13	8.4～8.7 26	195～187 26	18.0～16.2 17	56～52 17	43～41 17
良好	成绩 分数	51～48 16	3'46～4'00 16	56～51 12	8.8～9.1 25	186～178 25	16.1～13.0 16	51～46 16	40～35 16
	成绩 分数	47～44 15	4'01～4'19 15	50～46 11	9.2～9.6 23	177～166 23	12.9～9.0 15	45～40 15	34～28 15
及格	成绩 分数	43～42 13	4'20～4'30 13	45～42 10	9.7～9.8 20	165～161 20	8.9～7.8 13	39～36 13	27～24 13
	成绩 分数	41～25 12	4'31～5'03 12	41～32 9	9.9～11.0 18	160～139 18	7.7～3.0 12	35～29 12	23～20 12
不及格	成绩 分数	24以下 10	5'04以上 10	31以下 8	11.1以上 15	138以下 15	2.9以下 10	28以下 10	19以下 10

注：大学生《学生体质健康标准》中测试项目分为选测和必测项目。其中必测项目包括身高、体重、肺活量。选测项目为三项：男生从台阶试验、1 000米中选测一项，女生从台阶试验、800米跑中选测一项；从50米跑、立定跳远选一项；男生从坐位体前屈、握力中选一项；女生从坐位体前屈、握力、仰卧起坐中选一项。

表 1-3　男大学生身高标准体重（体重单位：千克）

身高段（厘米）	营养不良 7分	较低体重 9分	正常体重 15分	超重 9分	肥胖 7分
160.0～160.9	<43.1	43.1～52.5	52.6～60.0	60.1～62.5	≥62.6
161.0～161.9	<43.8	43.8～53.3	53.4～60.8	60.9～63.3	≥63.4
162.0～162.9	<44.5	44.5～54.0	54.1～61.5	61.6～64.0	≥64.1
163.0～163.9	<45.3	45.3～54.5	54.9～62.5	62.6～65.0	≥65.1
164.0～164.9	<45.9	45.9～55.5	55.6～63.2	63.3～65.7	≥65.8

续表

身高段（厘米）	营养不良	较低体重	正常体重	超重	肥胖
	7分	9分	15分	9分	7分
165.0～165.9	<46.5	46.5～56.3	56.4～64.0	64.1～66.5	≥66.6
166.0～166.9	<47.1	47.1～57.0	57.1～64.7	64.8～67.2	≥67.3
167.0～167.9	<48.0	48.0～57.8	57.9～65.6	65.7～68.2	≥68.3
168.0～168.9	<48.7	48.7～58.5	58.6～66.3	66.4～68.9	≥69.0
169.0～169.9	<49.3	49.3～59.2	59.3～67.0	67.1～69.6	≥69.7
170.0～170.9	<50.1	50.1～60.0	60.1～67.8	67.9～70.4	≥70.5
171.0～171.9	<50.7	50.7～60.6	60.7～68.8	68.9～71.2	≥71.3
172.0～172.9	<51.4	51.4～61.5	61.6～69.5	69.6～72.1	≥72.2
173.0～173.9	<52.1	52.1～62.2	62.3～70.3	70.4～73.0	≥73.1
174.0～174.9	<52.9	52.9～63.0	63.1～71.3	71.4～74.0	≥74.1
175.0～175.9	<53.7	53.7～63.8	63.9～72.2	72.3～75.0	≥75.1
176.0～176.9	<54.4	54.4～64.5	64.6～73.1	73.2～75.9	≥76.0
177.0～177.9	<55.2	55.2～65.2	65.3～73.9	74.0～76.8	≥76.9
178.0～178.9	<55.7	55.7～66.0	66.1～74.9	75.0～77.8	≥77.9
179.0～179.9	<56.4	56.4～66.7	66.8～75.7	75.8～78.7	≥78.8
180.0～180.9	<57.1	57.1～67.4	67.5～76.4	76.5～79.4	≥79.5
181.0～181.9	<57.7	57.7～68.1	68.2～77.4	77.5～80.6	≥80.7
182.0～182.9	<58.5	58.5～68.9	69.0～78.5	78.6～81.7	≥81.8
183.0～183.9	<59.2	59.2～69.6	69.7～79.4	79.5～82.6	≥82.7
184.0～184.9	<60.0	60.0～70.4	7.05～80.3	80.4～83.6	≥83.7
185.0～185.9	<60.8	60.8～71.2	71.3～81.3	81.4～84.6	≥84.7
186.0～186.9	<61.5	61.5～72.0	72.1～82.2	82.3～85.6	≥85.7
187.0～187.9	<62.3	62.3～72.9	73.0～83.3	83.4～86.7	≥86.8
188.0～188.9	<63.0	63.0～73.7	73.8～84.2	84.3～87.7	≥87.8
189.0～189.9	<63.9	63.9～74.5	74.6～85.0	85.1～88.5	≥88.6
190.0～190.9	<64.6	64.6～75.4	75.5～86.2	86.3～89.8	≥89.9

注：身高低于表中所列出的最低身高段的下限值时，身高每低1厘米，实测体重需加上0.5千克，实测身高需加上1厘米，再查表确定分值。身高高于表中所列出的最高身高段时，身高每高1厘米，其实测体重需减去0.99千克，实测身高需减去1厘米，再查表确定分值。

表1-4　女大学生身高标准体重(体重单位:千克)

身高段 （厘米）	营养不良	较低体重	正常体重	超重	肥胖
	7分	9分	15分	9分	7分
150.0～150.9	＜39.9	39.9～46.6	46.7～56.2	56.3～59.3	≥59.4
151.0～151.9	＜40.3	40.3～47.1	47.2～56.7	56.8～59.8	≥59.9
152.0～152.9	＜40.8	40.8～47.6	47.7～57.4	57.5～60.5	≥60.6
153.0～153.9	＜41.4	41.4～48.2	48.3～57.9	58.0～61.1	≥61.2
154.0～154.9	＜41.9	41.9～48.8	48.9～58.6	58.7～61.9	≥62.0
155.0～155.9	＜42.3	42.3～49.1	49.2～59.1	59.2～62.4	≥62.5
156.0～156.9	＜42.9	42.9～49.7	49.8～59.7	59.8～63.0	≥63.1
157.0～157.9	＜43.5	43.5～50.3	50.4～60.4	60.5～63.6	≥63.7
158.0～158.9	＜44.0	44.0～50.8	50.9～61.2	61.3～64.5	≥64.6
159.0～159.9	＜44.5	44.5～51.4	51.5～61.7	61.8～65.1	≥65.2
160.0～160.9	＜45.0	45.0～52.1	52.2～62.3	62.4～65.6	≥65.7
161.0～161.9	＜45.4	45.4～52.5	52.6～62.8	62.9～66.2	≥66.3
162.0～162.9	＜45.9	45.9～53.1	53.2～63.4	63.5～66.8	≥66.9
163.0～163.9	＜46.4	46.4～53.6	53.7～63.9	64.0～67.3	≥67.4
164.0～164.9	＜46.8	46.8～54.2	54.3～64.5	64.6～67.9	≥68.0
165.0～165.9	＜47.4	47.4～54.8	54.9～65.0	65.1～68.3	≥68.4
166.0～166.9	＜48.0	48.0～55.4	55.5～65.5	65.6～68.9	≥69.0
167.0～167.9	＜48.5	48.5～56.0	56.1～66.2	66.3～69.5	≥69.6
168.0～168.9	＜49.0	49.0～56.4	56.5～66.7	66.8～70.1	≥70.2
169.0～169.9	＜49.4	49.4～56.8	56.9～67.3	67.4～70.7	≥70.8
170.0～170.9	＜49.9	49.9～57.3	57.4～67.9	68.0～71.4	≥71.5
171.0～171.9	＜50.2	50.2～57.8	57.9～68.5	68.6～72.1	≥72.2
172.0～172.9	＜50.7	50.7～58.4	58.5～69.1	69.2～72.7	≥72.8
173.0～173.9	＜51.0	51.0～58.8	58.9～69.6	69.7～73.1	≥73.2

身高段 （厘米）	营养不良 7 分	较低体重 9 分	正常体重 15 分	超重 9 分	肥胖 7 分
174.0～174.9	＜51.3	51.3～59.3	59.4～70.2	70.3～73.6	≥73.7
175.0～175.9	＜51.9	51.9～59.9	60.0～70.8	70.9～74.4	≥74.5
176.0～176.9	＜52.4	52.4～60.4	60.5～71.5	71.6～75.1	≥75.2
177.0～177.9	＜52.8	52.8～61.0	61.1～72.1	72.2～75.7	≥75.8
178.0～178.9	＜53.2	53.2～61.5	61.6～72.6	72.7～76.2	≥76.3
179.0～179.9	＜53.6	53.6～62.0	62.1～73.2	73.3～76.7	≥76.8
180.0～180.9	＜54.1	54.1～62.5	62.6～73.7	73.8～77.0	≥77.1

第三节　我国居民体质健康状况调查

一、我国城乡居民的体质健康现状对比

（一）我国城乡居民综合身体素质水平

根据有关我国城乡居民综合身体素质的相关调查可知，在综合身体素质方面，我国城镇社区居民同城乡社区居民存在着比较明显的差异。究其原因是因为我国城镇社区居民同农村社区居民两者之间在经济收入以及受教育程度方面存在一定的差距，在对社区居民身体素质产生影响方面，经济收入水平是其中一个非常重要的因素。另外，农村社区居民对体育活动的认识不够。

（二）我国城乡居民患慢性病的情况

从糖尿病、高血压等一些慢性疾病的患病情况来看，我国城镇社区居民要比农村社区居民的患病率高很多，这主要是因为城镇社区居民的生活水平普遍较高，并且膳食习惯以"三高"为主，即高脂肪、高糖、高蛋白。正因为含"三高"的食物在膳食中所占的比例较高，造成营养过剩和营养不平衡，再加上暴饮暴食等不良生活习惯，就会直接导致各种疾病的发生，如高血脂、

脂肪肝、糖尿病、高血压,这些疾病如果没有得到及时的预防和治疗,便会演变成中风、冠心病等。从医学临床研究可知,我国城乡社区居民的脂肪肝患病率逐年猛增,并趋于低龄化,30—40 岁为脂肪肝高发期。

(三)我国城乡居民体育锻炼及吸烟情况

1.我国城乡居民体育锻炼情况

在促使我国城乡社区居民的健康水平得以不断提高方面,体育锻炼具有非常重要的作用。根据近几年的相关调查发现,体育锻炼的整体情况,城乡社区居民并不乐观,参与体育锻炼的比例非常低,每周体育锻炼持续时间短,次数少,且城乡社区居民也有显著差异。在影响农村社区居民身体健康的因素中,除经济、文化外,体育锻炼是一个非常重要因素,农村社区居民不能把体力劳动代替体育锻炼。

农村社区居民较少参加体育锻炼的原因如下:

(1)对体育锻炼缺乏认识。

(2)缺少科学进行体育锻炼的指导。

(3)缺乏体育锻炼的场所。

因此,对农村社区居民体育锻炼意识进行加强培养,促使社会指导员的作用得到充分发挥,对农村社区居民进行体育锻炼的培训和健康教育是非常迫切与急需的。在今后的社区规划中,要充分考虑体育场所与体育设施的规划与建设。

2.城乡社区居民的吸烟率较高且有显著差别

与城镇社区居民比,农村社区居民的收入比较低,但在吸烟率方面要比城镇社区居民高出很多。根据相关调查,每年我国因吸烟而死亡的人数就达到 100 多万。根据相关专家预计,到 2030 年,因吸烟所造成的心血管疾病、肺癌、慢性阻塞性肺部疾患的人数会达到 300 多万。吸烟不但危害自己,而且污染环境,危及周围的不吸烟者,特别是妇女、儿童。因吸烟、噪声、环境污染、药物、遗传、感染、疾病等原因,我国每年新增聋儿 3 万多名。我国在患病和死亡率相关因素中吸烟占 51.4%,在我国广大的农村,有众多的烟民,而且烟龄有下降的趋势。因此,应从预防青少年吸烟着手,加强学校健康教育课程。政府应当制定和执行有利于健康的控烟政策和法律、法规,采取宣传、教育与立法相结合的措施,降低城乡社区居民的吸烟率,提高城乡社区居民的健康水平。

二、我国学生的体质健康现状

(一)我国学生的健康状况

1.身体形态

在学生生长发育方面,身体形态是对学生生长发育水平进行反映的一种重要的外显指标,通常包括围度、长度、重量以及相互关系。根据学生体质调查表明,我国学生的体型总体趋势是由以前的细长型向适中型发展,但两极分化现象严重,主要表现为胖的太胖、瘦的太瘦,大学生中超重及肥胖学生明显增多,超重和肥胖问题已成为学生不容忽视的重要健康问题。

2.肺活量指数

在对人体的持续工作能力和体质健康进行衡量时,肺活量是其中的一个重要因素,在对学生体质健康进行评价方面具有非常重要的意义。根据相关调查表明,我国学生的肺活量与以往相比又有所下降,肺活量指数不合格,这是学生在日常生活中缺乏体育锻炼的表现,尤其是较大运动量的耐力性运动。

3.身体素质

身体素质主要包括柔韧、力量、爆发力、耐力、速度等,根据相关文献可知,学生的身体素质水平正在不断下降,不同的指标在下降幅度方面呈现出不同的特点。例如,就重庆大学生体质健康情况来看,现阶段的大学生与往年的大学生体制健康存在显著的差异,其中,肺活量、体重指数呈现出下降趋势,且下降速度非常显著,男、女肺活量均值明显低于全国平均值。除了在弹跳(立定跳远)方面有所提高之外,在耐力、速度、爆发力等身体素质方面都呈现出下降的趋势。由此可知,我国学生的身体形态发生了较大变化,肺活量体重指数也呈现出下降的趋势,耐力素质是其中下降最为明显的,这种机能、素质、形态发展的不平衡,主要是由于大学生缺乏相应的体育锻炼所造成的。

(二)我国学生体质下降的原因

学生体质的不断下降现已成为世界性问题,这些年来,美国、日本以及欧洲一些国家都报道了有关学生体质不断下降的相关研究。我国学生体质健康存在突出问题且发展较为迅速,在政府文件中也曾指出令我国学生体质健康水平下降的原因有两个方面:一方面,受应试教育的影响,过于对升学率进行片面追求,学校和社会都存在着轻体育、重智育的倾向,学生有着非常沉重的课业负担,这造成了学生在休息和参与体育锻炼方面的时间不够充足;另一方面,体育场地设施和体育条件的缺失,使学生参与体育活动和体育课都很难得到有效保证。

具体来说,我国学生体质下降的原因主要有以下几个方面。

1.不良生活习惯

物质生活条件的日渐充裕以及现代生活方式的不断泛滥,一些学生长期偏食、不吃早餐、盲目减肥、暴饮暴食,对营养卫生知识缺乏正确的学习和掌握,这导致了学生营养结构的严重失衡。还有部分学生甚至染上了吸烟、酗酒、熬夜泡网吧等不良生活习惯,运动逐渐被电子游戏所取代,很多学生成为电视机、游戏机、计算机前的静态生活群体,因此,参加体育活动的时间严重不足。另外,虽然大多数学生对体育健身有良好的认识态度,并具有健身意识,但体育健身行为不积极,锻炼时间、次数不理想,意志也不够坚定,没有养成良好的体育健身和生活习惯,从而导致学生体质下降。

2.家庭教育误区

在当前家庭之中,在营养卫生知识方面,很多家长都是缺乏的,没有能够进行正确掌握,这使得学生从小没有形成一个良好的饮食习惯,从而使其营养状况不佳,身体代谢失衡。具体表现在铁缺乏,钙的摄入量不足,维生素和微量元素摄入不足,我国学生奶的消费情况与美国、日本、韩国等国家比相差较大。家长为了让自己的孩子考入名校,任意占用孩子的锻炼时间,哪怕是双休日,也给孩子排满了各种家教和兴趣班,使得孩子没有体育锻炼时间。

此外,在孩子面前,家长没有起到一个良好的模范带头作用,良好的家庭体育锻炼氛围没有形成,这造成孩子从小就没有形成良好的参与体育锻炼的习惯。因此,当他们进入大学之后,也没有自觉参加体育锻炼的习惯,完全是为了应付体育考试而锻炼,从而导致学生的体质不断下降。

3.大学校园体育文化氛围不浓

首先,由于重智育、轻体育的现象在社会和学校中普遍存在,这使得学校领导对体育没有形成足够的重视,这主要表现为,没有在学校工作计划中纳入体育发展;体育工作大都是由体育部门自己进行组织和运作;缺乏足够的体育经费,缺乏相应的体育场地器材等,这造成了训练工作、竞赛活动的开展非常艰难。部分文件精神没有贯彻执行,对体育教师课外训练等工作没有给予应有的报酬,在一定程度上制约了体育教师工作的积极性。

其次,作为学生学习和参与体育的重要载体的体育社团、俱乐部种类少,规模小,管理体制不健全,也是校园体育文化氛围不够的原因之一。

最后,学校开展早操、课间操、课外体育活动不尽如人意,很多学校只是流于形式,没有形成一套系统的管理体制,有的学校甚至没有开展早操、课间操,完全是学生自由活动。

因此,缺乏相应的校园体育文化氛围,学生的主动性无法得到充分调动,这是造成学生体质不断下降的原因。

4. 体育教师没能很好地激发学生锻炼的积极性

根据相关调查表明,兴趣爱好是学生乐意参与体育课的首要原因,缺乏特长也是学生不喜欢参与体育课和课外体育活动的首要原因,有一部分学生不喜欢体育课的原因是觉得体育教师不好。应该说,绝大多数体育教师在专业技能方面都不存在问题,问题在于教师对学生的态度不友好,尤其对待差生的态度不友好,没能很好地激发学生锻炼的积极性。此外,一些体育教师在体育教学方面所选择的教学内容非常单一,教学内容都是紧紧围绕考试项目来开展的,更没有对学生进行因材施教,体育课评分标准采用"一刀切",这使得一些学生的自信心受到了非常严重的打击。

5. 应试教育制度使学生体育活动的时间严重不足

在促使学生体质和体能提高方面,适当的运动方式和足够的运动实践是其中非常重要的因素,而我国的应试教育制度对文化考试成绩非常重视,这造成了学生的学业负担沉重,学习时间长,参与体育锻炼的时间缺乏等问题,再加上高考的激烈竞争,无论是从学校到社会,从家长到学生都是围绕分数转,学生课外体育活动的时间非常匮乏。日本青年研究所对中国、美国、日本的高中生的问卷调查结果显示,日本、美国学生参加课外体育活动小组的时间多于中国,日本加入课外活动小组的高中生为 34.5%,美国为 53.3%,而中国为 10.5%。由于中国的应试教育制度,学生从小就养成了不喜欢参加体育锻炼的习惯,进入大学以后除了体育课外也很少主动参加体育活动,导致学生体育活动的时间严重不足。

第四节　影响我国居民体质健康的因素分析

一、生物遗传因素

(一)生物遗传因素概述

一般来说,遗传体现在父代与子代之间的相似,如在体型、相貌等方面,子女与父母通常是相似的。在生物界中,遗传是一个非常普遍的现象,在传宗接代方面,所有的生物都是按照自己的模式来生产后代的,使每一物种的个体都继承着前代的各种基本特征。

作为一种先天性因素,遗传是自然界中人类和各种生物的种族延续得以实现的基本条件。人体正常性状的遗传包括性别、体表性状与身体素质、性格行为与精神活动等方面的 20 多种性状的遗传。通常来说,子女身高同父母平均身高之间存在着 0.75 的遗传度,也就是说,人的身高有 75% 的可能性是由遗传因素所决定的,环境、营养、运动等因素仅占 25%。遗传对骨骼发育影响占 80%,环境、营养、运动等因素仅占 20%。父母体型对子女体型也有重要影响。体型、躯干和四肢的比例受遗传影响较大。

遗传不仅使后代和亲代在形态、体质、性格上相似,而且还把许多显性和隐性的疾病传给后代。因此认识人体的遗传物质,掌握遗传规律,使优良的遗传基因得到延续和发展,"改造"不好的遗传基因,阻断遗传病的延续,提高人口质量,这将是体质研究的一个重要内容。

(二)遗传病及其预防

所谓遗传病是指由遗传因素所引起的疾病,大部分的遗传病都是先天性疾病,也就是说在胎儿出生之前,由于染色体结构或数目异常,或基因突变,在婴儿出生时就显示症状,如先天愚型、血友病、白化病等。

一些遗传病在出生时并没有什么明显症状,只有到了一定年龄之后才会发病。遗传病通常都是垂直传递的,并且具有终身性、先天性和家族性等特点。随着研究分析技术的不断提高和改进,临床发现有 3 000 多种疾病与遗传因素有关,约占疾病的 60%～70%。研究证明,高血压、中风、糖尿病、部分肿瘤疾病等,均有一定的遗传因素在起作用。如父母均有高血压者,子女患高血压概率为 45%;仅单亲患高血压,子女患高血压则为 28%;

双亲均正常,子女仅有 3.5％的概率患高血压,是否患病的关键是后天的生活因素和环境因素。

1.遗传病发生的原因

在长期的自然演变过程中,各种生物包括人类在内都形成了各自相对较为独特的遗传结构,从而对他们所具有的各自不同的代谢类型进行了决定,并分别以自身特有的代谢方式吸收和利用周围环境中的营养物质来维持其生长、发育和繁衍后代。

从人类的角度来看,健康就是根据人体遗传结构所控制的代谢方式来同环境保持一定的平衡,如果这种平衡被打破,那么人体就会产生一些疾病。而疾病不同,其发病病因也存在着很大的差异,有可能是因为遗传结构缺陷导致的,也有可能是因为对环境不适导致的,还有可能是因为遗传因素和环境改变所共同导致的。一般像外伤、营养不良以及因外源生物侵染导致的传染病都是由于环境因子所引起的。各种综合征、先天性代谢病等则都是遗传因素的作用,或者是由于染色体畸变,或者是由于基因突变。精神发育障碍、糖尿病、高血压、消化性溃疡等疾病,则往往是由遗传因素与环境因素共同作用而引发的。除此之外,一些研究表明,这些疾病基本上都是多基因遗传病,是由若干微小基因作用的累加效应所造成的。也有一些疾病基本上都是遗传因素所决定的,但需环境中有一定的诱因才会发病。

2.遗传病对人类的危害

对人类来说,遗传病有着非常严重的危害,这不仅是因为病种很多,发病率很高,而且具有终身性、先天性和家族性等特点,除了给患者带来诸多痛苦之外,同时也为家庭和社会带来了非常沉重的物质和精神负担。随着对遗传病的性质、发病年龄、环境因素等一些基本问题的认识愈来愈深入,对遗传病的预防和治疗也日益受到重视。

根据对各种遗传疾病的统计,人群中大约有 20％～25％的人受某种遗传性致病因子的影响。目前,人类生存的环境受到日益严重的污染,从而增加了基因突变的可能性,也增加了群体的遗传负荷,因此遗传病研究的重要性越来越显著。

对于儿童来说,遗传病的危害更为严重,根据国内外相关资料表明,与遗传相关的恶性肿瘤和先天畸形两者的死亡率,占到儿童死因的 30％以上。在自然流产儿中,有 50％的可能是由染色体畸变所导致的。在我国,每年新出生的婴儿中,约有 13‰～14‰有先天性缺陷,每 40 秒钟就有一个缺陷儿出生,每年出生的缺陷儿高达 80～120 万人,其中约 70％～80％是由遗传因素所致。在 15 岁以下死亡的儿童中,约 40％ 是由各种遗传病或其他先天性疾病所致。

只有对遗传因素在健康方面的积极影响有一个正确的认识,才能更好地掌握保健的主动权。随着科学技术的不断发展,医疗卫生事业得到了非常快速的发展和进步。许多在过去严重危害人类健康的流行病、传染病逐渐得到有效控制,发病率明显下降。

(1)预防。预防遗传病,主要采用以下几方面措施。

①禁止近亲结婚。

三代以内的近亲禁止结婚,这在我国婚姻法中有着非常明确的规定。这里所说的近亲是指具有公共祖先的直系血亲或三代以内的旁系血亲进行婚配。通常来说,每个人都具有 5～6 种隐性致病基因,由血缘关系远的双方结合而不易发病。而如果一个隐性致病基因携带者与近亲结婚,其子女的患病率就会大大提高。因此,避免近亲结婚是预防遗传病的有效方法。

②开展遗传咨询。

这里所说的遗传咨询,是指对于婚姻中的一些遗传病方面的问题,由患者或其亲属提出来,医生结合具体情况来进行解释指导、劝告的过程。

③提倡适龄生育。

从人类遗传学的相关研究来看,如果一个人的年龄越大,其细胞分裂就越容易出现差错,根据相关调查,如果一个母亲的生育年龄越大,那么其生产出的婴儿患有唐氏先天性愚型病儿的概率就越高。因而提倡晚婚晚育,并非越晚越好,最适宜的生育年龄为 25—29 岁。

④实行婚前检查和产前诊断。

婚前检查主要是检查遗传病携带者。如患重度遗传性智力低下病(先天愚型)、重度克汀病、精神分裂症、抑郁性精神病者不宜结婚;直系血亲或三代以内的旁系血亲、双方家族系统中患有相同的遗传疾病的不能婚配,或婚后不要生育。以防止遗传疾病在家族中延续,并预防后代遗传疾病的发生。

此外,孕妇怀孕 4 个月左右时,应去医院对胎儿进行检查,看其是否有遗传疾病,从而决定保留胎儿或终止妊娠。

(2)治疗。作为一类疾病,遗传病有着非常高的治疗难度,现在常用的治疗方法是采用环境工程疗法,并且已经获得了一些经验。对那些有先天性代谢疾病的患者,可以通过控制饮食和相应的调节措施得到一定的治疗或控制效果。

手术治疗一般都是对因遗传所导致的先天畸形进行治疗,通过手术,能够进行一定程度的纠正。基因疗法是对遗传性疾病进行治疗的另外一类具有很好发展前途的方法。这是一类应用遗传原理和基因工程的办法,通过修改和调节基因活动,或通过基因修复或调换而达到治疗目的的方法。

二、环境因素

每个人都处在一定的环境中,并受环境的制约和影响。广义的环境指人体以外的各种因素,可以把环境分为自然环境和社会环境。

(一)自然环境与体质

1. 自然环境概述

所谓自然环境是指对人类的生存和发展产生影响的各种天然的或者经过人工改造而成的自然因素的总体,包括水、大气、土地、森林、矿藏、野生生物、人工区域、自然区域,以及人文和自然遗迹等。

人类和自然环境之间有着非常密切的关系。自然环境是人们得以更好生存和发展的重要的物质基础,人类从自然中来,并且生命活动无法脱离自然,自然界的变化直接影响着人的生命活动。人类与环境之间的根本联系是物质与能量的交换。人类从环境中摄取空气、水、食物等生命必需物质,组成身体成分或产生能量,同时机体排泄的各种废物,在环境中经过多次变化,再次形成营养物质。

2. 自然环境对体质的影响

人与环境是一个无法分割的整体,环境的组成以及状态的变化,都会给人的生理活动带来影响。良好而适宜的生存环境使人精神振奋,呼吸通畅,内分泌协调,对人的生理、心理活动都有着重要影响与促进作用;恶化的环境使人长期处于不和谐的状态,使人类的生理与心理都处于危险的境地,进而直接影响到人类的生存与人类社会的发展。

(1)影响人体体质的自然环境因素大致可分为三类。

①化学性因素。化学性因素是指直接排放到环境中的有毒的化学物质,或者在环境中经过化学反应所生成的有害产物,如汞、镉、砷、氰化物、酚、多氯联苯、化学农药等。

②物理性因素。物理性因素指放射性物质的辐射,如机械振动、噪声、废热等。

③生物性因素。生物性因素是指各种病毒、病菌、寄生虫卵、致病霉菌等。

它们当中影响最大的当属化学性因素。当这些有害因素进入大气、水中和土壤时，便造成自然环境的污染，直接、间接或潜在地对人体健康产生危害。

自然环境污染对人体影响具有污染物质种类繁多、作用机制复杂、作用时间长、影响范围大、治理困难等特点。自然环境污染对人体的危害可以通过各种途径。由于污染所带有的毒性、个体和浓度的差异，以及污染时间、散发快慢等条件的不同，所产生危害的类型也是不相同的，主要有慢性危害、急性危害和远期危害。

（2）环境问题。环境问题是指因人类的生产和生活等活动引起的环境恶化、生态系统失衡，以及这些变化对人类的健康和生命产生有害影响的现象。

环境问题包含了由于人类不恰当的活动行为所造成的森林消失、水土流失、臭氧层破坏等环境问题，也称为"次生环境问题"。近代以来，由于人类对环境不合理的利用和过度利用，以及废弃物与污染物的无节制的排放，人类对环境的破坏已经到了十分严重的程度。

从形成到现在，地球已经经历了 46 亿年的漫长历史，在此期间始终都在发生各种相对缓慢的变化。但自从人类出现以来，人为因素和自然因素的影响使地球环境发生了翻天覆地的变化。从大气圈、水圈、岩石圈到生物圈，人类不仅改变了空气的质量，改变了氧气与二氧化碳的平衡，还严重干扰了地球上几乎每一块陆地上的生存环境与分布状态，甚至影响到人类自身的生理和生活状态。

目前，臭氧层耗损，全球气候变暖、海平面上升，人口膨胀，环境污染资源短缺等都成为 21 世纪我们关注的环境问题。这些环境问题的出现，在不同程度上都将影响着人类的健康。

环境问题包含有很多种，主要可以归为以下两大类。

一类是自然演变和自然灾害引起的原生环境问题，如地震、洪涝、干旱、台风、崩塌、滑坡、泥石流等；另一类是人类活动引起的环境恶化问题，一般又分为环境污染和环境破坏两大类，如乱砍滥伐引起的森林植被的破坏、过度放牧引起的草原退化、大面积开垦草原引起的沙漠化和土地沙化。环境污染具体包括：水污染、大气污染、噪声污染、放射性污染等。

截至目前，对人类生存造成威胁，被人类所认识到的环境问题主要有全球变暖、臭氧层破坏、酸雨、淡水资源危机、能源短缺、森林资源锐减、土地荒漠化、物种加速灭绝、垃圾成灾、有毒化学品污染等方面。

（3）环境污染的治理。对于自然环境污染的治理，首要任务就是提倡可持续发展，在开发和生产的过程中，进行科学的规划，加强管理，严格按照规定,同时进行全民的环保教育,提高民众的素质。到目前为止,环保工作的开展已经取得了显著成效,所以,我们有理由相信,通过行为的控制和科学的规划,环境恶化是可以得到控制的,人类是可以转危为安的。

(二)社会环境与体质

1.社会环境概述

社会环境又称"文化——社会环境",它主要包括经济、法律、社会制度、文化、教育、民族及职业等。

所谓社会环境,是在自然环境的基础上,人类有计划、有目的地创造出来的人工环境,它是人类物质和精神文明发展的重要标志。在社会环境中,社会制度确立了与健康相关的政策和资源保障,法律规定了对人健康权利的维护,经济决定着与健康密切相关的衣食住行,文化决定着人的健康观及与健康相关的风俗、道德、习惯,民族影响着人们的饮食结构和生活方式,职业决定着人们的劳动强度、方式等。社会环境中的各种因素都与人群的生长发育和体质状况有着密切联系。

2.社会环境对体质的影响

(1)社会经济对体质的影响。经济既是人类社会发展的主体形式,又是人类赖以生存和保持健康的基本条件。社会经济并非经济水平的代名词,它还包括人类衣、食、住、行及社会、医疗保障等诸多方面。经济对体质的影响,常常用反映经济发展的指标及居民健康指标进行综合分析。衡量经济发展的主要指标是:国民生产总值(或国内生产总值)和人均国民生产总值;常用的反映居民健康状况的指标有:出生率、死亡率、平均期望寿命及婴儿死亡率等。

随着经济的发展,人类的健康水平在不断提高,同时也带来了新的健康问题,主要表现在以下几个方面。

①生活方式的改变。随着社会经济的发展,人们的主要健康问题已不再是来自营养不良、劳动条件恶劣、卫生设施落后等,而主要来自不良的生活方式,如吸烟、酗酒、吸毒、不良的饮食及睡眠习惯和缺乏运动等。

②环境污染和破坏。现代工业给人类生活、生产环境造成了严重的污染和破坏,由此产生的健康问题及潜在的危害广泛存在。

③大量合成化学物质进入人类生活。为了改善生活条件而使用一些新的化学物质,人们在吃、穿、住、用诸多方面都无时无刻地与大量的化学物质接触,这些化学物质无疑会对人类的健康产生很大的影响。

（2）政治制度对体质的影响。在人民体质方面，一个国家的政治制度也会产生非常大的影响。我国实行的社会主义制度就是让人民当家做主，对人民的健康和幸福，政府给予了高度的重视和关心。

我国宪法明确规定"国家合理安排积累和消费，兼顾国家、集体和个人的利益，在发展生产的基础上，逐步改善人民的物质生活和文化生活"；"国家发展医药卫生事业，发展现代医药和我国传统医药，鼓励和支持农村集体经济组织、国家企业、事业组织和街道组织，兴办各种医疗卫生设施，开展群众性的卫生活动，保护人民健康"；"国家发展体育事业，开展群众性的体育活动，增强人民体质"。上述这些都能够充分地表明我国社会主义制度对人民健康的关心和重视。

（3）社会交往对体质的影响。社群交际同人体体质有着非常密切的关系。社会学家和医学家很早就已经发现，那些习惯于"离群索居"或极少参加社会活动，或在社群交际中曾遭受过挫折的人们，在心理和生理上往往存在着某种缺陷，他们患精神病、结核病的发病率以及自杀、意外事故的发生率均明显高于一般人群。社会关系受挫和社群交际缺乏或其质量较低者，已如同吸烟、酗酒、肥胖、高血压、高血脂、运动缺乏、精神紧张和精神压力一样，成为影响人体健康的主要危险因素之一。

（4）社会道德对体质的影响。社会道德作为一种重要的社会环境因素也必然对人群体质健康产生重要影响。从整体来看，一个国家和一个民族的体质健康素质高低，必然与其道德风尚成正比关系。例如，随地吐痰必然会使结核病发病率增高，乱堆粪便垃圾也必然导致肠道传染病的发病和流行。因此，加强精神文明建设，维护社会公共道德，讲究清洁卫生，维护公共秩序，爱护公共财物，团结友爱，助人为乐，对提高每个人的体质健康水平都具有重要意义。

（5）社会心理对体质的影响。在对体质的影响方面，社会心理主要表现为社会竞争、生活节奏的加快给人们造成的压力和紧张。现代社会是市场经济社会，充满着激烈的竞争，工作和生活节奏随之加快。同时，现代社会又是知识型社会，劳动力型人才正逐步被智能型人才所替代。人们要适应社会发展的需要，要在竞争中立足，就必须努力学习，不断提高自身的知识水平和技能。应该说这是社会进步的特征，但也无形地增加了人们的心理紧张和压力。尤其是随着择优选拔、竞争上岗和晋升，所承受的心理负荷也在不断增大，这就造成了生理、心理疾病，以及亚健康的发生率不断地增多。

（6）文化教育对体质的影响。人类在改造客观世界的过程中创造了文化，文化反过来又影响和制约着人类自身的发展和人类对客观事物的认识。随着社会的进步，生产范围的扩大，人类不断地积累和总结经验，人类的文化水平也在不断提高。但是科学文化有着历史的连续性和民族的独特性,它的发展是不平衡的。现在,我国人民的物质生活已有了显著改善,但从健康的观点看,风俗习惯中的消极因素和迷信的影响仍存在。例如,社会上有人患病不求医,而求神拜佛等,许多人因此延误了有效的治疗时机。这种因封建迷信影响而造成的恶果应该引起人们深思。

此外,由于社会人口激增,以及人口老龄化现象的加重,社会结构和家庭结构发生了较大变化,人均资源的不断减少,人口密度的不断上升,以及老年空巢家庭、单亲家庭及独生子女的不断增多,使传统的抚养儿童、赡养老人的方式受到冲击,这在当前相应社会保障机制尚未完善的情况下,必然造成一系列的负性心理和异常行为问题。此外还有,嫖娼、卖淫、吸毒等现象也是现代社会的严重问题,它带来了各种性病、艾滋病等,对健康的危害同样不可低估。

3.社会环境的治理

当前,伴随着现代社会经济的不断发展,我国的社会结构也发生了非常大的变化。这也必然会造成很多社会问题的产生。因此,促使社会环境的治理得以不断加强,更好地维护好社会的团结和稳定,这是我国政府工作的重中之重。总体来看,社会环境的治理,是在国家出台相应政策法规的基础上,不断加强社会教育与健康教育,从根本上提升国民整体素质,加强行为的规范,减少行为的危害性,从而促进社会环境的和谐发展,提升人类的生活质量与生活水平。其主要原则有:

(1)整体性。要结合自然环境的治理同时进行,要配合道德教育共同推进,面向全局,从整体出发。

(2)强制性。国家出面,以政策为导向,用法律、法规做后盾。

(3)广泛性。要动员社会全体力量,协调一致地开展治理工作。

(4)阶段性与长久性。对环境进行治理并不是一朝一夕便能够完成的。由于环境问题的产生是长期不断积累的结果,其原因涉及很多方面。所以,对环境问题的治理,必须分阶段进行,并不断巩固,而且要做好持久作战的心理准备。

三、行为与生活方式因素

(一)行为与生活方式概述

行为和生活方式因素是指由于自身不良的生活方式和不良行为,给健康带来直接或间接的不利影响。行为包含了内在的心理和生理变化,它是指在外界环境刺激下,有机体所产生的反应。由于人所具备的生物性和社会性,人类的行为有本能和社会两大类。个体的社会性行为是人与周围环境相适应的行为,是通过社会化过程确立的。生活方式可以理解为,社会个人或群体成员在一定的社会条件制约和价值观念引导下,所形成的满足自身生活需求的全部活动形式与行为特征。生活方式既是物质的,又是精神的,它对健康有着重要的影响作用,而健康又会对人们生活方式的选择产生影响。

行为和生活方式是在受到社会和地域的文化、经济、风俗、民族、宗教等因素的影响下,人们所形成的一种比较固定的生活态度、生活方式、生活习惯、生活制度等。人类在不断的进化中认识到生活方式和行为习惯与健康息息相关。

我国古代思想家管仲曾说过:起居时(生活起居有规律),饮食节(科学、合理饮食),寒暑适(适应气候的变化),则寿命增(健康长寿);起居不时(生活起居无规律),饮食不节(饮食不科学、不合理),寒暑不适(不能适应气候变化),则行体累而寿命损(体弱多病而寿命短)。很多疾病的发生、发展都与不良的生活方式和行为有关。

(二)行为与生活方式对体质的影响

行为与生活方式涵盖了人们在生活领域中的各种活动形式和行为特征,几乎所有的影响体质健康因素的作用都与行为有关。例如,吸烟与肺癌、慢性呼吸系统疾病及其他心血管疾病密切相关。

在进入到工业文明之后,人类的生活方式发生了非常大的变化,特别是在现代科技的深远影响之下,人类的生活方式也产生了一些新变化,这对人类的生存产生了新的影响。

首先,随着现代社会的快速发展,人们的生活节奏变得越来越快,而生活节奏的不断加快也预示着生命效率得以不断提高,社会成员高度的协调配合,以及在有限的时间里能为社会创造出更多的物质财富和精神财富。同时,生活节奏的加快,也会使人长期处于高速的运转状态和紧张状态,从而为身心健康带来更多的隐患。

其次,伴随着人们经济收入的不断增多、交通发达等原因,对于现代文明成果人们可以尽情地进行享受,但不良的生活方式却对人们的健康进行着无情的蚕食。例如,抽烟、酗酒、暴饮暴食、过多摄入脂肪和糖等不健康的饮食生活方式,不规则的娱乐休闲、熬夜、长时间看电视、玩电脑游戏成瘾等不健康的休息方式,缺乏锻炼或不运动等不健康的运动方式,导致了各种现代文明病的高发。

再次，在当前社会中，随着社会经济的繁荣发展和物质财富的快速增长，精神却不断呈现出疲软和萎缩的趋势。在精神和物质这个天平上，现代生活产生了非常严重的倾斜。夫妻间感情淡漠、对孩子溺爱、对他人冷漠等不健康的情感生活方式，以自我为中心、孤独、抑郁、嫉妒、自私等不健康的心理活动，以及过多功利化、物质化等不健康的交友方式，导致了各种社会心理问题的产生和迅速蔓延。

个体特征和社会关系会对行为和生活方式产生制约，行为和生活方式是建立在生活条件、社会经济、社会关系、文化继承、遗传和个性特征等综合因素基础上得以形成的。因此，不良的行为习惯和生活方式一旦形成，就很难改变，所以要保持良好的生活习惯，严格要求自身，避免不良生活方式和行为的形成。当前影响人体健康的主要生活方式因素有吸烟、酗酒、吸毒、不良的饮食及睡眠习惯和缺乏运动等。

针对健康行为和生活方式，有人提出健康的四大基石是合理的膳食、适量的运动、戒烟和限制饮酒、心理健康。

四、精神活动和卫生服务因素

（一）精神活动与体质

1.精神活动概述

所谓精神活动是指在现实生活中，个人对客观事物所作出的主动反映活动，它是通过大脑的神经生理过程来摄取、编码、储存和提取信息的活动。正常情况下，人的精神活动（即脑的功能活动）和身体各器官（如心、肺、肝、肾等）的功能活动一样，既有其自己的活动规律，又有其具体的活动内容。

人类的精神活动都是错综复杂的，为了更好地对精神活动的过程和内容加以说明，可以将精神活动划分为三个过程，具体如下。

（1）认知过程。对周围事物的感知和对世界进行认识，人们都是借助于眼、耳、鼻、舌以及皮肤等来完成的，这就是认知过程的最开始阶段。这些感知到的内容在大脑中保留下来，就叫"记忆"。当以后再遇到这一事物，我们就能够运用过去的经验进行分析、综合。这种将以往感知过的事物，通过大脑进行分析、综合、判断以至得出结论的过程，是认知活动的高级阶段，称为"思维"。从感知到思维，这一个过程，就是人脑精神活动的认知过程。

（2）情感过程。所谓情感过程，是在对待某种事物方面，人们所表现出的态度和外部表情。例如,当你正在饥饿的时候,有人给你送来饭菜,你从内心感到高兴,于是你的面部就出现愉快的表情。

(3)意志过程。意志过程是指为了达到一定的目的,人们采取行动的心理过程,包括通过克服各种困难来完成任务,以及通过付出种种努力来达到某个所要追求的目标等。

在正常情况下,上述三个过程是互相协调而又步调统一的,而且整个精神活动的过程和内容都是与外界环境密切配合的。只有这样,才构成人类的正常的精神活动。

2.精神活动对体质的影响

心理因素和体质的关系可从以下三方面来分析。

(1)消极的心理因素能引起许多疾病。早在 2 000 多年前,我们的祖先就发现了情绪对身心健康的影响,如《黄帝内经》中多处提到了"怒伤肝""悲伤脾""恐伤肾"。通过现代医学和心理学的相关研究也再次证明了很多疾病的产生、发展都与心理因素有着很大的关系,如高血压、心血管病、肿瘤等。大量的临床实践也证明,消极的情绪(如悲伤、恐惧、紧张、愤怒、焦虑等)能引起各器官系统的功能失调,导致失眠、心动过速、血压升高、尿急、月经失调等症状。在我国癌症普查中,还发现心理因素与食道癌、宫颈癌的发病密切相关。

(2)积极的心理状态是保持和增强体质健康的必要条件。所谓心理是指对客观的反映,乐观、积极、向上的情绪是人对环境产生适应的良好表现。良好的情绪有利于健康的发展,它既能够将消极情绪的有害影响消除掉,同时还能够通过神经和内分泌系统来促使内环境更好地稳定在平衡状态。心情的愉悦,可以使人保持精力的集中与旺盛,进而提高健康的水平。

而持久强烈的紧张、心情的不适,以及精神状态的迷茫困惑,可使人体失去心理生理平衡,导致诸如消化性溃疡、失眠、心动过速、紧张性头痛、高血压、高血糖等病症。所以,适时合理地调节自己的情绪,缓冲各种生活事件引起的心理冲击,对于身心健康是十分重要的,大学生要努力提高这种自我调节的能力。

(3)心理因素在治疗中的意义。在治疗过程中,心理因素的重要作用主要从以下两个方面体现出来。

①在对疾病进行治疗的过程中,要将顾虑打消,并树立同疾病进行斗争的坚定的心念,与医护人员进行积极配合,以更好地保证治疗的效果。

②针对因为情绪、心理因素所引起的疾病,要坚持采用"心理治疗",也就是说要将导致疾病产生的消极心理因素消除掉。

（二）卫生服务与体质

卫生保健服务又称为"健康服务"，它主要是指为了增进健康，预防和治疗疾病，卫生机构和卫生专业人员采用各种手段和卫生资源，有目的、有计划地向个人、群体和社会所提供的必要服务的活动过程。一定的卫生经济投入，以及合理的卫生资源配置，对人类健康的促进有极其重要的意义。

伴随着人们生活水平的不断提高和现代社会经济的快速发展，卫生服务除了治病救人之外，其任务也包括了对人群健康进行维护和促进。在世界众多的发展中国家中，卫生资源都是集中在大城市之中，对农村多数人的保健服务予以忽视。世界上大约有 10 亿人由于贫穷和卫生保健缺乏而陷入营养不良和疾病的恶性循环之中，在发展中国家有近 2/3 的人口得不到长期的卫生服务。这是实现"人人健康"目标，所面临最大的问题之一。所以，我们必须加强医疗卫生事业的基础性建设，尤其注意经济落后地区，以期早日实现社会全体成员的共同健康和医疗卫生保障资源的共享。

需要注意的是，在开展健康服务方面，投入一定的资源是非常必要的，但投入健康资源并不是获得健康效应的决定性因素，如何对这些健康资源进行合理使用，也就是如何对健康服务进行组织实施，从中获得最为理想的健康投资效益，这才是最为重要的。

第二章　体质健康测评的理论与发展

学生体质健康测评对于体育教学的开展具有积极的意义,使得学校能够针对学生的体质健康状况进行教学设计,促进学生体质健康的改善和提高。在进行体质健康测评时,应坚持科学理论和方法的指导,尽可能保证测评的客观性、科学性。本章对体质健康测评的理论与发展进行分析。

第一节　体质健康测评的基本理论

一、体质健康测量的基础知识

(一)测量的概念

人们借助于专门的工具,通过实验的方法,对某一客观事物取得数量观念的认识过程即为测量。测量是用相应的量具或仪器对相应的物理量的测定。

在体育教学中,通过对人体的各方面物理量进行测量,能够对人体和人体运动进行数量化的确定,从而能够更好地对人体的运动进行认识和掌握。随着科技的发展,人们对于体育现象的认识也在逐渐加深,能够对体育方面的各项指标进行更加科学的测量。

在进行测量时,应首先明确测量对象的基本属性,明确测量的目的,然后再选择相应的测量工具进行测量。不管是何种形式的测量,应包括以下三方面的基本特征。

第一,在家进行测量时,应明确测量对象和测量目的,这是测量活动的基本前提。在进行测量时,需要根据不同的测量对象和测量目的,采用不同的测量方法。

第二,在进行测量时,应具有相应的工具或法则,具有相应的测量标尺。对事物进行测量的过程也是进行比较的过程,通过将被测试属性特征与测量标尺进行比较完成量化。标尺有定量和定性之分:定量标尺用于对明确具体的事物属性进行量化,如对时间测量可用秒、分、时等标尺(单位)进行量化;定性标尺(法则)用于对模糊、复杂、综合的事物属性的量化,如心理测量、知识测验、体育裁判的评分等。当测量的法则变化时,测量的结果必然发生变化。

第三,在进行相应的测量时,测量的结果是以数字来表示的,并且往往是带有单位的数值。

对于体质健康的测量是相对较为复杂的,因为人是生命体,处在不断发展和变化之中,各项指标也在发生相应的变化,从而使得测量不宜掌握。例如,在对人的脉搏进行测量时,其脉搏会受到休息、睡眠、机能状况以及情绪等方面的影响,而物体的物理特性一般相对较为固定。在进行体质健康测量时,一些物理量可直接测出,如人的身高、体重等。对于人的一些运动能力、身体素质测量时多数也用相应的物理量,如跳的高度、跑的时间、举起的重量等。但是,这些物理量受到测量对象个体变化的影响。体质健康测量具有多样性、变量的易变性和复杂性。

在进行相应的体质健康测量时,所有的测量并不能做到绝对精确,都会出现相应的误差,如果误差保持在一定范围之内,则测量是有效的。一般,出现误差的原因有如下三种。

首先,在进行体质健康测量时需要借助于相应的工具和仪器,测量工具的精确程度影响测量的精确程度,测量的仪器设备条件越好测量误差会相对越小。

其次,在进行体质健康测量时,测量对象缺乏绝对一致性,每个人都有其个性特点,这是影响测量精确程度的重要因素。

最后,在进行体质健康测量时,是由相应的测量人员展开测量的,由于其熟练程度、注意力集中程度等会有一定的不同,因此也会造成测量结果出现一定的误差。

除了上述几方面之外,体质健康测量对象——人的身心在不同时间、不同情况下表现不同,人的主观努力程度对测量数值的影响很大,造成了体质健康测量所能控制的条件有限,也是体质健康测量的误差产生的主要原因。所以,体质健康测量不如物理特性测量的精确程度高。

因此,在体质健康测量工作中应采取有效的方法选择测量指标,科学地编制测验,妥善地选择和控制测量对象,尽量减少测量误差,从而提高测量的精确程度。可以相信,随着体育科学、数理统计学、计算机技术的发展,体质健康测量的技术和方法也会不断完善,其科学程度将逐渐提高。

(二)体质健康测量的类型

体质健康测量的手段和方法有多种,根据测量手段和方法的不同,一般可将其分为定量测量和定性测量两种类型。定量测量即为使用具有定量测试尺度工具的测量,如身高、体重、血压测量;定性测量又被称为"测验",其是指按照定性法则进行的测量,如心理测验,智力测验,体育教学比赛中体操、健美操等项目的评分等。

另外,如果按照测量与测量属性之间的关系对测量的类别进行划分,可将其分为直接测量和间接测量两种类型。所谓直接测量即为运用相应的测量工具直接测量其相应的属性,如体重、身高、血压测量等;间接测量则是指事物的属性不能通过测量直接得到,而是用其他事物属性来在一定程度上反映测量事物的属性,如通过立定跳远来测量人的下肢爆发力、通过800米跑来测量人的耐力水平等。

二、体育评价的基础知识

(一)体育评价概述

所谓体育评价,就是对测量的信息进行分析和价值判断,并赋予其相应的意义解释的过程。评价的目的是依据测量获取有价值的信息,对观测对象的行为和能力等方面做出科学合理的判断和解释,从而更好地指导人们开展体育运动实践。

在进行体质健康评价时,主要因素是判断指导对象人的身体或心理特征,如身体形态、机能、运动能力、智商、个性等。通过进行体质健康评价,能够有针对性地制定教学计划、训练方案和运动处方,优化和促进体育实践活动过程,提高体育实践活动的效果。

根据不同的评价指导思想和目的任务,常用的评价参照标准有效标参考性标准、常模参考性标准和个体参考性标准。

其一,效标参考性标准也称为"理想标准",属于绝对评价标准,是根据某个理论模式或事物变化趋势的预测结果制定的,用于评价个体某种技术水平、掌握运用该技术的能力、人体生物学的标准值等。

其二,常模参考性标准也称为"比较标准",属于相对评价标准,是根据个体观测值与群体该项观测值的关系制定的,可以客观地描述个体的水平在群体中所处的位置,这种标准可以用统计学程序来确定。

其三,个体参考性标准也称为"进步幅度评价",属于时间序列的评价标准。因为,每个个体所处的环境和条件不同,存在个体差异是必然的,因此,评价个人在体育实践活动前后某些观测值的变化幅度,会提高个人在体育实践活动中的积极性和主动性。

在对体质健康状况进行评价时，不论采用哪种标准，都可以从不同角度来判断评价对象的状况。在体质健康评价实践中究竟选择哪种标准，则要求评价者根据具体的评价目的来决定。如果要判断学生是否具有胜任某种工作的能力，则适宜用效标参考性标准；如果为了对比个体能力之间的差异，对照标准要有程度上的差别，就应当选择常模参考性标准。

（二）体育评价的基本形式

通过对体质健康测量的各方面信息进行评价，能够对教学和训练的效果进行判断，通过信息反馈为改进和提高教学训练的质量提供了重要的依据。通常体质健康评价有三种类型，具体如下。

1. 诊断评价

诊断评价，又称为"学前期评价"或"事前评价"。这一评价方式的主要目的有三个：第一，对学生进行体育学习前的身体素质状况、专项技术水平及基本知识等现状和初始水平进行了解；第二，了解学生学习的动机、愿望、兴趣及要求等情况；第三，根据学生的实际情况科学地制定或修订教学训练计划，有针对性地安排教学或训练的内容和方法。

在进行诊断性评价时，其获取相应的测验信息主要通过两种途径：一是编制能反映身体素质、专项基本技术及基本知识的测验；二是编制有关学习动机、愿望、兴趣等内容的咨询量表。在体育教学训练开始之前对学生进行测验，根据以上这两种测验所获得的信息，与原定的目的任务和学生实际情况进行比较，对相应的教学活动做出合理的安排，使得其更加具有针对性和目的性，促进体育教学和训练效果的提高。

2. 过程评价

过程评价又称为"形成期评价"或"中间评价"，在开展体育教学和训练中，其贯穿整个教学和训练过程。教师根据教学任务将教学训练划分为不同的阶段，以便更好地开展教学训练。过程评价就是以各个教学阶段作为评价参考标准，借此编制若干测验，并随着教学训练的进程而付诸测验。过程评价的程序是：获得各阶段的教学训练信息，与其任务进行比较，确定是否达到阶段（单元）的任务（目标），然后将比较和调整的信息反馈于教学训练。

过程评价的主要评价教学训练是否完成了相应的阶段目标，并发现其中的问题，以对教学和训练进行进一步调整，从而实现对教学和训练的控制。另外，过程评价还是教学训练过程中必不可少的一种手段，其反馈信息不但对教师的教而且对学生的学都有着莫大的益处。

3.终结期评价

终结期评价又称为"综合评价"或"事后评价",是在教学训练结束时使用的一种评价方式,以教学和训练的总任务作为参照标准,以其作为编制测验的依据,并在教学训练结束之后实施测验,对教学训练的质量和效果进行评价。终结期进行评价的目的是评价学生的成绩,判断学生完成教学训练任务的程度,在此基础上了解学生和群体之间的成绩差异。

终结期评价是对整个教学过程和教学结果的综合评价,除了评价学生的学习成绩之外,还可以评价教师的教学能力,总结教学训练过程中的经验,为下一轮教学训练提供各种改进的反馈信息。

(三)体育评价的参照标准

在进行体质健康评价时,是对体质健康测量的结果与相应的参照标准进行对比,从而判断和确定其价值和意义。体质健康评价的参照标准是根据体质测量数据的属性和体质健康评价的目的来确定的。在进行体质健康测评时,测量的结果是客观的,但是评价参照标准是人为确定的。因此,科学合理的参照标准对于做出科学、准确的评价具有重要的意义。根据评价目的的不同,可将参照标准分为相对参照标准和绝对参照标准。

1.相对参照标准

相对参照标准又称"比较标准"或"现状标准",它是基于测量的原始成绩经统计方法处理而制定的一种参照标准。这一参照标准主要目的是确定个体在群体中的水平,评价结果不能说明其实际水平的高低。对班级中的某个学生在班级中的体质健康状况水平高低进行评价时,需要根据班级所有人的成绩制定相应的标准,这样才能够对该学生的水平进行判断。

由于相对参照评价标准是用于评价个体的现状和水平的,所以在制定相对参照标准时,必须以特定的受试者的测量数据,并经数理统计方法处理来建立评价标准。以此建立的评价参照标准一般只适用于特定时间和特定群体范围。所以制定这种标准时比较随意,只要能做出客观判断即可。

2.绝对参照标准

绝对参照标准又称为"理想标准",它是根据教学和训练的需要,提出受试者经过努力才能够达到的一种参照标准。这一参照标准主要用于评价受试者能否达到预期的客观目标,可反映受试者的实际水平。

此种评价参照标准其评价的范围较广,且标准一旦制定之后就必须保持长期的持续和稳定。《中国学生体质健康标准》就属于绝对标准。这种标准的制定对测量数据的科学性以及评价方法要求很高。

三、体质健康测评的特点和意义

(一)体质健康测评的特点

体质健康测量评价的目的在于通过测量获取相应的体质健康信息资料,通过评价对获取的信息资料进行加工处理,从而做出价值判断;最终在教学训练实践中,指导学校领导和教师根据评价结果的信息反馈,有依据地制定教学训练计划,主动调控教学训练过程。通过进行体质健康测评能够使体育教学过程成为一个完整的信息反馈系统,促进体育教学和训练的不断发展。

体质健康测量注重于将体育现象具有的物理量或非物理量转化为数值或符号,进行信息和资料的收集过程;体质健康评价则是对测量获取的信息资料进行加工处理,通过科学分析做出价值确定或赋予某种意义的过程。两者密切联系,不可分割,科学的测量保证了真实客观的数据,这为科学、合理的判断提供了必要的基础。通过测量获得的数据资料,如果没有通过评价做出价值判断,数据资料本身并不存在价值和意义。

体质健康测量评价是为了更好地实现体育教学和训练而服务的,体质健康测量方法的选用必须符合教学训练的目的要求,遵循教学训练的规律,保证教学训练对象的全面发展。对各种测量结果的评价,也必须遵循能够改进和提高教学训练工作的目的,对教学训练过程发挥积极良好影响的作用。只有这样才能充分体现体质健康测量评价的特点,发挥它在体育实践活动过程中的作用。

(二)体质健康测评的意义

1. 为制定教学训练计划提供依据

通过进行相应的体质健康测评,能够获得学生的相关信息,这为制定体育教学计划提供了一定的依据。在开展教学和训练之前,需要全面测评学生的基本身体素质、战术掌握情况等综合信息,这为进一步开展体育教学训练提供了客观依据,能够使体育教学计划的制定更加符合学生的实际情况,而切实可行的计划是教学训练工作收到事半功倍效果的前提。

另外,体育教学计划的实施过程中,受到多方面因素的影响,其实施可能会与计划发生一定的偏离。通过有计划地对学生状况进行测量和评价，及时判断个体和群体的差异，评价实际教学训练进度与原定阶段目标计划的偏离状况，并根据反馈信息及时修订计划，调整内容。

2.为激发学习动力提供依据

通过开展相应的体质健康测评，将测评的结果反馈给学生，使得学生了解自身的情况，对自身的体质健康状况有更加客观的理解，发现自身的不足和差距，从而激发其积极参与体育运动锻炼的积极性，提高体育教学的效率。

3.为选拔体育人才提供依据

通过进行相应的体质健康测评，能够发现学生的潜力，了解其在相应的运动项目中可能达到的水平，为进行运动选材提供必要的依据。

4.增强科学研究能力

通过进行体质健康测评，为教师开展相应的体育科学研究提供科学的数据资料，使得开展的科研课题与学生的实际情况相适应，提高科研的意义。另外，体质健康测量与评价的理论和方法也能够应用于体育科学研究中，丰富了体育科学研究的技术手段。

5.为各级职能部门决策提供依据

在进行相应的体质健康测评过程中，按照统一的标准和要求收集了多方面的数据信息，经过对其进行评价和分析，从而能够得到学生的基本体质健康状况信息，这为各级体育职能部门制定相应的政策提供了科学的依据，提高了决策的科学性。

第二节　体质健康测评的科学性研究

一、体质健康测量的科学性

（一）测量误差的类型及减小途径

1.测量误差的类型

在进行体质健康测量时，测量误差是测量实测值 X 与测量真值 A_0 之差。如果测量的误差越小,则说明所测量数据越能够反映事物的属性。因此,测量理论的核心问题之一就是如何缩小误差。

在测量中,对于连续型变量而言,不管采用何种测量工具和测量手段,其测量误差都会存在,没有绝对准确和毫无误差的测量。因此,只能通过多种手段来促进误差的减小。为了保证所测量的数据的信度,测试者需要严格掌握测量条件,提高测量仪器精度,改进测量技术、方法等,尽力使测量误差减小。

测量误差的类型可以按照其表示方式和性质划分。

(1)按照其表示方式划分。按照误差的表示方式,可分为绝对误差和相对误差。

①绝对误差。绝对误差 Δ_X 等于测量值 X 与真值 A_0 的差值即:

$$\Delta_X = X - A_0$$

由于误差的存在,真值只能永远是未知数,无法获知。但是,在实际进行测量时,可通过多次测量的结果来求得平均值 A 替代真值 A_0。从一定程度上来说,A 并不等于 A_0,所以称其为"约定真值"。测量值与约定真值的差值称为"偏差"。习惯上人们将偏差称为"绝对误差"。

②相对误差。相对误差是指绝对误差 Δ_X 与约定真值 A 的百分比即:

$$\delta_A = \frac{\Delta_X}{A} \times 100\%$$

(2)按照误差性质划分。按照误差性质可分为随机误差、系统误差和抽样误差。

①随机误差。随机误差又称"偶然误差",主是指那些由于主观或客观偶然因素引起又不容易进行控制的测量误差。随机误差是客观存在的,其原因相对复杂。随机误差的大小并不固定,但是通过增加相应的测量次数,会使其呈现出一定的规律性。随机误差总是围绕着被测量的真值波动(真值以重复测量的均值为代表)。在进行测量时,通过对测量条件进行较高的要求,并科学实施测量,增加测量的次数,能够有效减小随机误差。

②系统误差。所谓系统误差,是指相应的测量仪器没有进行矫正,或对测量条件要求过宽或过严,从而导致的测量结果规律性的偏大或偏小。系统误差应及时进行纠正,如果不能够及时发现系统误差,会使数据统计结果偏离方向。对于事前已知的系统误差,可以进行系统的修正。对这类误差的消除办法是提高责任心,严格执行标准化测量,通过复测验收数据,及时发现并纠正。

③抽样误差。抽样误差主要是指由于抽样而引起样本统计量与总体参数之间的差异。在进行测量时,即使测量者严格遵守抽样原则,但从总体中

抽取样本进行研究时,样本统计量与总体参数都不会完全一致。这是由于个体之间的差异是客观存在的,在进行随机抽样时,样本统计量与总体参数之间的差异是无法避免的。抽样误差的大小主要取决于 3 个因素,即样本数量大小、个体差异大小和抽样方法的合理性。在进行测量时,能够严格遵守测量的抽样原则,尽可能扩大样本含量,通过提高样本对总体的代表性来减小抽样误差。

2.体质健康测量误差的减小途径

在进行体质健康测量时,包括多个测量内容,如身体形态测量、身体机能测量、身体素质测量、某些运动技术测量等。在进行相应的测量时,测量内容不同,则其误差来源也不同。因此,应根据不同的测量类型特点,有针对性地减小测量误差,提高体质健康测量的可靠性,这对于体育教学和训练的发展具有积极的意义。具体而言,应注意以下几方面。

（1）选择科学的测试方法,严格控制测量的条件。在进行体质健康测量时,测量误差与测量的精度（分辨率）、测量的工具、测量的方法、测量的时机、测量的客观条件和测试者的水平等因素有密切的关系。在进行体质健康测量时,首先应根据测量指标的特点,选择合理的测量方法,促进重复测量的可靠性;其次测量时,数据的精度要能达到要求;最后应对测量的条件进行严格要求。

在体质健康测量中,测量的条件对于测量误差具有重要的影响,如在进行反应的测量时,环境比较嘈杂,则会导致误差较大;在进行灵敏素质的测量时,由于动作速度很快,肌肉容易疲劳,导致测量结果产生较大误差。灵敏素质对于受试者能否熟练掌握测量的方法及要求对测量的结果具有很大的影响,必要时可让其进行适当的练习。

（2）调整与控制好受试对象的身体机能状态和心理状态。在进行体质健康测量时,运动能力、身体素质、运动成绩等方面能力的发挥受到人的主观心理因素的影响。如果受试者在测试时存在紧张、焦虑等不良心理状态,其测试的误差就会较大。因此,在进行体质健康测试时,应尽可能减小这种测验的误差,做好受试者的思想工作,克服由于动机不强,使得真实的能力不能充分发挥。总之,应采取有效的手段来促进受试者保持良好的心理状态,减小由于受试者主观因素导致的误差。

体质健康测量中,运动能力、身体素质、运动成绩等方面最大能力的发挥与受试者测验前的身体机能状态等因素有密切的关系。在大强度的运动能力测验之前,适当的做准备活动有利于人体快速进入运动状态,提高运动成绩。在定量负荷测验中,受试者则需要充分地静坐休息,使心率达到安静状态水平,这样才能保证测验结果的真实、可靠。其次,还要充分考虑疲劳、疾病等生理因素对测验结果的影响。

(3)测量的设计要科学、组织实施要规范。体质健康测量是一种综合性的测量,这种测验的测量误差不仅与测量对象本身的状态具有重要关系,还与测量的设计、组织实施的过程具有密切的关系。在进行体质健康测量时,其测试过程的设计以及测试的实施应注意以下两方面因素。

第一,体质健康测量指标的选择要科学合理。要减小成套测验的测量误差,就必须减小每一个单项测量的误差,尽量选择可靠性高的测量指标。例如,在身体素质成套测验中,要测量下肢爆发力,常用的方法有立定跳远、纵跳等,立定跳远测量的是水平距离,测量的误差小,而纵跳测量的是人体重心上升的垂直高度,测量的难度大,误差也大。因此,选择立定跳远测量下肢爆发力有利于减小身体素质成套测验的误差。

第二,体质健康测量的方法要规范统一。在确定了相应的测量指标之后,应对每一个测量指标的测量方法都应做出明确规范的规定,形成统一、规范的测试尺度,促进减小测量的误差。例如,在进行引体向上、仰卧起坐等测试时,应对动作的规范进行要求,避免动作不规范行为。

在测验的组织实施过程中,要避免出现系统误差,就要按照标准化的测验要求实施和组织,严格控制测试的客观条件。在体质健康测试前,应对测试人员进行必要的培训,合理分工;应调试好所用到的仪器设备,充分做好测试的准备工作。在进行体质健康测试时,要减小过失误差,需要提高测试人员的责任心,并加强测试现场的检查与指导。

(4)减小抽样及数据统计分析中的误差。为了减小抽样误差,应通过以下两种途径实现:一是在进行体质健康测量时坚持随机抽样的原则,保证样本的质量;二是尽量增加样本量,提高样本对总体的代表性。另外,测量之后对数据进行统计分析时,对测量数据进行必要的筛查和剔除可疑数据,也可以达到减小误差的目的。

(5)合理选择测量次数及取值方法。在进行体质健康测量时,通过增加测量的重复次数能够有效减小随机误差,从而达到测量可靠性的提升。因此,在进行体质健康测量时,通过增加重复次数能够直接对测量误差产生相应的影响。不同的测量其随机误差的大小不同,因此在进行测量时,对随机误差比较大的测量,应增加重复的次数。在进行体质健康测量时,重复的次数还应对受试者的数量、受试者的身心状态以及测量的客观条件等进行考虑。

需要注意的是,测量结果的取值方式不同,也直接影响测量的误差。在体质健康测量中测量次数的确定和测量结果取值方式有以下几种情况。

其一,受试者需要承受极限生理负荷完成的测验,如一般耐力测验,在这类极限强度的测验中,受试者体力消耗大,而在第二次测验时难以消除疲劳,故一般只测一次。对于瞬时性、损伤性和操作难度大的测验,如运动后即刻脉搏、血压、血乳酸、肌肉活检以及其他生理生化指标的测验,一般也只测一次。对于测量误差很小、可靠性比较高的测验,一般也只测一次,如形态测量中的身高、体重等。

其二,对于持续时间短的大强度非极限负荷的最大能力测验,如立定跳远、投掷和灵敏性等测验,一般可以测 2～3 次或多次。这一类型的体质健康测试需要受试者在短时间内完成,但是其体力消耗相对不大,为了减小其误差,可进行 2 次以上的测试。通常在进行测试时会取几次测试的最佳成绩。

其三,对于负荷很小,但测量结果波动大、敏感和易受干扰的测验,如反应时或感知觉测验,为减小随机误差,应进行多次重复测试。观测值可取测验的平均值或总和,如果除去测验中的最高和最低的成绩,取其余测验成绩的平均值作为观测值则更好。

综上所述,在进行体质健康测量中,由于测量范围的广泛性和测量对象的复杂性,决定了引起测量误差的原因非常复杂。不同的测量指标,引起误差的主要原因也不尽相同。要减小体质健康测量误差,应针对不同的测量内容,采取合理有效的办法,将测量误差减小到最低程度。

(二)体育测量的难度

在进行体育测量时,测验难度即为受试者完成测验的难易程度。在进行相应的技能测验时,测验的难度是尤为重要的问题,当难度适中时,测验才可能取得成功。

1.难度系数的计算

难度系数以正确应答人数占总人数的比例来表示,也可以平均成绩与满分成绩之比表示。正确应答比例越小,说明试题难度越大。难度系数数值应在 0～1 之间。当某一测试内容受试者全部都能够完成时,其难度系数为 1,即该测试内容最容易;相反,某一测试内容受试者全部不能完成时,其难度系数为 0,即测试内容最难。难度系数计算公式如下:

$$P = \frac{R}{N} \left(或 \frac{\overline{X}}{W} \right)$$

上式中:P 为难度系数,R 为正确应答人数,$\overline{X}$ 为平均成绩,N 为总人数,W 为满分成绩。

2.难度系数的选用

测验中对难度系数的使用大致见表2-1。

表2-1 测验中难度系数的使用

0.1 以下	最难
0.1～0.4	较难
0.4～0.6	适中
0.6～0.9	较易
0.9 以上	最易

（三）体质健康测量的信度

1.信度概述

在体质健康测量中,可靠性又被称为"信度",主要是指在相同测量条件下,对同一受试者使用相同测量手段进行重复测量,测量结果的一致性程度。在进行多次重复测量时会存在一定的误差,这种误差的大小决定了相应的测量指标的信度。在进行测量时,如果误差越大,则表明该项测量的信度越低。

不同的测量指标,重复测量的一致性程度也不相同。有些指标,如身高、体重的测量,多次重复测量结果的一致性程度很高;而有些测量则不然,即使实施过程中严格控制测量条件、保持仪器的精确度,多次重复测量结果也会出现一定程度的误差。这种误差的大小决定了测量指标的信度。如反应时重复测量结果的一致性程度远远不如身高、体重重复测量结果一致性程度高。由此可见,测量的信度是估计测量误差的一种方法。

信度是描述测量误差大小的指标,反映测验结果描述事物属性的准确性程度。数学上把测量的信度定义为:

$$r=\frac{\sigma_T^2}{\sigma_X^2}=\frac{\sigma_X^2-\sigma_E^2}{\sigma_X^2}=\frac{\sigma_E^2}{1-\sigma_X^2}$$

上式中:σ_X^2 表示测量值的方差,σ_T^2 表示真值方差,σ_E^2 表示误差的方差。

当误差方差为零时,信度系数 $r=1$。信度系数的范围在 0～1 之间。这再次说明了信度的高低主要取决于测量误差的大小。

2.信度的类型

(1)一致信度。所谓一致信度,就是在进行体质健康测试时,在同一天内同一受试群体重复测量结果的一致程度。一致信度可以认为是由多次测量组成的一组测试结果的一致程度。

需要注意的是,在进行大面积群体测量时,由于受试群体较多,不可能对全体受试者实施重复测量,可采用随机抽样的办法,检验信度的高低。

(2)稳定信度。稳定信度主要是指在2天或多天时间内,测试者对受试对象进行重复测量而测试结果表现出的一致程度。

在进行体质健康测量时,如果所测量的对象指标特性具有相对稳定性,其测量结果之间的差异主要是由测量的误差所引起的,这时就可以采用稳定信度来描述测量误差,这些测量指标包括身高、体重、速度素质等。

在进行体质健康测量时,如果测量指标的稳定性较差(如运动前后的脉搏、血压等指标)重复测量间隔时间过长,测量与再测量结果之间的差异是指标本身变化而引起的,并不完全是由于测量误差引起的,在这种情况下就应采用一致信度描述测量误差的大小。

(3)等价信度。所谓等价信度,主要是指在不同的测量间隔时间内,对受试者实施难度相同,而内容不同的同质测量结果的一致程度。等价信度的估计具有重要的意义。在知识测验中,如果采用同一测试内容进行测试,则其第二次测试会取得更好的成绩,这时测试的信度相对较低。这时如果采用等价信度就会避免这种情况的发生。

3.信度的估价方法

(1)积差相关法。在测量条件不变的情况下,某一指标的两次重复测量结果相关系数的大小可以反映测量误差的大小。因此,这个相关系数的大小与信度的高低是一致的,在这种情况下,采用积差相关法可以估价这个测量方法信度的高低。积差相关公式如下:

$$r = \frac{N\sum XY - (\sum X)(\sum Y)}{\sqrt{[(\sum X^2) - (\sum X)^2][N(\sum Y^2) - (\sum Y)^2]}}$$

上式中:r为测量信度,N为样本数,X为第一次测量结果,Y为第二次测量结果。

在Excel统计软件或SPSS软件中有Pearson相关系数计算功能。也可以利用具有双变量统计功能的计算器计算Pearson相关系数。

在采用这一方法时,应首先观察前后两次测量值有无规律性的增大或减小,也就是说,是不是存在系统误差,若有系统误差存在就不宜使用积差相关法计算信度。因为系统误差不影响计算结果,信度会被高估。

另外,在样本个数较少时也不宜采用此计算方法,在进行抽样时,存在一定的抽样误差,若样本个数较少,则获得的数据也较少,当数据过少时计算结果会出现偶然性。

(2)斯皮尔曼—布朗公式(简称斯—布公式)。斯—布公式表明,在随机误差较大的情况下,随着重复测量次数的增加,测量的信度就提高。在信度水平可以接受的前提条件下,调整体质健康测量的长度(增加或减少测量次数),可使测量的信度既达到预定水平,同时又使得测量次数尽可能少,节省了时间和人力。此时可通过斯—布公式计算来调整测量长度。在使用斯—布公式时应注意避免使原测量的难度发生变化。其计算公式如下:

$$r_{kk} = \frac{k \times r_{11}}{1 + (k-1) \times r_{11}}$$

上式中:r_{kk} 为测量长度增加(或减少)k 倍后的信度,k 为测量长度增加或减少的倍数,r_{11} 为原测量信度。

测量的信度随着测量长度的增加而提高,随着测量长度的减少而降低。原则上来说,选择信度系数可以接受,而且测量次数较少的方法是比较好的。

(3)裂半法。裂半法适用于估价重复测量次数是偶数倍的多次测量信度估计,计算时将总测量分为奇、偶次数相等的两半,然后先将奇数次与偶数次的总和进行积差相关计算,据此计算出的信度系数只是原测量次数一半的信度,要计算整个测量长度的信度,需进一步用斯—布公式进行修正(裂半公式),其公式如下:

$$r = \frac{2r_{\frac{1}{2} \cdot \frac{1}{2}}}{1 + r_{\frac{1}{2} \cdot \frac{1}{2}}}$$

上式中:r 为测量信度,$r_{\frac{1}{2} \cdot \frac{1}{2}}$ 为奇数次和与偶数次和的相关系数。

(4)方差分析法。方差分析法适用于对 2 次以上的多次重复测量信度的估价,特别是对稳定可靠的计算更为合适。因为方差分析法是对多组平均数之间的方差检验,即便在重复测量中出现系统误差,也因其可对误差来源进行分析鉴定,可以避免对信度做出错误估价,所以是一种较好的估价信度的方法。方差分析应采用双因素无重复方差分析,计算公式如下:

$$r = \frac{MS_B - MS_E}{MS_B} = 1 - \frac{MS_E}{MS_B}$$

$$MS_E = \frac{SS_T + SS_E}{df_t + df_E}$$

上式中:r 为信度系数,MS_B 为个体间均方差,MS_E 为误差均方差,MS_T 为实验间均方差,SS_T 为实验间差方和,SS_E 为误差差方和,df_t 为实验自由度,df_E 为误差自由度。

4.信度分析中应注意的问题

第一,在进行信度分析时,对于那些没有量化的调查,并不符合测量特征,也就不存在信度问题。

第二,不同的指标类型,信度判断的标准和要求也应有所区别。例如,对于定量测量,信度一般比较高,判别标准要求较高;对于定性测量,信度水平一般比较低,判别标准也应低些。

第三,对于测量误差很小的测量数据,如使用常规、通用仪器进行的测量,信度一般很高,则没有必要对其进行计算。

5.影响信度的主要因素

(1)测量误差。测试者水平的高低,对测量的信度具有重要的影响。体质健康测量中专业水平较高、实践经验较丰富的测试者其测量的信度也相对较高。

一般在进行测量时,测量的误差越大,则其信度也会越低;反之,则信度也就越高。因此,在进行测量时,应尽可能严格地控制测量条件,这是减小测量误差、提高测量信度的重要手段。

(2)测试对象的个体差异程度。在进行测量时,信度系数受测量结果变异程度的影响,测量数据的变异系数越小,则信度系数也就减小;反之,则信度系数会增大。Kelly(克莱)公式可说明这种关系:

$$r_1 = 1 - \frac{s_2^2(1-r_2)}{s_1^2}$$

上式中:r_1 和 r_2 分别为两个不同分布测量数据的信度系数,s_1 和 s_2 分别为两个不同分布测量数据的标准差。

(3)重复测量间隔时间。测量与再测量的间隔时间,会对测量的信度产生影响。如果某项测量指标随时间变化很快,测量与再测量的间隔时间长短对信度影响很大。例如,在对运动后的即刻脉搏进行测量,重复测量的间隔时间哪怕只有 1 分钟,前后两次测量结果都会有较大的差异,而这种差异并不是测量误差引起的。所以像这类指标就不能用重复测量的方法估计信度。体质健康测量中,身体素质类指标的稳定性很好,随时间变化很小,重复测量的间隔时间就可以长达数天。所以,重复测量间隔时间的长短取决于测量指标的稳定性。

(4)测量的长度。测量的信度系数随测量长度(组数、次数)增加呈提高趋势。斯—布公式也证明,随着重复测量次数增加,测量的信度提高。但在体质健康测量中,许多测验由于受人体生理极限限制和心理作用,通过延长测量长度提高测量信度往往会受到限制。

（5）测量容量与类型。在各种条件相同的情况下，测量容量越大，则信度越高。但当测量容量增加到一定限度后，继续增加对信度的影响就不那么显著了。另外，因受测量时间的限制，测量容量过大而产生疲劳、厌倦等情况时，将妨碍测量继续实施，甚至会起相反作用。

另外，测量类型不同，信度高低也会有所不同。在体质健康测量中对于定量测量而言，测量的信度一般都比较高，如形态测量；但是对于像心理测量等定性测量，信度相对较低。所以，对不同类型测量的信度高低判断时，应使用不同的标准评价。

总而言之，影响测量信度的因素有多种，除以上因素之外，受试者本身状态、测试环境、仪器及测试人员水平等，都会对测量的信度产生影响。因此，为了提高测量的信度，结合测量的具体过程作具体分析，排除可能会对信度产生影响的主要因素是十分重要的。

（四）体质健康测量的效度

1.效度概述

在进行体质健康测量中，测量的有效性被称为"效度"，是指所选择的测量手段达到测量目的的准确程度。也就是说，其反映的是所能测量的属性与欲测属性之间的相关一致程度，或者说是一个测验对于它所要测量的事物属性测到了什么程度。测量的目的是测量效度检测的重要依据。例如，要想测量下肢爆发力的大小，可选择立定跳远或纵跳，因为这两项测验成绩与下肢爆发力的大小高度相关，故其测量的效度也就很高，而用 30 米跑测量下肢的爆发力就不如用立定跳远或纵跳测量的效度高。

效度的数理定义为：假定一项测量结果的总变差为 S_t^2，是由以下三项组成，一是要测量的事物属性有关因素引起的变差 S_{co}^2；二是与该测验无关的因素引起的变差 S_{tp}^2；三是测量误差的变差 S_e^2。即：$S_t^2 = S_{co}^2 + S_{tp}^2 + S_e^2$

效度的定义式为：

$$\mathrm{Val} = \frac{S_{co}^2}{S_t^2} = 1 - \frac{S_{tp}^2 + S_e^2}{S_t^2}$$

由此可见，效度与误差的变差有密切的关系，即其到受信度的限制。一项测验的效度只能小于或等于信度。效度主要分析测验指标所测量的属性与所要测量的事物属性之间的关系；而信度主要分析某测量结果是否真实地反映所测量事物的属性。

一项测量的效度高，信度也必须高，因信度是效度的必要条件。但一项信度高的测量,其效度却不一定高。有些测量指标本身的信度很高,但用于不同测量目的时,其效度高低差别会很大。例如,30 米绕杆跑多次重复测量,成绩是非常接近的,用于测量灵敏性素质时,其信度和效度都很高。但用于测量速度素质时,其信度虽高,但效度却不高。以上例子说明,当测量对象和测量条件不变时,一个测验的信度不会随测量目的不同而变化。但测量的效度却随测量的目的不同而变化。

效度系数的变化范围在 $-1 \sim +1$ 之间,绝对值越接近 1,其效度也就越高;越接近 0,则效度也就越低。

2.效度的分类

一般人们将效度分为 3 类,为内容效度、结构效度、效标效度,具体分析如下。

(1)内容效度。内容效度指所选择测量内容反映总体属性的准确性程度。例如,理论课考试中的笔试,不可能将所有学过的内容都进行测验,只能按照教学大纲的要求,在各章节选择具有代表性的重点内容组成一套试卷。被选出的题目,在内容上对所学科目具有代表性的程度,称为"内容效度"。

在编制测验时,内容效度是一个相当复杂而又不容易解决的问题。要用有限的几个测验来代表总体内容是比较困难的。所以,在分析内容效度时,应视测量目的的要求和欲测事物的总体属性与所选择测量内容特征的一致性程度,其一致性程度越高,说明内容效度越高。

换句话说,把全部内容视作一个总体,把选择出来的几个或一些认为对总体具有代表性的内容视作一个样本,如果这个样本对总体代表性程度高,而且所抽取的样本数量也足够,那么就可以说这项测量的内容效度也高。

(2)结构效度。结构效度是指一组测量所包含的各种属性与总体属性的各种拟测成分在结构上的一致性程度。体质健康测量中,对于成套测验,特别是运动技术的测量,常采用结构效度来分析所编制测验的效度。例如,欲了解学生篮球技术水平,选择了投篮、运球、传球等指标。从篮球技术整体结构来看,选择这三项进行测验,其各自代表属性结构与总体结构一致性程度较高,因为篮球技术的构成与之相符合,据此可以认为这套测验的结构效度较高。

结构效度与内容效度有时容易混淆,它们在要求达到测量目的这一点上是相同的,但是在使用时是有区别的。结构效度常用于心理测量与运动能力成套测验,特别是编制运动技术测验时经常使用,而内容效度则常用于理论知识测验。

（3）效标效度。效标是已被检验证明能够作为计算效度的参照标准,并被证明是一项效度、信度很高的测量结果。体质健康测量中常用的效标有定量效标与定性效标。

定量效标指通过定量测量得到的效标,如体育比赛中运动员的专项运动成绩;人体形态测量中,以水下称重法计算出的身体成分;在实验室条件下用气体分析仪、电动跑台或自行车功率计测量所得到的最大摄氧量等就是定量效标。还有一些合成效标,如体质评价总分、成套测验总分等,都可以作为定量效标使用。

定性效标是指通过定性测量获得的效标。例如,体操、花样滑冰、花样游泳、跳水等运动项目的评分结果;由专家根据该运动项目的特点、技术要求、竞赛规则等制定出评分标准,依据评分标准对运动员运动水平做出评定;还有一些对抗性运动项目如球类、柔道、摔跤等,这些运动项目最后的竞赛名次本身就是定性效标。

在进行体育测量中,效标来源有以下三种途径:一是正规的比赛成绩、名次,如体操比赛的名次顺序可以作为反映运动员技术水平的效标;二是在实验室条件下,使用精密仪器所得测量结果,如用气体分析法测量最大摄氧量可以作为检验其他方法测量最大摄氧量的效标;三是标准化测验的测量结果可以作效标。

效标效度是指所选择的测量与效标之间的相关一致性程度。如果两者之间的相关程度高,说明所选择的测量的效标效度高。许多测量指标在使用之前难以判断其是否有效,或从逻辑分析推断它有效却不知其在实际运用中的效度高低,此时就要选择适宜的效标,经测量后计算与效标之间的相关程度如何,如果相关程度高,说明效标效度高;反之,则需要重新更换测量指标,直至效度达到满意时为止。

需要注意的是,某些测量指标虽然非常有效,但须在实验室条件下进行。另外,尽管某项指标测量效度很高,但可能会受到经济性的限制,不宜在大群体测量指标中使用。而经效标效度检验,一些简便易行、效度也较高的测量就可以解决这些问题,作为数量较多的群体的测量指标推广使用。

3.效度的估价方法

（1）逻辑分析法。对内容效度与结构效度来说,逻辑分析法是一种较为简便易行的估价方法。逻辑分析法的依据是科学的专业知识,以及长期从实践工作中科学总结出来的实践经验。内容效度与结构效度都从逻辑推理判断分析的角度,来看待所选择测验对总体属性的代表性程度。

（2）积差相关法。在计算效标效度时，常采用积差相关法。计算测试结果与所选择效标之间的相关系数，并根据相关系数的大小确定其效度高低。使用此方法估价效度时，需注意样本数量不能过少。

积差相关法既可以计算效度，也可以计算信度，但两者是有区别的。计算效度时，x、y 两变量往往代表两种不同测量方法的测量结果；而计算信度时，x、y 两变量代表同一种方法两次重复测量结果。

（3）等级相关法。等级相关法是一种非参数统计方法。所选择效标为顺序量表时，可使用等级相关法进行效度计算。这一方法的优点在于其不涉及变量的分布形态及样本的数量，但当相同等级数量过多时不宜使用此法，否则可能会高估效度。在一些球类及体操等运动项目比赛中，可将名次作为效标，将所选测量的结果与名次顺序作等级相关来检验其效度。等级相关法计算公式如下：

$$r_s = 1 - \frac{6 \sum d^2}{n(n^2 - 1)}$$

上式中：r_s 为等级相关系数，d 为名次与测验成绩的序差，n 为样本数。

4. 影响效度的因素

（1）受试者群体特征。根据受试群体的具体特征，如年龄、性别、能力、个体差异等，选择适合他们的测验才可以达到测量目的。因为同一测量方法用于不同受试群体时，其难度就不一样，得到的结果也是不同的，测量的效度高低也就不一样。例如，引体向上只适用于高中以上男子的上肢肩带肌肉耐力测量，若将它用于小学生以及女子，则可能会因不能完成动作而达不到测量目的。受试者个体差异越大，测验的区分度越高，效度越高；反之，区分度越低，效度也就越低。所以说，一种测量用于某种场合效果极佳，而用于另一场合则效果不甚理想。这说明受试群体特征不同，测量的效度也就会随之发生变化。

（2）样本含量及其代表性。通过扩大样本含量，不但可以提高样本对总体的代表性，而且可使随机误差趋于减小，测量的信度随之提高。除样本含量会对效度产生影响外，抽样办法也很重要，应坚持随机抽样原则，否则将会影响样本对总体的代表性。

（3）测量的信度。测量的信度是限制效度的一个重要因素，一项测量效度系数的最大值，等于这项测量信度系数的平方根。可以说，测量的效度被它的信度所限制。如果某项测量的信度不够理想，则势必影响其效度。所以说，在检验测量效度之前，首先检验指标本身的信度，会对效度产生良好影响。

（4）效标的选择。效标效度是以所选择的测量指标与效标之间的相关一致性程度来检验其是否有效，以及效度程度高低，所以效标的选择极为重要。

（5）测量的难度与区分度。区分度是对受试者个体差异程度的分辨能力，区分度高，效度也会提高。而区分度的高低取决于测验的难度，难度适中时，测量的区分度最大，难度过高或过低时，区分度最小，效度最低。因此调整好测量难度，也是提高效度的一种有效方法。

二、体质健康评价的科学方法

在进行体质健康测量的评价时，应坚持科学的评价方法。评价方法即为制定评价标准的方法。根据评价的目的和测量数据的特征，运用一定的统计方法建立评价标准。选择正确合理的评价方法，是评价过程中的核心问题。要做到正确选择评价方法，必须了解每一种评价方法的特点及应用的条件。在制定相应的评价标准时，应满足以下 3 方面的条件：

（1）评价的参照点，又称为"评价计分的基准点"，评价参照点可分为绝对零点和相对零点。

（2）评价单位，又称为"计分间距"，是评价量表中分值之间的距离，这种距离可以是不变的（如标准分），也可以是递进的（如累进量表）。

（3）评价全距，或称为"评价数据的取值范围"，此范围必须能包含所有被评价数据，而且还略宽泛。

（一）离差法

离差法是以测量原始观测值的平均数为参照点、以标准差为计算单位来制定评价标准的。使用离差法时，首先要检验原始观测值是否呈正态分布。唯有正态分布或接近正态分布的原始观测值，才能使用离差法制定评价标准。

1.离差法制定评分标准（标准分）

（1）Z 分。Z 分是标准分的最基本形式。它以平均数为 0 分的参照点，计分间距以一个标准差为 1 分。因此可得到 Z 分公式为：

$$Z = \frac{x - \bar{x}}{S}（测量值越大，得分越高）$$

$$Z = \frac{\bar{x} - x}{S}（测量值越小，得分越高）$$

在标准正态分布 $\bar{x}\pm5S$ 范围,Z 分的范围为 $-5\sim+5$ 分。由于 Z 分有负分,所以在实际中很少直接应用,但 Z 分可以转换为其他标准分。

(2)T 分。如果将平均数作为 50 分的参照点,计分间距以一个标准差为 10 分,可得到 T 分公式为:

$$T=10Z+50$$

在标准正态分布 $\bar{x}\pm5S$ 范围,T 分的范围为 0 至 100 分。

Z 分、T 分只能在测量数据达到标准正态分布范围 $\bar{x}\pm5S$ 时才可应用。但这种情况很少,致使这两种标准分在实际中应用较少。

(3)标准百分。标准百分是由标准分演变而来的一种评分方法。使用标准百分时,首先要确定标准百分的评分范围(全距),一般定为 $0\sim100$,当测量数据分布范围不同时,其评分结果不同,所以在制定标准百分时,首先要明确原始测量数据取值范围,可用 $\bar{x}\pm KS$ 表示(K 为常数,可定为 $K=5$,$K=3$ 或 $K=2.5$),然后再进行转换。标准百分公式为:

$$标准百分=50+\frac{50(x-\bar{x})}{KS}$$

一般说来,标准百分评分范围常用 $0\sim100$,而原始测量数据范围多为 $\bar{x}\pm3S$,根据正态分布理论,在 $\bar{x}\pm3S$ 范围已包含了 99.73% 的测量数据。此时,标准百分的计算公式为:

$$标准百分=50+\frac{50(x-\bar{x})}{3S}$$

2.离差法划分评价标准等级

用离差法划分评价等级,一般定为 5 级,也可根据不同的评价目的划分为 3 级或 4 级。评价等级数是根据评价目的来确定的,一般来说,用于终结期成绩评价的定 5 个等级为宜,即优、良、中、下、差;而用于教学训练过程的诊断评价,则多用 3 个等级。各等级人数百分比,依不同的评价目的或用途来确定。不管采用哪种百分比,其总体应符合正态分布特点,即"中间大,两头小"。中等水平的占多数,优劣的占少数。

(二)百分位数法

百分位数法是以原始观测值的中位数为参照点,以百分位数为单位来制定评价标准的方法。百分位数既适合于正态分布也适合于非正态分布的观测值的计算。在大样本情况下,百分位数法制定标准比较简单而且客观。所以,现在用百分位数法制定等级评价标准或百分制的评分标准时比较常用。

1.百分位数法制定评分标准

百分位法制定百分制的评分标准非常简单,每个测量值对应的百分位数就是百分制的分值。百分位数的计算公式为:

$$P_X = L_X + \frac{i}{F_X}\left(\frac{X \times N}{100} - C_{x-1}\right)$$

上式中:P_X 为第 X 百分位数;L_X 为所求的百分位数所在组的下限;X 为所求的百分位数的秩次;$X = 1, 2, 3, \cdots$;F_X 为第 X 百分位数所在组的频数;C_{x-1} 为上组累计频数;i 为组距;N 为总样本数。

2.百分位数法划分评价等级

用百分位数划分评价等级比较简单,其步骤是:

(1)确定评价等级数(3级或5级)。

(2)确定各评价等级人数的理论百分数。

(3)确定各评价等级的分界点。以各等级的人数百分比为分界点。

(三)累进计分法

累进计分法是以正态分布理论为依据来建立抛物线方程,故使用于正态分布或接近正态分布的原始观测值的评价。累进计分法的计分间距随着测量值增加而递进(非线性量表),与标准分(线性量表)计分间距不变完全不同。所以用此法制定的评价标准既可以评价成绩的进步幅度,也可评价成绩的进步难度。累进计分法计算公式为:

$$Y = KD^2 - Z$$

上式中:Y 为累进分数,K 为系数,D 为某成绩在正态曲线图横轴上的位置,Z 为基分点以左的分数。

其计算步骤如下:

(1)求出原始观测值的 $\bar{X}$、S、M_d,并对其进行正态检验。

(2)确定评分满分和基分点的累进分和与其对应的原始成绩。满分和基分点一般定为 $0 \sim 100$ 或 $1 \sim 1\,000$,相对应的原始观测值可用平均值加减几个标准差来确定,常用的有 $X \pm 5S$ 或 $X \pm 3S$。

(3)确定评分间距。根据需要可以用 1 个测量单位,也可用 1/100 或 1/1 000 个测量单位为评分间距。

(4)求每一评分间距点处原始成绩的 D 值,并列出 D 值表。公式为:

$$D = 5 \pm \frac{(X - \bar{X})}{S}$$

（5）将满分点和基分点相对应的 D 值以及分数代入方程，建立方程组，求出 K 值和 Z 值。

（6）依次将各个成绩的 D 值代入方程，求出每一成绩的累进分数。然后列出评价表。

（四）综合评价法

综合评价是将各项不同计量单位的原始观测值，转换成统一计算单位后，以其总和（总均值）来反映测验整体属性的一种评价方法。在体质健康评价中，常用的综合评价方法有如下几种。

1.文字等级的综合评价法

文字等级即以优、良、中、下、差等来描绘学生成绩。在某些综合属性的测验中，若各项测验成绩均以文字和等级进行评价，则可将这些文字和等级转换成分数，然后求出其总分。

文字等级转换分数的方法如下：

（1）赋予各等级分数。例如，A（优）＝4 分，B（良）＝3 分，C（中）＝2 分，D（下）＝1 分，E（差）＝0 分；或者，$A^+=14$，$A=13$，$A^-=12$，$B^+=11$，…，$E^+=2$，$E=1$，$E^-=0$，等等。

（2）将转换的分数求总和或求总平均值。以总和（总均值）进行综合评价。

2.等权评价法

在进行评价时，如果各项测量指标在综合测验总体属性中的重要性程度比较接近或差异不大，就把它们视为"等权"，可以简化评价过程。在体质健康测量与评价中，有很多测验是用分数来取值的，如某些技术评分，或者那些经过转换的 Z 分、T 分、标准百分和累进分等。当进行综合评价时，就可以在各单项测验评价的基础上，将各个体在各项测验所得的分数累加求出总分或总平均分，最后以各个体的总分（总平均分）作为整体属性的综合评价。

这一评价法最大的优点是简单、快捷，但是它无法考虑各项测验对整体属性的作用或影响程度。

3.加权评价法

此法是在把被评价个体的各单项测验成绩统一转化为分值之后，考虑了各项测验对整体属性的作用或影响，借此赋予或求出各项测验对整体属

性的权重(加权数),然后用加权总分的公式求出加权总分。加权总分的计算公式为:

$$加权总分 = W_1 T_1 + W_2 T_2 + \cdots + W_N T_N$$

上式中:W 为各测验的权重(加权数),T 为各个体在各测验中的分数。

加权总分的计算步骤为:

(1)将各测验成绩的原始观测值转化为相应的分数。

(2)求各测验的加权数。常用的方法有如下几种:

其一,以经验或理论判断各项测验对整体属性的作用或影响大小,并以其程度赋予或给予一个加权数。一般来说,总加权数为 1,那么各测验的加权数则为 0.1,0.2,…,0.9。

其二,用专家咨询法求出各项测验的加权数。即将整体属性及各项测验列成一个咨询量表,然后请专家判断赋值(比重或百分比)。以专家的赋值求出各项测验的权重。

其三,用统计方法求出各项测验的权重。如以标准回归系数、主成分分析的贡献率、标准判别系数及模糊相关等方法,均可求出各项测验的加权数。

(3)将各个体的各项测验分数代入加权总分公式,分别求出各个体的加权总分或加权平均分。

综合评价除以上方法外,还可以借助电子计算机,用比较复杂的统计方法,建立各种综合评价的数学模型,如相关模型、回归模型、判别模型、模糊数学模型以及主成分和因子分析模型等。

在采用综合评价时,要注意如下三个问题。

第一,用相应的统计方法将各项测验成绩的计量单位规范化,即转换成统一的计算单位。

第二,对各项成绩进行正态检验。从理论上说,参加综合评价的各项测验成绩应呈正态和接近正态分布。

第三,要考虑各项测验对整体属性的作用或影响大小,根据它们的作用或影响程度确定其权重(加权数),并根据其权重进行综合评价。

第三节　体育测量评价学科的发展概况

体育测量评价是一门新兴学科,一般可将其分为 4 个基本发展阶段,即人类学测量时期、人体机能测量时期、运动能力综合性测量时期和标准化测量时期。本节就对其基本发展概况进行分析。

一、人类学测量时期

人类对于自身的研究和了解由来已久。早在公元 355 年前,人类就有了对人体测量方面的基本研究。例如,在古埃及、古印度、古罗马等国,为了了解人体的比例,就有了通过将身体的某一部位作为身体整体测量的计量单位的尝试。

在我国,早在两千多年前就有了关于人体测量方面的研究。很多医学典籍中对人体进行了详尽的描述。在《内经·灵枢》中,对人体测量方法就有了较详细而又科学的阐述。

现代意义上的人体测量研究始于 19 世纪中叶。当时研究的重点主要集中在人体的左右对称以及身体各部位的比例等。另外,测量内容方面,也开始了一些引体向上等肌力测量。美国哈佛大学的萨金特发展与实施了有组织的大面积群体测量,并将 50 百分位数作为基准值给予评价。这一研究成果对体育测量评价学科的发展做出了极大贡献。

1885 年在美国举行了"保健体育、康乐体育协会"成立大会,首先讨论了测验的一致性和评价标准。最早在这一方面进行系统研究的马丁,他在1925 年写出《人体测量学》一书。这本书中的一些测量方法在当时应用广泛,其主要论述了运动对人体形态的影响及体型的分类。

二、人体机能测量时期

19 世纪 60 年代,受到第二次工业革命的影响,世界生产力获得了极大的发展,人类在经济、社会、文化、科技等方面发生了深远的变革,相关的科学理论也得到了较大的发展,一些新的技术手段也能够应用于研究中,促进了科学研究的进一步发展。

1880 年前后,体育测量的研究逐渐深入发展,开始注重对人的肌力的测量,并设计了相应的肌力测试。

1884 年,意大利生理学家莫索发明了肌力记录仪,并将身体机能状态与肌力测量联系起来进行研究。他认为:"任何身体机能发生障碍,都可以降低人体作业能力,部分肌肉疲劳可以影响其他肌肉疲劳。"从本质上指出身体状态与肌肉活动有密切关系。

1914 年,马丁在研究小儿麻痹病人肌肉状态时,发现"局部肌力是全身力量良好标志"的原则,这一理论的发现使得肌力测验前进了一大步。

1926 年,罗杰斯对萨金特的肌力测验进行了研究,引起了体育界的普遍关注。他通过科学的方法向人们证明,肌力测验是人体运动能力的反映,即肌力与人体一般运动能力的关系密切,用肌力测验反映运动能力是有价值的,这个观点推动了肌力测量向前发展。

19世纪末20世纪初,循环机能研究取得了迅速发展,人们逐渐将肌力、机能、疲劳等一起进行综合研究,通过大量的研究发现,它们之间的确有着密切的联系,这些研究证明:"人体循环系统处于良好工作状态时,身体运动能力也呈高水平工作状态,当其疲劳或发生障碍时,身体运动能力也随之下降",并以此为理论依据编制一些测验用于体育运动实践中。

1905年,C. W. 克兰普顿创立了"站位与卧位脉搏血压变化测验",用来指导体育实验活动,这些研究成果在当时极大地促进了体育测量评价学科的发展。

三、运动能力综合性测量时期

20世纪初,科学技术得到了较大的发展,这为体育评价学科的发展提供了更加广阔的发展空间。20世纪初期,人们逐渐开始注重对于人类实际运动能力的研究。学者们认为,通过对人体进行综合研究,能够更加客观地反映人体的运动能力。

1901年,萨金特率先创造了六个单项组成的成套测验,以30分钟连续完成测验并能坚持到底者为优秀。当时,一些发挥人体基础运动能力的跑跳、腾越、攀登及其他综合性测验很快得到普及。

1913年,美国政府为了鼓励青年人努力达到相应的身体能力标准,公布了男女田径奖章测验。此后,依受试群体的年龄、身高、体重不同进行分组的测验竞相推出。在评价方面有的还将测验结果的第70百分位数测量值定为及格标准。这个时期除了注重对身体能力进行测量外,还注意结合群体特征对身体运动能力进行评价研究,期望能够较为客观地对人体运动能力做出综合性的价值判断。

四、标准化测量时期

随着现代社会科技进步和学术交流的需要,能使不同地区、不同国家之间进行比较研究,各国不但在测量内容方面力求统一,而且在测量仪器、实验方法等方面也力求统一,以使测量达到标准化、规范化。例如,美国的"体育及格标准"、苏联的"劳卫制"、日本的"体力测定"、中国的"国民体质监测系统""普通人群体育锻炼标准"和"学生体质健康标准测试"等,都是标准化测量与评价的典型成果。在各国研究并实施标准化测量的基础上，逐渐实现了国际研究合作。

"二战"以后，日本为了使国民体质健康得到更好、更快的恢复，便对其国民进行了"体力测定"，如分别在 1949 年、1952 年、1953 年、1954 年、1957 年、1959 年均对 8—18 岁的男、女青少年的跑、跳、投、悬垂和灵活性进行了测定。

在美国，1954 年，青年体质总统委员会（现已更名为体质与运动委员会，PCPFS）成立，此后相关组织纷纷成立，关注青少年体质健康的发展。

1964 年，国际体力测量组织成立，并于 1974 年以"国际体力测定标准化委员会"名义公布了标准化体力测量内容，极大地促进了体育测量评价学科的发展。

20 世纪 60 年代和 70 年代，针对身体素质测定的内容，美国体育界展开了长期的争论。逐步完成由对运动技术指标进行测试过渡到对健康指标进行测试，对青少年明确和实现体质健康的目标具有重大的推动作用。从 19 世纪 80 年代后期，众多的体能测试开始在美国的许多学校进行。

我国于 20 世纪 80 年代初期，开始引入体育测量评价学科。当时，华南师范大学的陈骏良先生率先翻译了第一本美国《体育测量与评价》专著。此后，北京体育学院、武汉体育学院先后翻译出版国外的一些相关著作。

1985 年邢文华教授等编著出版了第一本《体育测量与评价》教学参考书，1987 年全国高等师范院校编写出版了《体育测量学基础》。1995 年全国体育学院教材委员会正式出版了体育学院通用教材《体育测量评价》，体育测量评价也被很多学校列为专业基础课程。在我国学者的努力下，体育测量评价在我国得到了快速的发展。

近年来，科学技术突飞猛进，尤其是计算机技术的普及和发展，使得人们进入了信息社会。在计算机技术的影响下，体育测量与评价系统得到了进一步发展，其测量和评价的技术和方法日益科学、精确，体育测量评价学科必将实现进一步的发展。

第三章　身体形态测评的理论与操作方法

身体形态包括器官的外形结构、体格、体型和姿势,通过身体形态测量可以为人体生长发育规律的研究提供重要数据,为分析个体发育特征和评价个体发育水平提供可靠的依据。此外,还能够为运动员选材提供不可缺少的信息。因此,对身体形态测评进行研究具有重要的意义。本章主要就身体形态测评的理论与方法进行分析。

第一节　身体形态测量概述

一、体表划线

在身体形态测量中,描述和定位某些测点,需要借助体表的人工划线,这项基本技能是测量工作者必须掌握的。

(一)胸部体表划线

1.前胸壁(图 3-1)

(1)前正中线。前正中线指的是通过胸骨中央的垂直线。上端为胸骨柄上缘中央处,向下通过剑突的中央,通过脐部向下延伸。

(2)锁骨中线(左、右)。通过锁骨中点的垂线就是锁骨中线。它平行于前正中线,为前胸壁最重要的一条直线,与乳头线相吻合。

(3)胸骨旁线(左、右)。胸骨旁线是位于前两条线之间的垂线。

2.侧胸壁(图 3-2)

(1)腋前线(左、右)。腋前线是通过腋窝前皱襞的垂线。从表面看,腋窝前皱襞是一条斜线,腋前线就是通过该斜线上端与上肢下垂时相交的点所作的一条垂线。

(2)腋后线(左、右)。腋后线指的是通过腋窝后皱襞的垂线。

(3)腋中线(左、右)。腋中线指的是通过腋窝中央的垂线。与腋后线、腋前线的距离相等。

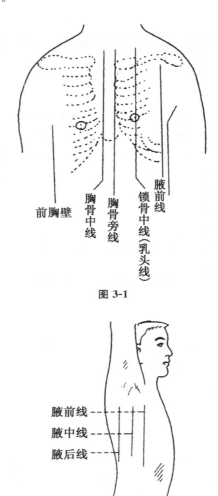

图 3-1

图 3-2

3.后胸壁(图 3-3)

(1)后正中线。后正中线指的是通过脊柱棘突的一条垂线。

(2)肩胛线。肩胛线是通过肩胛下角的一条垂线。人工在胸壁上划水平线有一定的难度,所以一般将肋骨及肋间隙或胸椎作为水平标志。

(二)腹部体表划线

在腹部体表划线,最常用的方法是画通过肚脐的水平线与垂直线,这两条线将腹部分为四个区,分别是左上、左下和右上、右下,见图 3-4a。

用两条水平线和两条垂直线将腹部分为九个区的划线方法也比较常见。两条水平线中,上面那条是横贯第十肋骨下缘的连线,下面的是左右髂前上棘的连线。通过髂前上棘至腹正中线连线的中点所作的垂线就是左右垂线,见图 3-4b。

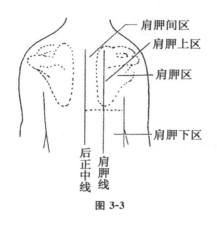

图 3-3

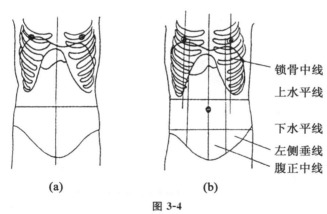

(a)　　　　　(b)

图 3-4

二、身体形态主要测量点

一般通过骨结节、隆凸和骨骺的边缘等骨性标志来确定人体测量点,见图 3-5a,也有以皮肤的皱褶、皮肤特殊结构和肌性标志为依据进行确定的,见图 3-5b。

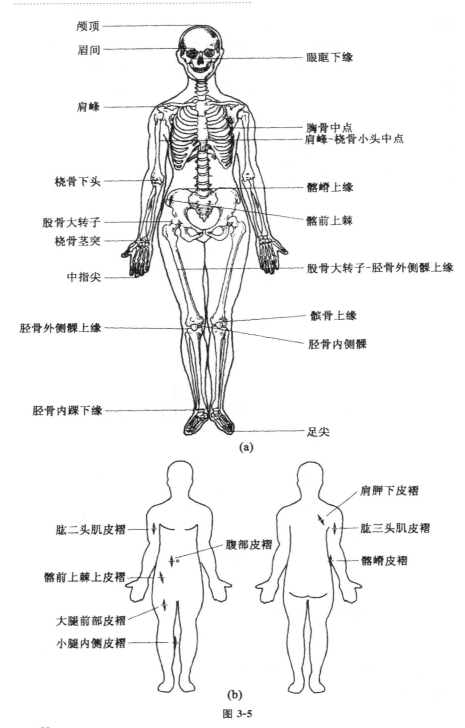

颅顶
眉间
肩峰
桡骨下头
股骨大转子
桡骨茎突
中指尖
胫骨外侧髁上缘
胫骨内踝下缘

眼眶下缘
胸骨中点
肩峰-桡骨小头中点
髂嵴上缘
髂前上棘
股骨大转子-胫骨外侧髁上缘
髌骨上缘
胫骨内侧髁
足尖

(a)

肱二头肌皮褶
髂前上棘上皮褶
大腿前部皮褶
小腿内侧皮褶
腹部皮褶

肩胛下皮褶
肱三头肌皮褶
髂嵴皮褶

(b)

图 3-5

一般来说,人体主要的测量点有头顶点、头后点、头侧点、枕外隆凸点、眉间点、耳屏点、颌下点、颈点、喉结节点、胸上点、胸中点、胸下点、乳头点、脐点、肩胛骨下角点、耻骨联合点、髂嵴点、髂前上棘点、肩峰点、桡骨点、桡骨茎突点、尺骨茎突点、桡侧掌骨点、尺侧掌骨点、指尖点、大转子点、髌骨中点、胫骨点、内踝点、外踝点、跟点、外侧跖骨点、内侧跖骨点、趾尖点等。

三、身体形态测量的影响因素及注意事项

(一)身体形态测量结果的影响因素

各种形态指标的测量结果的准确性和可靠性是受很多因素共同影响的。其中,影响较明显的有以下 3 种。

1. 测量仪器

身体形态测量中,应使用精密度和灵敏度高的仪器。在大规模的群体测量中,更应如此,这样才能做到标准和规范。同时,在使用测量仪器前应严格检查和校正仪器。

2. 测量姿势和方法

在人体形态测量中,要严格规范受试者的姿势和测试人员的测量方法。测量过程中,对受试者姿势的细微变化与测试人员对测量部位的定点要给予高度的重视,任何疏忽都会对测量结果的准确性和可靠性产生影响。因此,测量方法必须做规范化的说明,且必须严格按照要求进行。

3. 测量时间

测量时间会影响人体形态的测量结果。例如,在一天中,身高和体重变化最为明显。因此,测量身高在早晨或上午测量最好。另外,人体围度的变化,尤其是臂围、腿围和胸围,受运动因素的影响较大。运动后由于毛细血管充血,肌肉体积增大,其测量结果会大于安静时。若在运动后测量围度,应让受试者休息半小时左右。大规模的群体测量中需统一规定测量时间。

(二)身体形态测量的注意事项

为提高人体形态测量结果的准确性、可靠性,在测量过程中,受试者、测试者都要严格要求自己,做到如下要求。

1.测试者须知

(1)要保持测量仪器的清洁,测量前对其进行检验、校正。测量中随时校正仪器,以提高精确度。

(2)当没有提出特殊测量要求时,测试者通常测量受试者的右侧肢体。

(3)对测量方法、测量点加以掌握和熟悉,要求精度较高的小样本测量时,可由专人在受试者身体上标出测量点,以使测量结果更加准确。一般在上午10点左右测量易受时间因素影响的指标(如身高、体重等)。

(4)测量体重时,以千克为单位;测量长、宽、围度时,以厘米为单位;测量皮脂厚度时,以毫米为单位。测量结果一般取小数点后一位。

(5)测量仪器读数时,测试者的视线应与测量仪器上的标度部分保持垂直,不可斜视,避免测量误差。

(6)测量中要尽可能减少误差。体重测量误差不得超过0.1千克,长度测量误差不得超过0.5厘米(除身高及较长的身体部位),其余肢体环节长度的测量误差不得超过0.2厘米。

2.受试者须知

(1)男性受试者上身裸露、下着短裤、赤足;女性受试者上着背心、下着短裤、赤足。

(2)头部及坐高取坐姿,其他测量取直立姿势,耳眼保持水平位。

(3)受试者在测试前应排尿排便。

第二节 体格测评

体格测量是指测量人体各部位的长度、宽度、围度及整体重量。通过体格测量,可以对人体外部形态结构、生长发育和营养状况及体质发展水平进行了解。

一、体格测量

(一)重量测量

重量测量的内容主要包括体重、瘦体重和体脂重。下面仅分析体重的测量方法。

体重反映了人体横向发育的情况。骨骼、肌肉、皮下脂肪及内脏器官重量增长的综合情况和身体的充实度能够从人的体重中反映出来。通过测量体重和身高,可以对一个人的营养状况进行评价。一般而言,体重的变化与横断面积的发育、肌肉量是正比的关系。体重增加,表示肌肉量和肌肉力量也在增加。因此,要了解人体围度、宽度、厚度的发育状况,可以采用体重这一整体指标。体重测量的操作如下。

1.测量仪器

杠杆式体重计,仪器误差不超过 0.1%。

2.测量方法

测量前游码归零,刻度尺呈水平位。测量时在平坦的地面上放好体重计,受试者轻上,在秤台中央站好。测试者移动游码至刻度尺稳定在水平位后读取并记录数字,误差≤0.1 千克,见图 3-6。

图 3-6

受饮食和运动时排汗量的影响,一天内人的体重会上下变动,所以要选择适宜的测量时间,一般是上午 10 时左右。

(二)长度测量

长度测量的内容主要有身高、坐高、指距、上(下)肢长以及小腿和足长等。

1.身高

(1)测量仪器:身高坐高计。

(2)测量方法:受试者站在身高坐高计底板上自然立正,足跟、骶骨和两肩胛间紧靠立柱,耳眼保持水平位。测试者向下滑动水平压板,轻压其头顶点,两眼与压板呈水平位,读数并记录,见图3-7。

测试误差应小于0.5厘米。

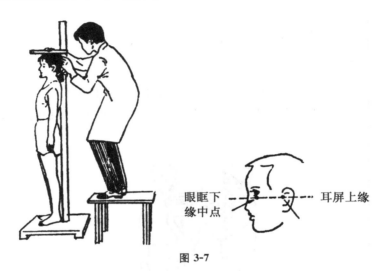

眼眶下缘中点 ———— 耳屏上缘

图 3-7

2.坐高

(1)测量仪器:身高坐高计。

(2)测量方法:受试者坐在身高坐高计座板上,躯干与头部正直,上臂自然下垂,耳眼保持水平位,骶骨及肩胛骨与立柱紧贴。大腿平行于地面,垂直于小腿,手不可撑座板。测试者沿立柱缓慢下滑水平压板,轻压受试者头顶部,两眼与压板呈水平位,读数并记录,见图3-8。

测量误差应小于0.5厘米。

3.指距

(1)测量仪器:指距尺。

(2)测量方法:在平台上固定好测量尺,受试者两脚分开,两臂侧平举,上体伏在测量尺上,一手指尖点固定在0位,另一侧上肢向侧面尽可能伸展,手掌、臂、胸与尺面紧贴,两臂成一直线。测试人员面对受试者,对两中指尖点之间的直线距离进行测量,见图 3-9。

测量误差应小于 0.5 厘米。

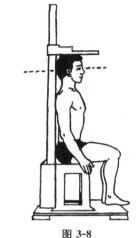

图 3-8

图 3-9

4.手足间距

(1)使用器材:直立标尺。

(2)测量方法:受试者于标尺杆一侧直立,右上肢尺骨侧贴近标尺并尽量上举,并拢双足。对右手中指尖至足底平面的垂直距离进行测量,见图 3-10。

测量误差应小于 0.5 厘米。

5.上肢长

(1)测量仪器:使用带有游标的直钢尺或直脚规。

(2)测量方法:受试者自然站立,两脚间的距离同肩宽,手臂伸直下垂,五指并拢。测试人员在受试者右侧后方站立,将尺的固定端对准受试者肩峰外侧缘中点后,移动尺的游标使其与受试者的中指尖相抵触。对受试者肩峰外侧缘中点至中指尖的距离进行测量,见图3-11。

测量误差应小于0.2厘米。

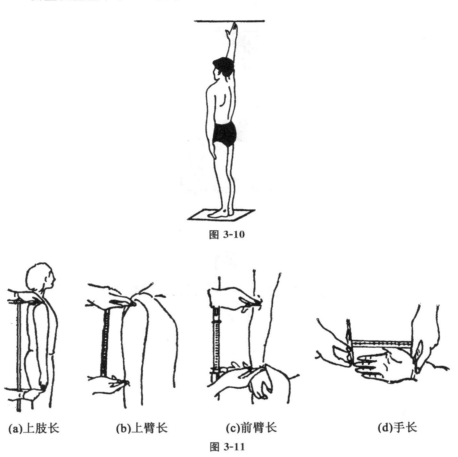

图 3-10

(a)上肢长　　　**(b)上臂长**　　　**(c)前臂长**　　　**(d)手长**

图 3-11

6.下肢长

(1)测量仪器:带有游标的直脚规。

(2)测量方法:受试者自然站立,两臂下垂,测试者在受试者一侧,对其股骨大转子尖经外踝尖到地面的距离进行测量,即为下肢长。

测量误差应小于0.2厘米。

7. 小腿长

（1）测量仪器：带有游标的直钢板尺。

（2）测量方法：受试者自然站立，左脚支撑体重，抬右脚，屈膝将脚踩于凳上，全脚掌与凳面相贴，小腿垂直于凳面。钢尺的固定齿端对准受试者胫骨内侧髁下缘，移动钢尺游标，使之与受试者胫骨内髁上缘对准，对受试者胫骨内髁上缘至胫骨内侧髁下缘的距离进行测量，见图 3-12。

测量误差应小于 0.5 厘米。

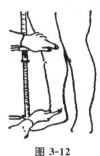

图 3-12

8. 足长

（1）测量仪器：足长测量器。

（2）测量方法：受试者踩在凳子上，全脚掌与凳面相贴，小腿垂直于凳面。测量人员面对受试者，移动测量尺使之平行于受试者足的纵轴，尺的固定挡板贴在跟点上，对跟点至最长趾端的距离进行测量，即为足长，见图 3-13。

测试误差应小于 0.2 厘米。

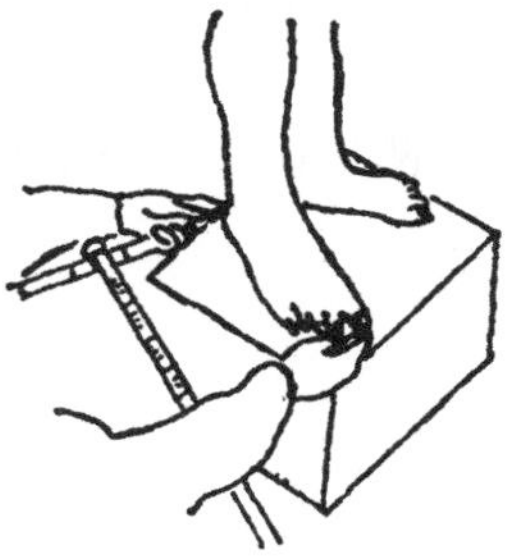

（三）围度测量

图 3-13

1. 胸围

（1）测量仪器：软带尺。

（2）测量方法：受试者自然站立，两脚间的距离同肩宽，肩部放松，两臂自然下垂。测试人员面对受试者，将带尺上缘经背部肩胛骨下角下缘绕至胸前。男性和未发育的女性，软带尺下缘经乳头上缘，已发育的女性，软带尺经乳头上方第四肋骨处，测量平静状态下的胸围，见图 3-14。

测量误差应小于0.2厘米。

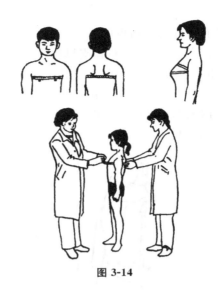

图 3-14

2.前臂围

(1)测量器材:软带尺。

(2)测量方法:受试者前臂伸直下垂,测量其前臂最粗的位置,见图3-15。

测量误差应小于0.2厘米。

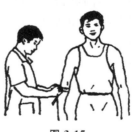

图 3-15

3.上臂紧张围和上臂放松围

(1)测量仪器:软带尺。

(2)测量方法:受试者自然站立,两脚间的距离同肩宽,左上臂斜向前方平举约45°,掌心向上握拳并用力屈肘。测试者面对受试者,将软带尺绕在肱二头肌最粗处,测量上臂紧张围。软带尺位置不变,受试者上臂不动,伸直前臂,手指放松,测量上臂放松围,见图3-16。

测量误差应小于0.2厘米。

(a)上臂紧围　　　　　　(b)上臂放松围

图 3-16

4.大腿围

(1)测量仪器:软带尺。

(2)测量方法:受试者自然站立,两脚间的距离同肩宽,测试人员站在受试者右侧,用软带尺由右腿臀肌皱纹下经腿间水平绕至大腿前面,对其围度进行测量,见图3-17。

测量误差应小于0.2厘米。

5.小腿围

(1)测量仪器:软带尺。

(2)测量方法:受试者自然站立,两脚间的距离同肩宽。测试人员将软带尺绕腓肠肌最粗处并与地面平行测量,见图3-18。

测量误差应小于0.2厘米。

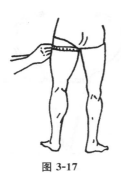

图 3-17

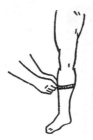

图 3-18

6. 腰围

(1)测量仪器:软带尺。

(2)测量方法:测试者站在受试者的右侧或对面,将软带尺水平放在髂嵴上方3～4横指的位置(相当于腰部最细处)测量,见图3-19。

测量误差应小于1厘米。

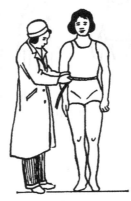

图 3-19

(四)宽度测量

1. 肩宽

(1)测量仪器:弯脚规或直脚规。

(2)测量方法:受试者自然站立,两脚间的距离同肩宽,两肩放松。测试者站在受试者背后,先用两手食指沿肩胛骨向外摸到肩峰外侧缘中点,再用弯脚规或直脚规对两肩峰间距离进行测量,见图3-20。

测量误差应小于0.2厘米。

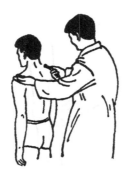

图 3-20

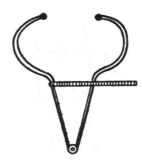

测径规

2.胸廓横径

(1)测量仪器:测径规。

(2)测量方法:受试者立正站好,两臂外展 60°。测试者站在受试者对面,将测径规的两端置于腋窝腋中线与第四肋或乳头水平线交点的位置,在平和的呼气之末读数,见图 3-21。

测量误差应小于 0.5 厘米。

3.胸廓前后径(矢状径或纵径)

(1)测量仪器:测径规。

(2)测量方法:受试者自然站立,两臂放松,测试者站在受试者右侧面,将测径规的一端置于胸骨体第四胸肋关节处,另一端水平置于背侧后正中线的对应棘突上,对前后两点间的距离进行测量,见图 3-22。

测量误差应小于 0.5 厘米。

图 3-21

图 3-22

4.骨盆宽

(1)测量仪器:弯脚规或直脚规。

(2)测量方法:受试者与测试者位置同上,测试者用食指摸到受试者髂嵴外缘(骨盆最宽处),用弯脚规或直脚规对两髂嵴外缘点间的距离进行测量,见图 3-23。

测量误差应小于 0.2 厘米。

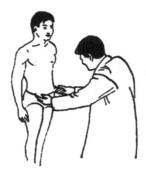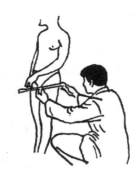

图 3-23

二、体格评价

一般用身体形态评价指数来评价体格,通过评价,可以对人的身体形态、发育水平、运动潜力进行了解。常用的形态评价指数见表 3-1。

表 3-1　常用的体格评价指数

体格评价指数	计算
重量指数	(1)体重/身高×1 000 (2)瘦体重/身高×1 000 (3)体脂重/身高×1 000
长度指数	(1)上肢长/身高×100 (2)指距/身高×100 (3)坐高/身高×100 (4)前臂长/上肢长×100 (5)下肢长/身高×100 (6)(小腿长＋足长)/下肢长×100 (7)(下肢长－小腿长)/小腿长×100
围度	(1)胸围/身高×100 (2)上臂紧张围/身高×100 (3)上臂放松围/身高×100 (4)大腿围/身高×100 (5)小腿围/身高×100 (6)踝围/跟腱长×100

体格评价指数	计算
宽度指数	(1)肩宽/身高×100 (2)骨盆宽/身高×100 (3)骨盆宽/肩宽×100

第三节 体型测评

一、体型的概念及分类

(一)体型的概念

体型指的是人体在某个阶段因为受到遗传性体质、营养、环境或疾病等因素的影响而形成的身体外形特征。[①]

(二)体型的分类

以来自胚胎的组织成分(内胚层、外胚层和中胚层)所占的比例为依据,可以将体型分为以下3种类型。

1. 内胚层型(肥胖型)

内胚层型的外形特征是中等身高,身体呈圆柱形、营养良好、头大面红、颈短肩宽、胸宽腹大、四肢短粗、臀厚腿短、肌肉无力,基本以脂肪成分占优势,见图3-24。

2. 中胚层型(匀称型)

中胚层型的外形特征是身高超过平均身高,全身发育匀称、颈长而粗、肩部丰满、胸廓发育良好、四肢粗壮、骨骼粗大、肌肉发达、运动成绩良好、骨骼与肌肉占相对优势,见图3-25。

---

① 孙庆祝,郝文亭,洪峰.体育测量与评价(第二版)[M].北京:高等教育出版社,2010.

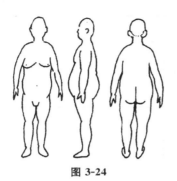

图 3-24

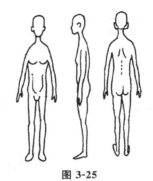

图 3-25

3. 外胚层型（细长型）

外胚层型的外形特征是身材细长、头小面白、胸部扁平、四肢细长、肌肉纤细、皮下脂肪沉积较少，皮肤和神经组织占相对优势，见图 3-26。

二、谢尔顿观察法

谢尔顿把 4 000 多张正、背、侧位的全身照片分成以下五个部分。

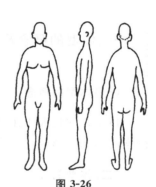

图 3-26

（1）头、面、颈部。

（2）胸部。

（3）肩、臂、手部。

（4）腹部、臀部。

（5）腿与足部。

对照片进行划分后，谢尔顿测量了以上 5 个部分的 17 项指标，并用每条特征来对照受试者，根据对照情况赋值，根本不像—1 分；非常不像—2 分；不太像—3 分；一半像一半不像—4 分；中等一致—5 分；非常一致—6 分；绝对一致—7 分。最后把 5 部分同胚层的总分平均，得出基本体型平均分。如果 3 位数等于 7、1、1 则属于内胚层型，等于 1、1、7 则属于外胚层型，1、7、1 则属于中胚层型，见图 3-27。

按谢尔顿体型分类法，可以将人的体型分为 343 种类型。

根据平均分可从表 3-2 中查出受试者的体型特征。

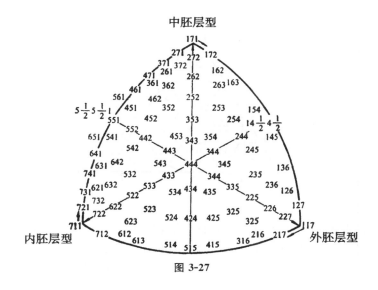

图 3-27

表 3-2 体型的划分标准

体型	内胚层成分得分	中胚层成分得分	外胚层成分得分
均匀型	3～5	3～5	3～5
外—中型	1～2	4～5	3～5
内—中型	4～5	4～5	1～2
内—外型	3～5	1～2	4～5
中胚层型	1～3	5～7	1～3
外胚层型	1～3	1～3	5～7
内胚层型	5～7	1～3	1～3

注:测试时,受试者最好着泳衣,拍受试者的正面、背面及侧面的全身照片各一张。

三、柯里顿分类法

柯里顿对谢尔顿的方法进行了简化,将人的体型分为 10 种类型,见图 3-28,并对内胚层、中胚层、外胚层的发育状况评分标准进行了制定,见图 3-29。分类方法如下:

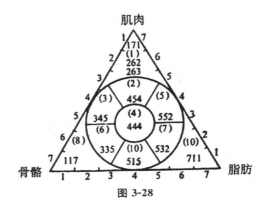

图 3-28

　　(1)依据图 3-29 的评分标准,对受试者身体的五个部分依次进行观察并评分。然后在体型评价表(表 3-3)中做标记。例如,身体第一部分(头、面、颈)内胚层成分分值为 2,中胚层成分分值为 3,外胚层成分分值为 5。

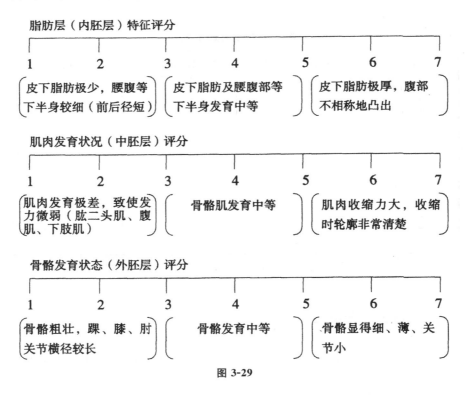

图 3-29

　　(2)对各胚层估值的平均值分别进行计算,小数点后四舍五入,最后取整数,此例各胚层平均值依次为3、4、5。

(3)在体型评价三联数后填写分值。例如,表3-3中三联数为3—4—5。

(4)分类命名体型,选两种占优势的成分,主要成分为数字大者,数字小者设定为修饰词。例如,本例三联数为3—4—5,则体型命名为中胚性外胚层型(中外型)。

表3-3　体型评价表

姓名 身高	性别 体重	出生日期 运动项目	
身体部位	内胚层成分	中胚层成分	外胚层成分
一、头、面、颈	1②34567	12③4567	1234⑤67
二、胸部	123④567	1234⑤67	1234⑤67
三、肩、臂、手	12③4567	1234⑤67	12345⑥7
四、腹部	1②34567	12③4567	12345⑥7
五、腿、脚	12③4567	1②34567	12③4567
各成分平均值	3	4	5

体型评价三联数 3—4—5
体型命名中胚性外胚层型(中外型)

第四节　骨龄测评

一、骨龄概述

(一)骨龄的概念

骨龄即为骨骼年龄,指的是在 X 线摄像片上,骨化中心出现的年龄和骨骼愈合的年龄。其中,骨化指的是人体骨组织的形成过程。对照个体骨化中心出现的数目、大小与骨龄标准,与此对应的年龄就是人的骨龄。通过骨龄可以对个体发育的生物年龄进行判断。

(二)骨骼成熟度

骨龄能够精确反映个体发育成熟程度,通过骨龄测量,不但能够对儿童的生长发育水平进行了解,而且能够及时发现儿童的发育障碍性疾病,同时也可以用测量结果来预测身高。

以骨龄与实际年龄的差数为根据,可以把生长发育中的儿童分为 3 种类型,分别是正常型、早熟型和晚熟型。

(1)正常型,骨骼年龄与实际年龄相差小于等于 1 年。

(2)早熟型,骨骼年龄比实际年龄至少大 1 年。

(3)晚熟型,骨骼年龄比实际年龄至少小 1 年。

根据实际年龄来推断发育成熟程度是不精确的,而通过骨骼年龄能反映发育成熟的程度。研究发现,男女青春期开始时的平均骨龄相差两年,说明用骨龄对发育成熟程度进行判断是比较可靠的方法。

二、骨骼年龄的测定

在骨骼的发育过程中,8 块腕骨及桡、尺骨远端,以及掌、指骨的骨骺有明显的变化,而且对腕部拍摄 X 线照片又比较方便,一张照片可同时对几十块骨进行拍摄,所以在判断骨龄时,主要将腕骨的 X 线照片作为依据,见图 3-30。

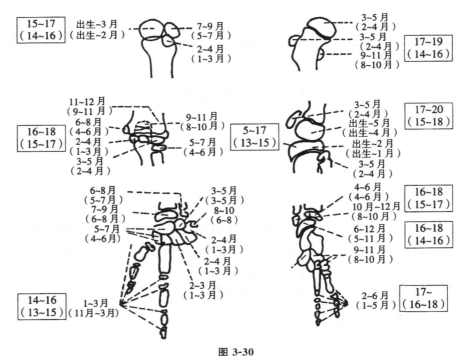

图 3-30

拍摄 X 线照片时,先对手腕部的 X 线片进行拍摄,而后对比同性别、同年龄的 X 线标准照片图谱,以对受试者的骨龄进行判断。例如,要通过骨龄来对身高进行预测,首先要对受试者的骨龄进行确定,然后根据其实际生活年龄与骨龄之间的差数,对其属于哪种发育类型做出判断,最后对其身高进行测量,并查出该骨龄的百分比,计算预测身高要以骨龄的百分比除实测身高。

第五节　身体成分测评

一、皮褶厚度测量法

反映和评价人体营养状况时,最常使用的一项简便方法就是皮褶厚度测量方法。皮下脂肪是贮存营养物质的场所,通过测量皮褶厚度,可以将人体密度、体脂百分比和去脂体重等间接地推算出来,而利用这些指标又能够对人体成分和体质关系进行研究,因此,在体质研究与身体形态测量中,这个指标的作用非常重要。

(一)测量仪器

根据国际规定标准测量计的技术指标要求,钳头面积为 156 平方毫米,压力应保持 10 克/平方毫米,最小读数为 0.2 毫米,测量范围为 0～40 毫米。使用前,需先检查和校正仪器,将指针调至"0"点,测量过程中和结束时也需注意对仪器的校正,见图 3-31。

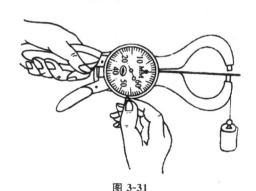

图 3-31

（二）测量部位

皮褶厚度测量中，主要测量部位有以下几个。

1.上臂部

肩峰与上臂鹰嘴连线的中点。
走向平行于肱骨，见图 3-32A。

2.肩胛部

肩胛下角点下约 1 厘米处。皮褶走向为斜下，与脊柱之间的夹角大约为 45°，见图 3-32B。

3.腹部

脐水平线与锁骨中点垂线相交处。皮褶走向为水平，见图 3-32C。

4.髂部

髂嵴上缘与腋中线相交处上方约 1 厘米处。皮褶走向为稍向前下方，见图 3-32D。

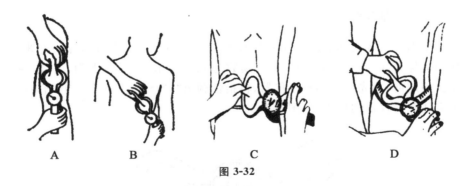

图 3-32

（三）测量方法

受试者自然站立，测试部位暴露。测试者准确选择测量点，左手拇指、食指和中指捏起皮下脂肪，右手持皮脂厚度计，张开卡钳，卡在捏起部位下方约 1 厘米的位置，待指针停稳后，读数并记录数据，取小数点后一位，以毫米为单位。为提高测量的准确性，共测量 3 次，最后取中间值，误差应小于 5%。

(四)注意事项

(1)测试者左手捏皮,压力保持恒定。

(2)卡钳的位置要保持适中。

(3)测试者不要将受试者的肌肉捏起。

(4)测量过程中,随时校正测量钳。

二、水下称重法

水下称重的方法是根据阿基米德定律进行的,即浸入液体中的物体所受到的浮力,等于该物体所排出同体积液体的重量。以空气中体重与水中体重的差值、残气量、水的密度等为参照,对体密度进行计算,然后再对体脂率、体脂重和瘦体重进行推算。

(一)测量仪器

称重仪、水箱、水温计、恒温器、体重计、肺活量计。

(二)测量方法

(1)受试者测量前 2 小时内不得摄取食物,要排便排尿。

(2)受试者着泳衣,对其空气中的体重进行测量。

(3)对肺活量进行测量,换算成标准状态下的肺活量,见表3-4。

表 3-4 不同室温标准状态下肺活量 BTPS

T/℃	BTPS
20	1.102
21	1.096
22	1.091
23	1.085
24	1.080
25	1.075
26	1.068
27	1.063
28	1.057

续表

T/℃	BTPS
29	1.051
30	1.045
...	—

（4）腰上系着重物淋浴，使全身、头发都湿透。

（5）进入水下称重器水箱，坐于称重器座位，将身体表面及衣裤中的气体排出。

（6）深吸气后尽量呼出肺内气体，然后闭气，头全部浸没在水中，至水中气泡全部排出，避免身体摆动，待称重仪指针稳定后立刻读数并记录数据。连续测量几次，最终的测量值为相邻数值接近的三个实测的平均数，见图3-33。

图 3-33

测量完毕，迅速对即时水温进行记录。计算时，按照记录的即时水温来对照水密度表，见表3-5。

表 3-5　水密度表

水温/℃	水密度（Dw）
21	0.998 0
22	0.997 8
23	0.997 5

水温/℃	水密度（Dw）
24	0.997 3
25	0.997 1
26	0.996 8
27	0.996 5
28	0.996 3
29	0.996 0
30	0.995 7
31	0.995 4
32	0.995 1
33	0.994 7
34	0.994 4
35	0.994 1
36	0.993 7
37	0.993 4
38	0.993 0
39	0.992 6
40	0.992 2

第六节 身体姿势测评

一、局部身体姿势测评

（一）胸廓形状测评

正常的胸廓横径比矢径要大，二者之间的比例为 4∶3，以此为依据，可将胸廓形状分为以下几种类型,见表 3-6。

表 3-6　胸廓形状分类

胸廓形状类型	特征
正常胸	胸廓呈圆锥形,下方稍宽、左右对称,肋弓角近于直角,矢径略小于横径
扁平胸	胸廓呈扁平状,横径明显比矢径大
圆柱胸	胸廓横径与矢径大小相近,胸廓上下部宽度相近
漏斗胸	胸部中央,尤其是胸骨下段剑突部位呈显著凹陷状
鸡胸	胸廓矢径比横径大,胸骨明显向前突出

正常胸、扁平胸、圆柱胸的示意图如图 3-34。

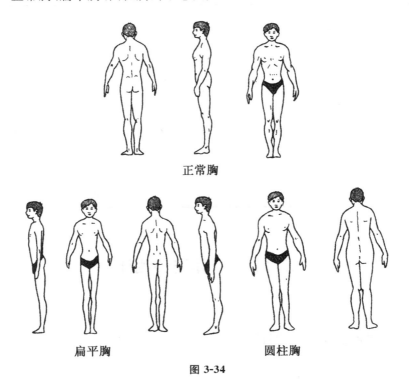

正常胸

扁平胸　　　　　　　　　圆柱胸

图 3-34

不正常的胸廓会对呼吸和循环机能造成妨碍,不适合参加长跑等对心肺机能要求较高的运动。这类人应多参与可以增强呼吸机能的运动,以此来促进自身呼吸肌的肌力和呼吸机能的提高。

（二）脊柱测评

1.脊柱前后弯曲

（1）测量仪器：脊弯测量计。

（2）测量方法：受试者身着短裤，在测量计底板上站好。足跟、骶骨及背部与立柱紧贴。测试者立于受试者侧面，首先对其耳屏、肩峰、大转子3点进行观察，看是否在同一垂线上。然后向前推测量计上的小棍，使其与受试者的脊柱部位密切接触，以棍棒在腰曲的最大距离以及上述3点的相互位置为根据，可以判断躯干背部姿势，见图3-35、图3-36。

躯干背部姿势的类型见表3-7。

表3-7　躯干背部姿势类型

姿势类型	特征
正常	腰曲2～3厘米，耳屏、肩峰、大转子3点位于同一垂线
直背	缺乏生理性胸曲及腰曲，背部过平
鞍背	腰曲过大，超过5厘米，背及臀部后突，耳屏点与肩峰点落于大转子点前方
驼背	腰曲小于2～3厘米，头向前探，耳屏点落于肩峰点及大转子点前方

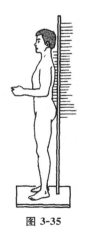

图3-35

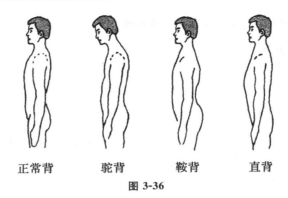

正常背　　驼背　　鞍背　　直背

图 3-36

2.脊柱侧弯

对脊柱侧弯的测量主要有观察法和重锤阀法,下面仅简要分析观察法的运用。

受试者身着短裤,自然立正。测试者立于受试者的正后方,对受试者两肩进行观察,观察重点有以下几点。

(1)观察两肩是否等高。

(2)观察两肩胛骨下角是否在同一水平面,与脊柱的距离是否相等。

(3)观察脊柱各棘突是否在同一直线上并与地面垂直。

根据以上观察来对脊柱是否正常进行判断。

(三)臂部形状测评

受试者裸露,自然站立,两臂侧平举,掌心朝上。测试者站在受试者正前方,与受试者相距 1.5 米的位置,对受试者上臂和前臂的伸展情况及肘关节形状进行观察,判定其臂型。

臂型一般有欠伸、直伸、过伸、后伸等几种,不同类型的特征见表 3-8。

表 3-8　常见臂型的特征

臂型	特征
欠伸	上臂与前臂之间稍有夹角,不在同一水平面。伸展不足,肘关节突起
过伸	上臂与前臂之间超过 180°,前臂向下,肘关节凹陷
后伸	臂与前臂在同一水平面,但偏离肩线。前臂偏向体后,肘关节肱骨内上髁明显突起
直伸(正常)	上臂与前臂在同一水平面,肘关节平直

（四）腿部形状测评

受试者双腿裸露,立正站立。测试者站在其正前方,对受试者两腿内侧、两膝、足跟之间的距离进行观察并测量,据此来对其属于哪种腿型作出判断,见图3-37。

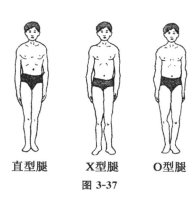

直型腿　　　　X型腿　　　　O型腿

图 3-37

常见腿型的特征见表3-9。

表 3-9　常见腿型的特征

腿型	特征
直型腿（正常）	两膝部、两腿内侧、足跟均可靠拢互相接触,或间距小于1.5厘米
X 型腿	两膝部可靠拢,但两小腿内侧及足跟不能互相接触,且间距大于1.5厘米
O 型腿	大、小腿间不能合拢,只有足跟可靠拢,两膝间距大于1.5厘米

（五）足型测评

足型有两类,即正常足和扁平足。扁平足又分为轻度扁平足、中度扁平足、重度扁平足3种类型。足型测评方法如下。

1. 比例法

受试者赤足踩滑石粉或清水后站在黑板或水泥地面上,留下足迹,测试者将在足迹上沿第一跖骨内侧与足跟内侧画切线,根据切线内的空白区与足印区最窄处宽度比例来判定受试者属于哪种足型,见图3-38。判定标准如下。

（1）正常足:足印空白区与足印最窄区宽度之比为2:1。

（2）轻度扁平足:足印空白区与足印最窄区宽度之比为1:1。

（3）中度扁平足：足印空白区与足印最窄区宽度之比为 1∶2。

（4）重度扁平足：足印无空白区。

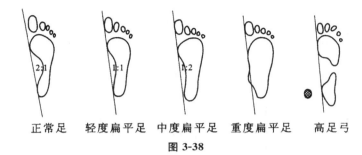

正常足　　　轻度扁平足　　中度扁平足　　重度扁平足　　　高足弓

图 3-38

2.画线法

预先用 10％亚铁氰化钾溶液（或 10％鞣酸酒精）浸湿 8 开纸晾干备用。用棉花或海绵做成与纸差不多大小的棉垫放在搪瓷盘内（或木盆内），以 10％三氯化铁溶液（氯化高铁溶液）浸泡备用。

受试者赤足踩进瓷盘，足底沾上三氯化铁溶液，然后踩在纸上，一次印成，不得移动，离去后会留下蓝黑色足印。测试者在每个足印上先画一条足弓内缘切线——第 1 线。再自中趾（第 3 趾）中心至足跟中点画一条线——第 2 线，第 1、第 2 线交叉形成夹角，再画一条该角的角平分线——第 3 线。3 条线将足印分成内侧、中间、外侧 3 部分（图 3-39）。以足弓内缘落在的部

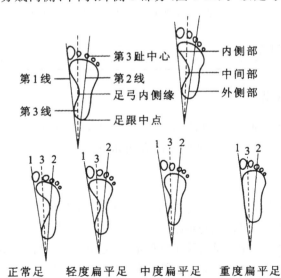

正常足　　　轻度扁平足　　中度扁平足　　重度扁平足

图 3-39

位为根据来对足弓是否正常进行判断。正常足的足弓内侧缘在外侧部分；轻度扁平足在中间部分；中度扁平足在内侧部分；重度扁平足超出内侧部分。

二、整体姿势测量与评价

从背面及侧面对人体 13 个部位进行综合性观察与评价就是整体姿势的测评。

（一）场地设备

在离屏幕 0.9 米处悬挂一系锥形重物的重锤线，通过锥尖投影与地面交点分别引一垂直于屏幕的线和平行于屏幕的短线，再从此点开始沿垂直线向后 3 米处引一平行短线。

（二）测量方法

（1）受试者身着泳衣，面对屏幕，站在锥尖投影与地面交点处，使重锤线沿头后部重叠于脊柱，测试者站在 3 米交叉点处对受试者身体各部左右偏差进行观察。

（2）受试者左转 90°，使重锤线经耳屏点、肩峰点、大转子点至外踝点，测试者从侧面对受试者身体各部位前后偏差程度进行观察。

（三）评价

根据评分标准，见图 3-40，完全符合正确姿势得 5 分，与正确姿势稍有差异得 3 分，差异明显得 1 分，13 个成绩相加就是最后总分。人体姿势测评标准见表 3-10。

表 3-10　人体姿势测评标准

姿势评价总分	百分位数	成绩
—	99	10
65	98	9
63	93	8
61	84	7
59	69	6

续表

姿势评价总分	百分位数	成绩
57	50	5
53～55	31	4
49～51	16	3
43～47	7	2
39～41	2	1
13～37	1	0

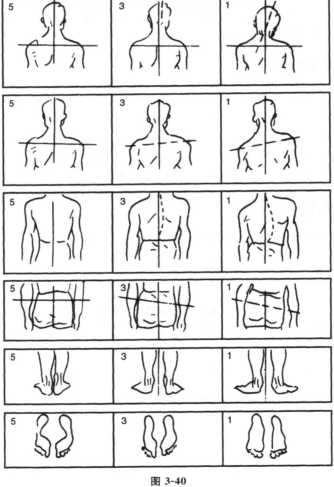

图 3-40

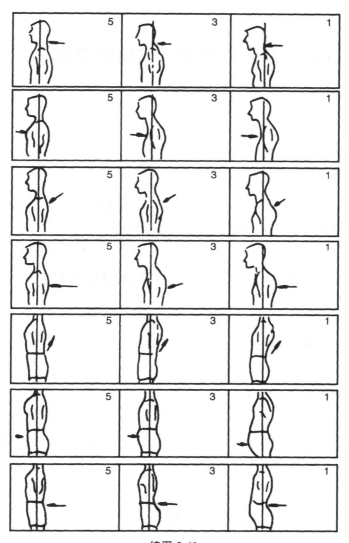

续图 3-40

第四章 身体机能测评的理论与操作方法

身体机能水平与个体的体质健康之间具有十分密切的关系,通过对个体各项身体机能的测评,可以充分了解个体的体质健康基础状况。目前,个体身体机能测评主要包括对个体的呼吸系统、心血管系统、神经系统、平衡机能、运动系统、消化系统、泌尿系统等的机能测评。这里重点对前4个方面的测评理论与具体操作方法进行系统分析与论述,以为人们充分了解和检测自身机能状况提供必要的理论和实操指导。

第一节 呼吸系统机能的测评

一、呼吸系统概述

(一)呼吸系统的构成

人体的呼吸系统由呼吸道和肺两部分共同组成。呼吸道与鼻、咽、喉、气管和支气管等器官相连,它是气体进出的通道。通常,将鼻、咽、喉统称为上呼吸道,气管、支气管统称为下呼吸道,如图 4-1 所示。

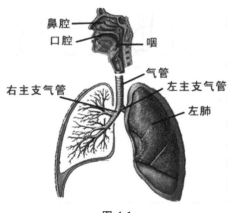

图 4-1

肺是呼吸系统的重要组成部分,位于人体胸腔内部,左右各一,它是人体气体交换的重要器官。支气管进入肺中,在肺内形成树枝状分支,愈分愈细,最后形成呼吸性细支气管。呼吸性细支气管末端附有肺泡管,肺泡管又附有许多肺泡。肺泡具有吸收、分解气体的功能,肺泡的数量很多,如果将人体所有肺泡展开,其表面积可达 110 平方米。

(二)呼吸系统的功能

呼吸系统的主要功能是帮助人体进行内外气体的交换。在人进行呼吸的过程中,身体的肺部会伴随胸廓的运动而发生相应的运动,这主要是由于在肺与胸之间密闭胸膜腔的存在以及肺本身所具备的弹性。可以说,肺部的呼吸并没有让胸廓产生起伏,反而是由于胸廓起伏推动肺部进行呼和吸。

总的来说,人体呼吸过程有 3 个组成部分:外呼吸、内呼吸、气体运输。本质上来讲,气体交换是肺换气(外呼吸)与组织换气(内呼吸)的总称,如图 4-2 所示。

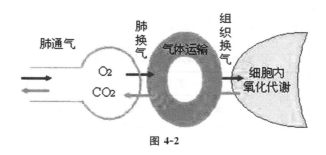

图 4-2

二、呼吸系统机能的测评

呼吸系统机能的测评主要是从"肺通气功能的量"和"呼吸运动控制能力的质"两个方面进行的。就肺通气功能来讲,主要测评指标就是肺活量。对呼吸控制能力来讲,主要测评指标是闭气和最大摄氧量。[①]

(一)肺活量测评

肺活量(Vital capacity),是指个体全力吸气后所呼出的最大气量,反映

---

①　孙庆祝,郝文亭,洪峰.体育测量与评价[M].北京:高等教育出版社,2010.

的是静态气量。肺活量与呼吸的深度有关,与身高、体重、胸围成正相关。

肺活量是评价人体呼吸系统机能状况的一个重要指标。科学家指出,肺活量高的人比肺活量低的人更长寿。

测评仪器:单浮筒式肺活量计(0～7 000 毫升)。

测评方法:受测者自然站立,做最大吸气后对准肺活量计的吹气嘴做最大呼气,直到气呼尽为止。根据测量计的显示器读数。测量 3 次,每次间隔 15 秒,取最大值,精确到十位数,误差不超过 200 毫升。

注意事项:

(1)使用肺活量计前必须进行检验,仪器误差不得超过 2%。

(2)测试前应详细讲解测试方法,受试者可试吹一次。

(3)受试者吸气和呼气均应充分,呼气不可过猛,防止呼吸不充分、漏气,防止用鼻子反复吸气。

(4)测试必须用一次性吹嘴,必要时应在每个测试者使用前进行消毒。

(5)对个别始终不能掌握测试方法和要领的受试者,要在记录数字旁注明,不予统计。

测评标准:一般来说,正常成年人肺活量,男性为 4 000～4 500 毫升,女性为 2 600～3 200 毫升。我国大学生肺活量测评表具体参考表 4-1。

表 4-1 我国大学生肺活量测评表   单位:毫升

等级	单项得分	男生		女生	
		大一大二	大三大四	大一大二	大三大四
优秀	100	5 040	5 140	3 400	3 450
	95	4 920	5 020	3 350	3 400
	90	4 800	4 900	3 300	3 350
良好	85	4 550	4 650	3 150	3 200
	80	4 300	4 400	3 000	3 050
及格	78	4 180	4 280	2 900	2 950
	76	4 060	4 160	2 800	2 850
	74	3 940	4 040	2 700	2 750
	72	3 820	3 920	2 600	2 650
	70	3 700	3 800	2 500	2 550

续表

等级	单项 得分	男生		女生	
		大一 大二	大三 大四	大一 大二	大三 大四
及格	68	3 580	3 680	2 400	2 450
	66	3 460	3 560	2 300	2 350
	64	3 340	3 440	2 200	2 250
	62	3 220	3 320	2 100	2 150
	60	3 100	3 200	2 000	2 050
不及格	50	2 940	3 030	1 960	2 010
	40	2 780	2 860	1 920	1 970
	30	2 620	2 690	1 880	1 930
	20	2 460	2 520	1 840	1 890
	10	2 300	2 350	1 800	1 850

（二）肺活量指数测量

肺活量的大小与体重、身高、胸围等因素有着密切的关系。因此，为了在肺脏机能测试中，充分体现不同的身体发育因素的作用，提出肺活量—体重指数。它可有效地弥补单一指标评定带来的局限性。

肺活量指数评定主要通过人体自身的肺活量与体重的比值，对不同年龄、性别的个体进行定量比较分析。

肺活量体重指数＝肺活量（毫升）/体重（千克）

我国成年人的肺活量—体重指数评价标准见表 4-2。

表 4-2　肺活量—体重指数评价标准[①]　　单位：毫升/千克

年龄	性别	上等	中上	中等	中下	下等
18～25	男	＞75	74～68	67～55	54～48	＜47
	女	＞62	61～65	55～43	42～36	＜35
26～30	男	＞72	71～66	65～52	51～45	＜44
	女	＞60	59～54	53～41	40～34	＜33

① 袁尽州.体育测量与评价［M］.北京：人民体育出版社，2011.

年龄	性别	上等	中上	中等	中下	下等
31～40	男	>70	69～62	61～48	47～40	<39
	女	>57	56～51	50～39	38～31	<30
41～50	男	>65	64～57	56～42	41～35	<34
	女	>55	54～59	48～36	35～29	<28
51～60	男	>60	59～53	52～39	38～32	<31
	女	>51	50～45	44～33	32～27	<26

(三)5 次肺活量试验

测评仪器:肺活量计(0～10 000 毫升)。

测评方法:连续测试 5 次肺活量,每次间隔 15 秒(包括吹气时间在内),记录各次测试的结果。

注意事项:同肺活量测试。

测评标准:测试完后统计结果,如果各次肺活量值基本相同或逐次增加,说明测试者的呼吸机能良好,反之说明测试者机能不良(疲劳、有病)。

(四)肺活量运动负荷试验

测评仪器:肺活量计(0～10 000 毫升)。

测评方法:

(1)先测安静状态下的肺活量,并做好记录。

(2)完成定量负荷(30 秒 20 次蹲起、1 分钟台阶试验或 3 分钟原地高抬腿跑等),运动后立即测肺活量,每分钟一次,共测 5 次,记录结果。

注意事项:同肺活量测试。

测评标准:负荷后的 5 次肺活量结果逐渐增大或保持平衡,说明测试者机能良好;反之说明测试者机能不良。

(五)闭气试验

闭气实验是指对测试者闭气时间的测定。一般认为,闭气实验结果可有效反映机体对缺氧的耐受力、机体碱储备情况。

测评仪器:秒表。

测评方法:

(1)受测者试验前安静休息,自然呼吸。

（2）受测者听到"开始"的口令，做一次深吸气（或深呼气）后立即屏气（为防止漏气可用手捏住鼻子），同时，测评者开始用秒表计。

（3）到受测者不能再屏气为止，测评者停止计时，记录下测试的时间。

测评标准：一般来说，屏气时间越长，对缺氧的耐受能力和碱储备水平就越高，见表4-3。

表4-3　闭气时间评价表

等级	深吸气后闭气		深呼气后闭气	
	男	女	男	女
优	＞56	＞50	＞46	＞40
良	46～55	40～49	36～45	30～40
中	31～45	26～39	26～35	20～29
下	20～30	12～25	16～25	10～19
差	＜19	＜11	＜15	＜9

（六）重复屏气试验

测评仪器：秒表。

测评方法：连续测量受测者3次屏气的时间，每次间隔45秒。

测评标准：如果重复测量的屏气时间逐次延长，延长时间越长，说明测试者机能水平越好，反之则说明测试者机能水平差。

（七）最大摄氧量测评

最大摄氧量（VO_2max）是指机体在心肺功能和全身各系统充分动员的情况下，单位时间内摄取并供氧的最大量。

VO_2max是反映机体最大有氧能力的重要指标，其大小与呼吸、循环、血液、肌肉等各种因素相关，一般可以通过直接测量与间接测量两种方法来获得个体的VO_2max。

1.最大摄氧量的直接测量

VO_2max的直接测量法，又称实验室测试（Laboratory measurement），让受试者戴上专门的仪器在跑台上跑步，通过调动跑速级别运动至力竭，然后用专门仪器收集受试者呼出的气体，分析VO_2max。

测评仪器:气体代谢仪、功率自行车、心率表。

测评方法:

(1)测量测试者的心电图、心率、血压、身高、体重。

(2)测试者静坐 15 分钟。

(3)测试者戴好仪器,并安装好遥测电极。以中等强度(50% VO_2max 的运动强度)在功率自行车上进行准备活动 4~5 分钟。

(4)测试者休息 3 分钟,继续蹬踏功率自行车 2 分钟,此后,每隔 2~3 分钟增加负荷 300~400 千克米/分,直到力竭,取摄氧量的最大值。

测评标准:

一般可以用以下几个指标来判断。

(1)当负荷不断增加时,摄氧量不变。

(2)呼吸商大于或等于 1。

(3)负荷时心率每分钟高于 180 次。

(4)主观感觉已精疲力竭,经一再激励仍不能保持原运动负荷强度。

具体评价标准参考表 4-4。

表 4-4　中国人最大摄氧量(相对值)评价表

单位:毫升/千克/分钟

评价等级	性别	年龄/岁					
		13~19	20~29	30~39	40~49	50~59	60~69
超优	男	≥56	≥52.5	≥49.5	≥48.1	≥45.4	≥44.3
	女	≥42	≥41	≥40.1	≥37.0	≥35.8	≥31.5
优	男	51~55.9	46.5~52.4	45.0~49.4	43.8~48.0	41.0~45.3	36.5~44.2
	女	39~41.9	37~40.9	35.7~40.0	32.9~36.9	31.5~35.7	30.3~31.4
良	男	45.2~50.9	42.5~46.4	41.0~44.9	39.0~43.7	35.8~40.9	32.2~36.4
	女	35.0~38.9	33.0~36.9	31.5~35.6	29.0~32.8	27.0~31.4	24.5~30.2
中	男	38.4~45.1	36.5~42.4	35.5~40.9	33.6~38.9	31.0~35.7	26.1~32.1
	女	31.0~34.9	29.0~32.9	27.0~31.4	24.5~28.9	22.8~26.9	20.2~24.4
下	男	35.0~38.3	33.0~36.4	31.5~35.4	30.2~33.5	26.1~30.9	20.5~26.0
	女	25.0~30.9	23.6~28.9	22.8~26.9	21.0~24.4	20.2~22.7	17.5~20.1
差	男	<35	<33	<31.5	<30.2	<26.1	<20.5
	女	<25	<23.6	<22.8	<21.0	<20.2	<17.5

2.最大摄氧量的间接测量

VO$_2$max 的间接测试法,依据是人体耗氧量与完成的功率、运动心率密切相关,通过运动时心率、运动完成的功进行 VO$_2$max 的测评。

目前,VO$_2$max 的间接测量法主要有 Astand-Ryhnuiy 间接测量法和 MONARK839E 测功仪推测 VO$_2$max 方法两种。这里重点介绍前者。

Astand-Ryhnuiy 间接测量法的理论依据是心率、功率和摄氧量之间的相互关系对 VO$_2$max 进行测量和评定。

测评仪器:功率自行车、心率表、秒表。

测评方法:

(1)测试者实验前禁食、戒烟 1 小时。

(2)记录测试者体重、年龄。测体重应脱鞋,精确到 0.1 千克。

(3)调整功率自行车车座高度,测试者踏到最底点时腿略有弯曲为宜,将功率自行车的阻力指示器调整到 0。

(4)测试者以 60 周/分的速度蹬踏功率自行车,调整负荷,女子开始负荷为 300 千克米/分,男子为 600 千克米/分,持续运动 6 分钟。

(5)测试者休息 5 分钟,再重复上述步骤,但适当加大负荷,负荷运动时前后两次的心率都要在 120~170 次/分之间。

(6)记录前后两种负荷情况下每 1 分钟后 30 秒的心率。用运动中第 5 和第 6 分钟所记录下的心率平均值来推测(表 4-5、表 4-6)最大摄氧量。前后两分钟所测心率不得相差 5 次/分以上。否则,继续运动 1 分钟,使用第 6 和第 7 分钟心率来推算最大摄氧量。

表 4-5　男性最大摄氧量推算表

心率	最大摄氧量/(升/分)					心率	最大摄氧量/(升/分)				
	300	600	900	1 200	1 500		300	600	900	1 200	1 500
	千克米/分						千克米/分				
120	2.2	3.3	4.8			148		2.4	3.2	4.3	5.4
121	2.2	3.4	4.7			149		2.3	3.2	4.3	5.4
122	2.2	3.4	4.6			150		2.3	3.2	4.3	5.3
123	2.1	3.4	4.6			151		2.3	3.1	4.2	5.2
124	2.1	3.3	4.5	6.0		152		2.3	3.1	4.1	5.2

续表

心率	最大摄氧量/(升/分)					心率	最大摄氧量/(升/分)				
	300	600	900	1 200	1 500		300	600	900	1 200	1 500
	千克米/分						千克米/分				
125	2.0	3.2	4.4	5.9		153		2.2	3.0	4.1	5.1
126	2.0	3.2	4.4	5.8		154		2.2	3.0	4.0	5.1
127	2.0	3.1	4.3	5.7		155		2.2	3.0	4.0	5.0
128	2.0	3.1	4.2	5.6		156		2.2	2.9	4.0	5.0
129	1.9	3.0	4.2	5.6		157		2.1	2.9	3.9	4.9
130	1.9	3.0	4.1	5.5		158		2.1	2.9	3.9	4.9
131	1.9	2.9	4.0	5.4		159		2.1	2.8	3.8	4.8
132	1.8	2.9	4.0	5.3		160		2.1	2.8	3.8	4.8
133	1.8	2.8	3.9	5.3		161		2.0	2.8	3.7	4.7
134	1.8	2.8	3.9	5.2		162		2.0	2.8	3.7	4.6
135	1.7	2.8	3.8	5.1		163		2.0	2.8	3.7	4.6
136	1.7	2.7	3.8	5.0		164		2.0	2.7	3.6	4.5
137	1.7	2.7	3.7	5.0		165		2.0	2.7	3.6	4.5
138	1.6	2.7	3.7	4.9		166		1.9	2.7	3.6	4.5
139	1.6	2.6	3.6	4.8		167		1.9	2.6	3.5	4.4
140	1.6	2.6	3.6	4.8	6.0	168		1.9	2.6	3.5	4.4
141		2.6	3.5	4.7	5.9	169		1.9	2.6	3.5	4.3
142			3.5	4.6	5.8	170		1.8	2.6	3.4	4.3
143			3.4	4.6	5.7						
144			3.4	4.5	5.7						
145			3.4	4.5	5.6						
146			3.3	4.4	5.6						
147			3.3	4.4	5.5						

表 4-6　女性最大摄氧量推算表

心率	最大摄氧量/(升/分)					心率	最大摄氧量/(升/分)				
	300	450	600	750	900		300	450	600	750	900
	千克米/分						千克米/分				
120	2.6	3.4	4.1	4.8		148	1.6	2.1	2.6	3.1	3.6
121	2.5	3.3	4.0	4.8		149		2.1	2.6	3.0	3.5
122	2.5	3.2	3.9	4.7		150		2.0	2.5	3.0	3.5
123	2.4	3.1	3.9	4.6		151		2.0	2.5	3.0	3.4
124	2.4	3.1	3.8	4.5		152		2.0	2.5	2.9	3.4
125	2.3	3.0	3.7	4.4		153		2.0	2.4	2.9	3.3
126	2.3	3.0	3.6	4.3		154		2.0	2.4	2.8	3.2
127	2.2	2.9	3.5	4.2		155		1.9	2.4	2.8	3.2
128	2.2	2.8	3.5	4.2		156		1.9	2.3	2.8	3.2
129	2.2	2.8	3.4	4.1		157		1.9	2.3	2.7	3.2
130	2.1	2.7	3.4	4.0		158		1.8	2.3	2.7	3.1
131	2.1	2.7	3.4	4.0		159		1.8	2.2	2.7	3.1
132	2.0	2.7	3.3	3.9		160		1.8	2.2	2.6	3.0
133	2.0	2.6	3.2	3.8		161		1.8	2.2	2.6	3.0
134	2.0	2.6	3.2	3.8		162		1.8	2.2	2.6	3.0
135	2.0	2.6	3.1	3.7		163		1.7	2.2	2.6	2.9
136	1.9	2.5	3.1	3.6		164		1.7	2.1	2.5	2.9
137	1.9	2.3	3.0	3.6		165		1.7	2.1	2.5	2.0
138	1.8	2.4	3.0	3.5		166		1.7	2.1	2.5	2.9
139	1.8	2.4	2.9	3.5		167		1.6	2.1	2.4	2.8
140	1.8	2.4	2.8	3.4		168		1.6	2.0	2.4	2.8
141	1.8	2.3	2.8	3.4		169		1.6	2.0	2.4	2.8
142	1.8	2.3	2.8	3.3		170		1.6	2.0	2.4	2.7
143	1.7	2.2	2.7	3.3							

续表

心率	最大摄氧量/(升/分)					心率	最大摄氧量/(升/分)				
	300	450	600	750	900		300	450	600	750	900
	千克米/分						千克米/分				
144	1.7	2.2	2.7	3.2							
145	1.6	2.2	2.7	3.2							
146	1.6	2.2	2.6	3.2							
147	1.6	2.1	2.6	3.1							

测评标准：

(1)记录功率：千克米/分。

(2)记录负荷最后 2 分钟的平均心率：次/分。

(3)推测 VO_2max 平均值：升/分。

(4)根据年龄对 VO_2max 进行修正（VO_2max 值乘以年龄修正系数，见表 4-7）。

(5)求出相对 VO_2max（上述数值除以体重（千克），毫升/千克·分）。

(6)查出测试者最大有氧工作能力类别，见表 4-8。[1]

表 4-7 推测最大摄氧量的年龄修正系数

年龄/岁	修正系数	最大心率	修正系数
15	1.10	210	1.12
25	1.00	200	1.00
35	0.87	190	0.93
40	0.83	180	0.83
45	0.78	170	0.75
50	0.75	160	0.69
55	0.71	150	0.64
60	0.68		
65	0.65		

---

[1] 袁尽州.体育测量与评价[M].北京：人民体育出版社，2011.

表 4-8 有氧工作能力的类别

年龄/岁	低	较低	中等	高	很高
男性					
20～29	≤2.79	2.80～3.09	3.10～3.89	3.70～3.99	≥4.00
	≤38	39～40	44～51	52～56	≥57
30～39	≤2.49	2.50～2.79	2.80～339	3.40～3.69	≥3.70
	≤34	35～39	40～47	48～51	≥52
40～49	≤2.19	2.20～2.49	2.50～3.09	3.10～3.39	≥3.40
	≤30	31～35	36～43	44～47	≥48
50～59	≤1.89	1.90～2.19	2.20～2.79	2.80～3.09	≥3.10
	≤25	26～31	32～39	40～43	≥44
60～69	≤1.59	1.60～1.89	1.90～2.49	2.50～2.79	≥2.80
	≤21	22～26	27～35	36～39	≥40
女性					
20～29	≤1.69	1.70～1.99	2.00～2.49	2.50～2.79	≥2.80
	≤28	29～34	35～43	44～48	≥49
30～39	≤1.59	1.60～1.89	1.90～2.39	2.40～2.69	≥2.70
	≤27	28～33	34～47	42～47	≥48
40～49	≤1.49	1.50～1.79	1.80～2.29	2.40～2.59	≥2.60
	≤25	28～31	32～40	41～45	≥46
50～65	≤1.29	1.30～1.59	1.60～2.00	2.10～2.39	≥2.40
	≤21	20～28	29～36	37～47	≥42

注:第1行(如"1.69")用升/分表示,第2行(如"28")用毫升/千克×分表示。

第二节 心血管系统机能的测评

一、心血管系统概述

(一)心血管系统的构成

人体的心血管系统由心脏和血管共同组成,这两部分共同构成了心血管系统的血液循环。

首先,心脏是血液流动的重要动力器官,心脏一直处在有节律的收缩和舒张运动,在这一过程中使得血液流向身体的各个部分。

其次,血管是运送血液的管道,血液由心脏射出,以一定的方向周而复始地流动,通过动脉、毛细血管流经全身,然后经过静脉流回心脏。在血液循环的作用下,血液在毛细血管中与人体的组织进行各项物质的交换,如图 4-3 所示。

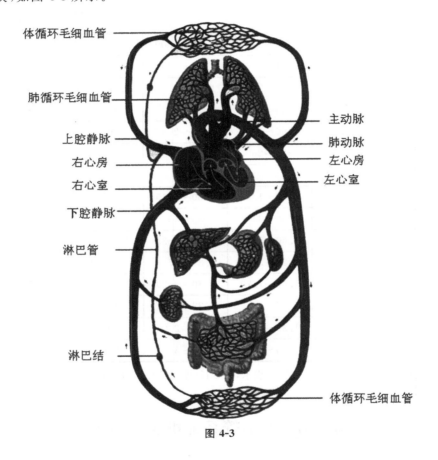

体循环毛细血管
肺循环毛细血管
上腔静脉
右心房
右心室
下腔静脉
淋巴管
淋巴结
主动脉
肺动脉
左心房
左心室
体循环毛细血管

图 4-3

(二)心血管系统的功能

心血管系统是人体的重要系统,它是一个复杂的管道系统,血液在其中不断地循环流动,从而保证人体的各项生命活动。心血管系统的功能是保障人体血液和气体的循环。

二、心血管系统机能的测评

（一）心率（脉搏）测评

心率是指心脏每分搏动的次数，心率的测量与机体所处的状态密切相关。常用的心率测评主要有安静时的心率测评、基础心率测评、运动中的心率测评和运动后的心率测评。

1. 安静时的心率测评

（1）脉搏触摸法。

测量部位：桡动脉（颈动脉、颞动脉）。

测评仪器：秒表。

测评方法：脉搏触摸法可分为自测和他人测试两种。以自测为例。

①屈肘，双手交叠于胸前，掌心向上，被测手在上，握秒表，测试手在下，用食指、中指、无名指的指腹扣在被测手桡动脉处。

②感觉脉搏波动后，用秒表开始计时计数。测量 30 秒的脉搏数，然后换算为 1 分钟脉搏次数。

（2）听诊法。

测评仪器：听诊器，秒表。

测评方法：将听诊器的听头置于测试者的心尖部，能清楚地听到心脏搏动的声音后，用秒表记录 10 秒的心脏搏动次数，然后换算为 1 分钟脉搏次数。

（3）心电图法。

记录心肌发生电激动的图形就是所谓的心电图，临床上对心脏疾病进行检查时，通常都会采用这一方法。通过观察这一指标，可以对个体的心脏机能状况进行了解。

测评仪器：心电图机。

测评方法：测试者静卧，放松。在测试者的手腕、脚踝、胸前按照引导电极，接上导线。校标后，对心电图记录纸进行分析。测量相邻两个心动周期中的 P 波与 P 波的间隔时间或测量相邻两个心动周期中 R 波与 R 波之间的间隔时间。根据以下公式计算出受测者的心率。

$$心率 = \frac{60}{P-P \text{ 或 } R-R \text{ 间隔时间（秒）}}$$

需要特别注意的是，经常参加体育锻炼的人，尤其是耐力项目运动者的心电图会呈现出一些不同的特点,如房室传导阻滞、窦性心动过缓等,这主要是因为运动者在体育锻炼或训练期间走神经作用在不断加强,心脏逐渐适应了训练,属于正常现象。

2.基础心率测评

所谓基础心率,也叫晨脉,即清晨起床之前的卧位心率。晨脉是进行机能和训练检测的重要和有效指标,如果晨脉突然加快或者减慢,则说明个体过度疲劳或者患有疾病。

测评仪器:秒表或其他计时器。

测评方法:桡动脉触摸法。测试者每天清晨在静卧、空腹、清醒状态,自己测量晨脉,并做好记录。

注意事项:为保证测评的准确性,对基础心率的多次重复测量,测试期间,要求测试者正常作息,合理饮食。

测评标准:对照表 4-9 进行评价。

表 4-9　基础心率均值评价表

心率	一	二	三	四	五	六	日	均值评价	评价等级
55～62								基础心率较慢,心脏功能好。	优
63～69								基础心率正常,心脏功能较好,保持锻炼。	良
70～77								基础心理较快,心脏功能一般,可承受一定强度的运动锻炼。	中
78～86								基础心率很快,心脏功能较差,缺乏锻炼。	下
87～95								基础心率太快,心脏功能很差,建议就医检查。	差

注:本表适用于 7～18 岁健康青少年。

需要特别指出的是,个体基础心率并非越低,心脏功能就越好,当基础心率均数低于 55 时,应进一步做心电图和内分泌机能检查,排除异常病理原因引起的基础心率过低现象。此外,基础心率测评要考虑年龄因素对心率的影响,一般来说,基础心率均数与年龄呈负相关关系,如图 4-4所示。

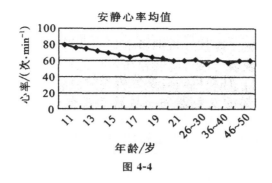

图 4-4

3.运动中的心率测评

运动中的心率测评是运动训练的一项重要内容。当前，对运动心率测量的方法较多，但评价方法不多。这里重点分析以下两种测量方法。

（1）简易心率遥测法。

测评仪器：心率发射机、接收机、功率自行车、跑台、秒表、节拍器。

测评方法：

①将电极片（两个）涂上导电膏，分别贴于胸骨体处和胸大肌左下方第五肋间处。

②用橡皮胶布将电极片固定在皮肤上，将发射机固定在备用腰带上，连接引导电极插头与发射机，打开发射机电源开关。

③调频收录机的收音波段，当能清晰地听到心率时，用秒表计时，开始数心率。

测评标准：

一般来说，运动时的心率与运动强度增加成正比，见表 4-10。定量负荷中，运动心率较安静心率增加不多说明机能较好；递增负荷试验中，同一心率水平负荷强度越高、负荷量越大说明机能越好。

表 4-10　心率与运动强度的关系

运动强度	心率/（次/分）	
	男	女
低强度	130 以下	135 以下
中强度	131～155	136～160
大强度	156～175	161～180
亚极限强度	176～185	180 以上
极限强度	186～220	181～220

（2）POLAR 表心率遥测。

测评仪器：心率遥测仪（POLAR 表）、计算机、心率分析系统。

测评方法：

①把发射器和松紧带连接好，调整松紧带至合适长度，用清水沾湿传送器的电极区域。

②将发射带佩戴于胸部以下，扣好按扣。

③确认电极区域和皮肤完全接触；POLAR 标志正置于胸前中间位置，戴好腕表。

④在日期、时间状态下，按 SELECT 键，开始测试心率，几秒钟后，心率读数显示在屏幕底线上。按 SET/START/STOP 键，秒表计时，记录心率信息。

测评标准：同简易心率遥测法的测评标准。

4. 运动后的心率测评

（1）运动后即刻心率的测评。

测评仪器：心率遥测仪、秒表、发射机、收录机。

测评方法：测量运动后 30 秒心搏，换算成 1 分钟的心率。计算公式如下：

$$hr = \frac{1\ 800}{t_{30}}$$

hr 为运动后即刻心率，t_{30} 为运动后即刻 30 秒心搏所用的时间。

测评标准：根据公式将心搏转换成心率，再根据心率潜力计算公式计算出测试者的心率潜力，结合表 4-11 判断心血管机能情况。

表 4-11　运动后心率潜力评价表

评价等级	心率潜力/（次/分）
优	50
良	30～49
中	20～29
下	10～19
差	0～9

（2）运动后恢复期心率的测评。

测评仪器：秒表。

测评方法：从运动结束后第 2 分钟开始，每次测量前 30 秒的心率，再换算成 1 分钟的心理。

测评标准：运动后恢复期心率的评价与具体实验方法有关，这里不再赘述。

（二）血压测评

血压是血液流经血管时对血管壁的侧压力，即压强，血压包括收缩压（反映心脏每搏输出量的大小，健康成人为 90～130 毫米汞柱）和舒张压（反映外周阻力的大小，健康成人为 60～90 毫米汞柱）。

血压受多种因素的影响，一般来说，人体在晨起卧床血压较稳定。正常的体育健身锻炼期间，如果个体的安静血压比平时上升 20％左右且持续两天以上，则说明存在机能下降或过度疲劳的现象。此外，运动期间，血压的变化与运动强度有关，大强度的运动可导致收缩压上升和舒张压下降明显，如恢复较快则说明身体机能良好；而运动后收缩压、舒张压均上升或与强度刺激不一致、恢复时间长则说明身体机能状态不好。

正常的血压能提供给各组织器官足够的血量，以维持正常的新陈代谢。血压过低过高（低血压、高血压）表明身体处于不正常或不健康的状态，血压消失是死亡的前兆。

1. 安静时血压的测评

测评仪器：水银血压计或电子血压计、听诊器。

测评方法：

以水银血压计测量为例。具体测量方法如下：

（1）测量前，检查血压计的水银柱，对水银柱面进行校正，确保其在零位。同时，注意观察和排除水银柱中的气泡。

（2）受测者坐于操作者右侧，右臂自然前伸，平放桌面上，血压计零位应与测试者心脏和右臂袖带处于同一水平面，捆扎袖带，肘窝暴露，将听头放在测试者肱动脉上。

（3）操作者拧紧螺栓打气入袋使水银柱上升，直到听不到肱动脉搏动声，打气再升高 20～30 毫米汞柱，然后拧开螺栓缓慢放气，每次下降 2～4 毫米汞柱为宜，放气至第一次听到搏动声时，水银柱的高度为收缩压。

（4）继续放气，搏动声突然从洪亮声变为模糊声时，水银柱的高度为舒张压变音点，继续放气至搏动声消失时，水银柱高度为舒张压的消音点。以毫米汞柱为单位记录测量结果。

目前,市场上有进行血压测量的自动电子血压计,方法简单,只要测量血压时采取正确的坐位,将听头放在肱动脉上,捆扎好袖带,按下开关,数秒后血压计屏幕上就会显示所测得血压值。

注意事项:

(1)测量前 1～2 小时,测试者不得从事任何体力活动。

(2)测量血压时,测试者应采取正确的姿势,否则会影响血压的正常测量,如图 4-5 所示。

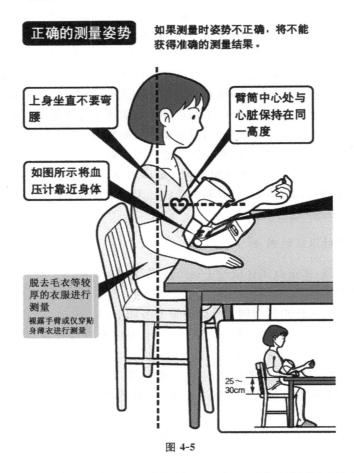

图 4-5

测评标准:根据世界卫生组织规定,14 岁以下儿童舒张压以变音点为准,15 岁以上少年和成人舒张压以消音点为准。我国青少年血压的正常值范围具体参考表 4-12。

表 4-12 中国青少年血压的正常值范围

指标	性别							
年龄	男		女		男		女	
界限	上	下	上	下	上	下	上	下
百分位数	97	3	97	3	97	3	97	3
7	113	86	113	86	80	51	81	51
8	115	87	116	87	81	51	84	51
9	118	88	120	88	81	51	82	51
10	120	89	121	89	82	52	83	52
11	121	90	121	90	82	53	83	54
12	122	90	126	91	83	54	85	57
13	120	91	127	91	84	55	85	57
14	11	91	130	92	86	57	86	59
15	134	95	131	94	88	60	87	60
16	138	99	131	94	90	60	88	60
17	140	100	131	95	91	60	88	60
18	140	100	131	94	91	61	88	60
19～22	139	100	126	90	90	61	85	59

2.运动后血压的测量与评价

测评仪器:水银血压计或电子血压计、听诊器。

测评方法:

(1)运动过程中,先将袖带和血压计的连接断开,脉压带仍捆扎在受测者右上臂由测试者手托打气球。

(2)运动负荷后的即刻,连接袖带与血压计(在 10 秒内),测量方法同安静状态下的血压测量方法。

(3)分别在第 1、2、3、4、5 分钟内测出血压,读数并记录,以收缩压/舒张压(毫米汞柱)记录,见表 4-13。

表 4-13　运动前后血压与心率的测量

	运动前	运动后				
		第 1 分钟	第 2 分钟	第 3 分钟	第 4 分钟	第 5 分钟
收缩压/毫米汞柱		收缩压	收缩压	收缩压	收缩压	收缩压
舒张压/毫米汞柱		舒张压	舒张压	舒张压	舒张压	舒张压
10 秒心率/次						

测评标准：一般来说，运动后心率和血压都上升，且收缩压升高较为明显。心功能指数(k)的计算方法如以下公式所示：

$$k=\frac{p}{b}$$

k 为心功能指数，p 为收缩压，b 为心率。

(三)心血管机能实验测评

1.台阶试验

台阶试验是测评人体心肺功能的一个非常重要的方法，该测试属于定量负荷实验，可以有效反映个体心血管系统机能。研究表明，心肺功能强的人在运动后 3 分钟恢复期内心跳频率要更低。

测评仪器：电子台阶试验仪(含节拍器)，台阶高度为：男子 40 厘米，女子 35 厘米。

测评方法：

(1)男子测试台阶高度为 40 厘米，女子测试台阶高度是 35 厘米，也可根据受测者的身高调整台阶高度。测试者在台阶前面站立，以节拍器发出的 30 次分频率的提示音为标准做上、下台阶运动。当测试者听到第一声响时，一只脚踏在台子上；听到第 2 声响时伸直踏台腿，接着另一只脚跟上台上站立；听到第 3 声响时，先踏上台的那只脚下来；当测试者听到第 4 声响时，另一只脚下地，还原成预备姿势。如此连续做 3 分钟。

(2)运动结束后，让测试者迅速在椅子上静坐，把测试仪的指脉夹夹在测试者的中指前方，测试仪将对测试者的 3 次脉搏数进行自动采集；对脉搏进行人工测试时，分别测量并记录运动后 60～90 秒、120～150 秒、180～210 秒 3 个恢复期的心率。

(3)完成整个测试后，测试者把运动时间和测试者的 3 次心率值记录在卡片中。

(4)如果测试者无法坚持做完运动,或在测试中连续 3 次都跟不上频率,测试人员应即可对测试者的运动进行阻止,然后用同样的方法测取测试者的三次脉搏数,然后在卡片中做记录。

测评标准:根据测试记录,计算评定指数:

评定指数＝上、下台阶持续时间(s)×100/2×(3 次测定脉搏数之和)

18～25 岁年龄段台阶测试的测评标准见表 4-14。

表 4-14　三分钟台阶测试评定指数

适应力得分	适应力等级	男	女
1 分	差	45.0～48.5	44.6～48.5
2 分	较差	48.6～53.5	48.6～53.2
3 分	一般	53.6～62.4	53.3～62.4
4 分	较强	62.5～70.8	62.5～70.2
5 分	强	＞70.9	＞70.3

2. 原地 15 秒快跑

测评仪器:血压计、秒表。

测评方法:

(1)测量受测者处于安静状态下的脉搏和血压。

(2)令受测者以 100 米赛跑的速度原地跑 15 秒后,立即测其 10 秒的脉搏,紧接着在后 50 秒内测血压。

(3)连续测试 4 分钟。

注意事项:

(1)跑步结束后立即测试受测者的脉搏。

(2)跑动过程中应严格按照 100 米赛跑的速度跑动。

测评标准:以负荷后,受测者的心率和血压升降幅度及其恢复时间为主要依据测定。一般来说,测定的结果有 5 种类型,即正常反应、紧张性增高反应、梯形反应、紧张性不全反应和无力性反应。测评以具体情况做出具体分析,通过多次重复测定得出结论。

3. 12 分钟跑测试

研究和运动实践表明,个体的心血管机能水平和适应能力可以通过 12

分钟跑测试处理,一般来说,心血管机能好的人在 12 分钟内,跑的距离比心血管机能不好的人要长。

测评方法:在田径场跑道上每隔 10 米或 20 米设一明显标志,测试者结合自身情况合理跑进,计算 12 分钟跑的距离。

测评标准:见表 4-15。

表 4-15　12 分钟跑测试心肺适应能力测评标准　　　　单位:千米

性别	适应能力等级	年龄/岁					
		13~19	20~29	30~39	40~49	50~59	60+
男	很差	<2.08	<1.95	<1.89	<1.82	<1.65	<1.39
	较差	2.08~2.18	1.95~2.10	1.89~2.08	1.82~1.99	1.65~1.86	1.39~1.63
	一般	2.19~2.49	2.11~2.39	2.09~2.32	2.00~2.22	1.87~2.08	1.64~1.92
	较好	2.50~2.75	2.40~2.62	2.33~2.50	2.23~2.45	2.09~2.30	1.93~2.11
	良好	2.76~2.97	2.63~2.82	2.51~2.70	2.46~2.64	2.31~2.53	2.12~2.49
	优秀	>2.98	>2.83	>2.71	>2.65	>2.54	>2.50
女	很差	<1.60	<1.54	<1.50	<1.41	<1.34	<1.25
	较差	1.60~1.89	1.54~1.78	1.50~1.68	1.41~1.57	1.34~1.49	1.25~1.38
	一般	1.90~2.06	1.79~1.95	1.69~1.89	1.58~1.78	1.50~1.68	1.39~1.57
	较好	2.07~2.29	1.96~2.14	1.90~2.06	1.79~1.98	1.69~1.89	1.58~1.74
	良好	2.30~2.41	2.15~2.32	2.07~2.22	1.99~2.14	1.90~2.08	1.75~1.89
	优秀	>2.42	>2.33	>2.23	>2.15	>2.09	>1.90

4.联合机能试验

联合机能试验由 3 部分组成:原地高抬腿跑、30 秒 20 次蹲起和 15 秒快跑。负荷强度大,试验时间长。

测评仪器:血压计、心率检测器、秒表。

测评方法:

先按一次负荷试验的方法,对安静时的心率和血压进行测量,接着按顺序做 3 个一次负荷试验。

先原地慢跑 3 分钟(男)或 2 分钟(女),速度为每分钟 180 步。跑后测量 5 分钟恢复期心率和血压。

在 30 秒 20 次蹲起做完后测量恢复期的心率和血压,共测 3 分钟。

注意事项:15 秒原地快跑要求以百米赛跑进行,跑后测量恢复期心率和血压,共测 4 分钟。

测试评价:参照 15 秒快跑一次负荷试验的 5 种反应类型来对心血管系统机能的水平进行评定。

第三节　平衡机能的测评

一、平衡机能概述

(一)平衡机能的定义

人体平衡机能研究最早开始于 19 世纪中期,目前已经涉及医学、运动学、仿生学、计算机等多个学科,但是关于人体的平衡机能至今没有一个统一的概念。

医学研究中的机体平衡包括两个方面的内容:人体所处姿势的稳定状态(静态平衡);人体在运动中或受到外力作用时,自动调整并维持姿势的能力(动态平衡)。

力学研究中的平衡,主要指作用的合力为零时物体所处的一种状态。机体平衡则指人体保持平衡和稳定状态的能力。

生物学研究中的机体平衡,是指身体对抗各方面刺激的协调能力,也分为静态平衡和动态平衡两种。

平衡能力反映的是个体的综合身体素质。如果一个人患有内耳疾病,则可导致平衡能力减弱或丧失,表现的症状为步履蹒跚、站立不稳、头晕难忍,这就是典型的梅尼埃症(美尼尔氏症)。

(二)人体平衡的分类

总体来说,人体平衡可以分为两类:静态平衡和动态平衡。具体来说,静态平衡是指人体或某部位处于某特定姿势并保持稳定的能力;动态平衡是指人体在外界干扰下或运动中保持稳定状态的能力。

人体平衡的静态和动态分类,包括了人体在各种运动中保持、获得或恢复稳定状态的能力,具有一定的科学性和完整性。

(三)人体平衡机能的影响因素

维持人体平衡的生理机制十分复杂,中枢系统对人体感官信息的协调和对运动效应器的控制与人体的平衡能力具有密切的相关性。此外,人体平衡还受到以下几个因素的影响。

1.支撑面

支撑面是指各支点所包围的面积。一般来说,支撑面越大,重心活动的范围越大,平衡的稳定性就越好。

2.稳定角

稳定角是指重力作用线和重心与支撑面相应边界连线之间的夹角,如图 4-6 所示。通常情况下,稳定角越大,稳定性越好。

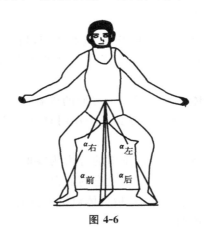

图 4-6

3.体重

体重对人体的平衡与稳定性具有重要的影响作用。具体来说,体重主要影响着人体下支撑平衡的稳定性,体现在重力矩作用上,多用稳度系数表示体重在平衡中的作用:

$$K(稳定系数) = \frac{M_稳(稳定力矩)}{M_翻(翻倒力矩)}$$

若 $K>1$,平衡稳定;$K=1$,处于临界状态;$K<1$,平衡被破坏。

二、平衡机能的测评

(一)传统观测法

1.昂白法

昂白法,也称闭目直立检查法,由 Romberg 在 1851 年建立,用于测评人体的平衡能力。

测评方法:

(1)受测者两足并拢直立、闭目,两臂前举。

(2)检测者观察受测者睁眼及闭目时躯干有无倾倒发生。

测评标准:受测者身体直立,无倾倒趋势则说明其平衡机能较好;反之则说明其平衡机能不好。

由于昂白法采用目测,缺乏客观统一标准,故操作性较差。

2.闭目原地踏步法

测评仪器:计时器。

测评方法:

(1)受测者站立在以 40 厘米为直径的圆圈中央,闭目,以每分钟 120 步的频率踏步,同时开始计时。

(2)当受测者脚出圈或触圈线时,停止计时,以秒为单位,不计小数,记录持续踏步的时间。

(3)测 3 次,取最大值。

测评标准:受测者踏步持续时间越长,则说明其平衡机能越好;反之则说明其平衡机能不好。

3.前庭步测验法

测评仪器:米尺。

测评方法:

(1)在地上画一横线,再在横线左端画一 50 厘米的垂直线,受测者左脚放在两线直角内,后跟抵横线,左脚外沿抵垂直线,右脚齐平站立。

(2)让受测者按平常的步态,向前走 10 步,停止。

(3)以受测者的左脚外沿为标志,测量与开始时左脚外沿的距离,记录为横步的距离。

测评标准:横向距离(误差)越小,则说明平衡机能越好;反之则说明其平衡机能不好。

(二)静力性平衡测评

1.闭眼单脚站立

以单脚支撑维持身体平衡测量为例,具体测量如下。

测评仪器:闭眼单脚站立测试仪。

测评方法:

(1)受测者以单脚支撑,另一脚置于支撑腿膝部内侧,两手侧平举。

(2)受测者非支撑腿离地时开始计时,尽可能保持长时间平衡姿势。

(3)当受测者非支撑脚触地,即刻停表。

(4)计算闭眼单脚站立维持平衡的时间。

(5)测量 2 次,取最长时间。

测评标准:取 2 次测试中的最佳值为测验成绩,见表 4-16。

表 4-16　闭眼单脚站立测验评价标准　　　　单位:秒

性别	年龄/岁	P_{10}	P_{25}	P_{50}	P_{75}	P_{90}	P_{97}
男	20～24	6.0	13.0	27.0	59.0	99.0	150.0
	25～29	5.0	11.0	24.0	49.0	86.0	143.0
	30～34	5.0	10.0	20.0	42.0	75.0	125.0
	35～39	4.0	9.0	18.0	38.0	69.9	117.0
	40～44	4.0	8.0	15.0	29.0	55.0	92.0
	45～49	4.0	7.0	13.0	25.0	48.0	80.0
	50～54	3.0	6.0	11.0	21.0	40.0	71.0
	55～	3.0	5.0	10.0	19.0	34.0	61.0
女	20～24	6.0	12.0	25.0	53.0	97.0	150.0
	25～29	5.0	10.0	22.0	46.0	84.4	148.0
	30～34	5.0	9.0	19.0	40.0	73.0	128.0
	35～39	4.0	8.0	16.0	32.0	63.0	111.0
	40～44	4.0	6.0	13.0	25.0	46.0	78.0
	45～49	3.0	5.0	11.0	22.0	40.0	70.0
	50～55	3.0	5.0	9.0	18.0	34.0	66.0
	55～	3.0	5.0	8.0	15.0	27.0	52.0

2.踩木测验

踩木测试的理论依据在于通过减小支撑面,提高重心,测试受测者保持静态身体姿势的平衡能力。

测评仪器:计时器、胶布、宽敞平坦地面。

测评方法:

(1)在场地上放置3厘米×3厘米×30厘米的窄木条。

(2)受测者听信号后,以单脚的前脚掌踩木(可纵向或横向),另一脚离地。

(3)记录受测者维持平衡的时间。

(4)左右脚各测3次。6次测验的总时间即为测验成绩。

评价标准:见参考表4-17。

表 4-17　男女大学生纵向、横向踩木测验评价标准　　　　单位:秒

男生/成绩		等级	女生/成绩	
纵向	横向		纵向	横向
346 以上	225 以上	优	336 以上	180～242
306～345	165～224	良	301～335	140～179
221～305	65～164	中	206～300	60～139
181～220	15～64	下	166～205	15～59
0～180	0～14	差	0～165	0～14

(三)动力性平衡测评

1.平衡木行走法

测评仪器:计时器。

测评方法:

(1)受测者站立在简易平衡木(宽10厘米、长3米、高2厘米)的一端,听到开始口令后,快速行走。

(2)检测者测量受测者在平衡木上往返一次的时间,记录以秒为单位,取1位小数,第2位小数四舍五入。

(3)测3次,取最大值。

测评标准:受测者往返时间越短且不掉下平衡木,则说明平衡机能越好;反之则说明其平衡机能不好。

2.侧跨跳平衡测验

侧跨跳平衡测验主要是通过对个体运动中和运动后精确落地来判断个体的机体平衡能力。

测评仪器:计时秒表、皮尺、粉笔、小木块。

测评方法:

(1)布置测验场地,如图 4-7 所示。

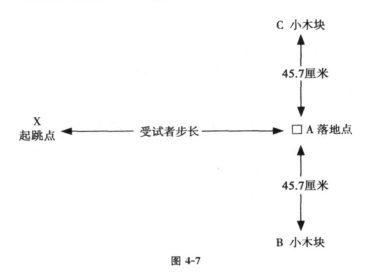

图 4-7

测量方法:

(1)受测者单脚站立于 X 点(侧对 A 点),向左(右)侧跳至 A 点,前脚掌支撑站立 5 秒,在前 2 秒内身体前倾,用手拨开 C 点或 B 点的小木块。

(2)每名受测者左、右各测两次。

(3)记录受测者维持平衡站立的时间。

注意事项:受测者支撑脚的脚跟和另一脚均不能触地。

测评标准:脚侧跨踩准 A 点得 5 分,脚落地取得平衡在 2 秒内推开小木块得 5 分,在 A 点每保持平衡 1 秒得 1 分,最多得 5 分。每次满分为 15 分,4 次测验满分为 60 分。评价标准见表 4-18。

表 4-18 侧跨跳平衡测验评价标准分

男生	女生	水平
58 以上	58～60	优

续表

男生	女生	水平
53～57	51～57	良
42～52	39～50	中
37～41	33～38	下
0～36	0～32	差

第四节　神经系统机能的测评

一、神经系统概述

(一)神经系统的构成

人体的神经系统由脑、脊髓以及由它们发出的很多神经组成,如图 4-8 所示。神经系统一般分为两类:中枢神经系统和周围神经系统。

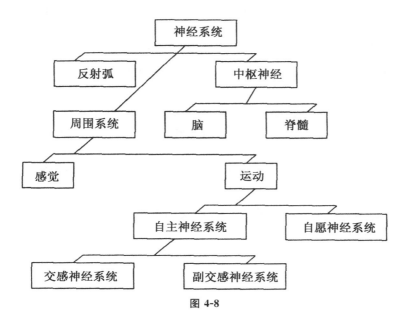

图 4-8

（二）神经系统的功能

神经系统与身体各种机能控制、整合有关，它是协调各器官活动和适应外界环境的全部神经装置。神经系统通过感受器接受人体内外的各种信息，经由大脑和脊髓进行整合，再通过周围神经到达各器官系统的效应器，从而实现对机体互动的控制和调节。

概括来讲，神经系统具有两大特性与功能。

神经系统的应激性——对内外环境的刺激具有接受及反应的能力。

神经系统的传导性——传达（刺激）进出协调中枢的能力。

二、神经系统机能测评

（一）皮肤两点辨别阈

所谓皮肤两点辨别阈是指皮肤感觉能分辨出的最小距离。皮肤两点辨别阈可以作为监测机体的敏感反应和机体疲劳的指标。

测量仪器：触觉器（将两脚规的金属针拔去，各插入尼龙触毛一根，外露5毫米，将毛尖烫成小球形）、尺子（10厘米以上）。

测量方法：

（1）测量部位为手指指腹、脚趾趾腹、掌心部、前脚掌、前臂（手腕部）。

（2）将两脚规的两脚同时接触皮肤，测试者逐次移动两脚规的两脚，并逐次询问被试者，直至测出可辨别出两个点的最小距离。

（3）接近两点辨别阈值时，应交替地用两脚规的一个脚或两个脚触点皮肤，来确定其阈值。

（4）或将两脚规的两脚分开3～5厘米，使之同时接触皮肤，然后逐次移近两脚，注意两脚距离在多少时受试者感到是一点，记录两点的阈值。

测评标准：

（1）比值大于2.0，说明受测者神经系统机能较差，或身体处于重度疲劳状态。

（2）比值大于1.5而小于2.0，说明受测者神经系统机能一般，或身体处于轻度疲劳状态。

（3）比值小于1.5，说明受测者神经系统机能较好，或身体无疲劳状态出现。

（二）闪光融合率

断续的光刺激达到临界频率时，会使人产生连续光的感觉，这种现象在心理学中称为闪光融合。

闪光融合率可作为测试由于体能训练引起的中枢神经系统急性和慢性疲劳状态的一项常用指标,也可作为神经系统功能的兴奋水平和频率状态判断的一个重要指标。

测评仪器:闪光融合频率测试仪。

测评方法:

(1)受测者取坐位,注视闪光光源,由低频向高频旋转闪光频率旋钮,以不出现闪光为标志,记录该闪光频率。

(2)再由高频向低频旋转闪光频率旋钮,同样记录该闪光频率。

(3)以上两种测试方法各做 3 次,共 6 次,求其平均值。

测评标准:

(1)一般来说,个体在正常情况下感到闪光,而发生疲劳后则感到是连续光点,说明视觉系统的兴奋水平下降。

(2)闪光融合率的值会随着疲劳程度的增加而下降,闪光融合率评价标准见表 4-19。

表 4-19　闪光融合实验的评定标准

疲劳程度	(正常值)~(评定疲劳时的测试值)	恢复速度
轻度	1.0~3.9 赫兹	休息后当日可恢复
中度	4.0~7.9 赫兹	睡一夜可恢复
高度	8.0 赫兹以上	休息一夜后不能完全恢复

第五章　身体素质测评的理论与操作方法

身体素质水平的高低,会在一定程度上影响到体质健康水平。可以说体质健康状况往往能够从身体素质上得到一定的体现。对身体素质进行测评,也能够反映出体质健康的状况。身体素质包含力量、速度、耐力、柔韧、灵敏、协调等能力,本章主要对这些方面以及身体素质成套测评的理论与操作方法进行分析和阐述,从而对体质健康的促进产生积极的影响。

第一节　力量素质测评

一、力量素质的概念与分类

(一)力量素质的概念

力量素质是身体素质的重要组成部分。具体来说,人体获得身体某部分肌肉在工作时克服阻力的能力,就是所谓的力量素质。力量素质不仅是保证人体完成各种简单或复杂运动的首要素质,它还与其他素质有着密切的关系。力量素质对发展速度素质、提高耐力素质和灵敏性起着重要的作用。因而人们把力量素质视为人体运动及各类素质的基础。一般,完成动作时肌肉群收缩的合力、肌肉群收缩的协调能力、骨杠杆的机械率这 3 个方面会对这肌肉力量的大小产生重要的决定性影响。

(二)力量素质的分类

1.以肌肉收缩的性质为依据分类

按照这一标准,可以将力量素质分为静力性力量和动力性力量。其中,静力性力量是肌肉做等长收缩时所产生的力量,也称等长收缩。动力性力量是肌肉做等张收缩时所产生的力量,也称等张收缩。

2.以力量素质的训练特征为依据分类

按照这一标准,可以将力量素质分为最大力量(绝对力量)、相对力量、速度力量和力量耐力。其中,最大力量是指人体或人体的某一部分肌肉在工作时克服最大阻力的能力;相对力量是指人体单位体重所具有的最大力量;速度力量是指快速克服阻力的能力;力量耐力是指肌肉长时间克服阻力的能力。

二、力量素质测量的具体操作

(一)力量素质的测量形式

通常情况下,可以将力量素质的测量分为两种形式,一种是绝对力量的测量,另一种是相对力量的测量。其中,绝对力量的测量是以受试者在测量中所承受的最大负荷量作为成绩的一种测量形式;相对力量的测量是以受试者在测量中所承受的负荷量与其自身体重之比作为成绩的一种测量形式。

(二)力量素质的测量内容与方法

一般,对力量素质的测量主要通过对肌肉力量、爆发力的测量来实现,每一种测量内容所采用的测量方法也有所不同,具体如下。

1.肌肉力量的测量

肌肉力量的测量主要通过握力、背力以及1分钟仰卧起坐等指标来实现,具体如下。

(1)握力。握力是测量上肢静力性力量的常用指标,能够将受试者前臂及手部肌肉的抓握能力反映出来。握力的测量对于6岁至成年人都是适用的。一般,可以借助于指针式握力计或电子握力计来进行测量。

测量方法及要求:测试前,受试者用有力的手握住握力计内外握柄,另一只手转动握距调整轮,调到适宜的用力握距,准备测试。测试时,受试者身体直立,两脚自然分开,与肩同宽,两臂斜下垂,掌心向内,用最大力握紧内外握柄,如图5-1所示。以"千克"(或牛)为单位记录成绩,精确至0.1千克。测2次,取最佳成绩。需要注意的是,在测试时,禁止摆臂、下蹲或将握力计接触身体;受试者不能确定有力手时,左右手各测试2次,记录最大值;每次测试前,握力计必须回"0"。

评价:《中国学生体质健康监测网络 2002 年监测报告》的统计资料显示,7—22 岁男子的握力相当于自身体重的 42%~70%,女子的握力相当于自身体重的 40%~51%。从测量中可以发现,采用正确的测量方法,受试者 2 次测试都尽全力,那么第 1 次的测量值均大于第 2 次。

(2)背力。通过测量背力,能够将受试者背部肌肉的力量充分反映出来,这对于 6 岁至成年人都是适用的。电子背力计或背肌拉力计是最常用的测量背力的仪器。

测量的方法及要求:受试者两脚分开约 15 厘米,直立在背力计的底盘上,两臂和两手伸直下垂于同侧大腿的前面。测试人员调背力计拉链的长度,使背力计握柄与受试者两手指尖接触。或将背力计握柄的高度调至恰使受试者上体前倾 30°的位置。测试时,受试者两臂伸直,掌心向内紧握握柄,两腿伸直,上体绷直抬头,尽全力上拉背力计,如图 5-2 所示。以“kg(千克)”为单位记录成绩,精确至 0.1 千克。测 2 次,取最佳成绩。需要注意的是,在测试前,受试者应做好准备活动;测试时,受试者不能屈肘、屈膝或上体后倒;应以中等速度牵拉,不能过慢或用力过猛;每次测试前,背力计必须回“0”。

图 5-1

图 5-2

评价:一般来说,背力测量值越大,则受试者的背部肌肉力量就越大。

(3)1 分钟仰卧起坐。通过 1 分钟仰卧起坐,能够将受试者的腹肌力和腹肌耐力充分反映出来。这种测量方法对于 12 岁至大学男、女生都是适用的。软垫、秒表是主要的测量仪器。

测量的方法及要求:测试前,受试者在软垫上屈膝仰卧,大小腿成 90°,两手手指交叉置于头后。另一同伴双手握住受试者两侧踝关节处,将双足固定于地面。当受试者听到"开始"口令后，双手抱头，收腹使躯干完成坐起动作，双肘关节触及或超过双膝后，还原至开始姿势为成功1次，如图5-3所示。测试人员在发出"开始"口令的同时，开表计时，并记录受试者在1分钟内完成仰卧起坐的次数（允许中间停顿休息），以"次"为单位记录成绩。需要强调的是，在测试时，受试者如果借用肘部撑起或臀部上挺后下压的力量完成起坐，或仰卧时两肩胛部未触地，或双肘未触及双膝，该次仰卧起坐不计数；测试中，测试人员要随时向受试者报告已完成次数；受试者的双脚必须放在垫子上，并由同伴固定。

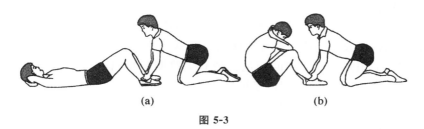

(a)   (b)

图 5-3

评价：1分钟仰卧起坐的次数越多，则受试者腹肌力量和耐力就越强。

除了握力、背力和一分钟仰卧起坐，还可以通过向上推举、坐蹲起、引体向上和斜身引体等测量指标来对肌肉力量进行测量。

2.爆发力的测量

对爆发力的测量，主要通过立定跳远、纵跳以及原地纵跳摸高等指标来实现，具体如下。

（1）立定跳远。通过对立定跳远的测量，能够将受试者向前跳跃时下肢肌肉的力量和爆发力反映出来。这种测量指标对于6岁至大学男、女生都是适用的。量尺、标志带、平地是最常用的测量仪器。

测量的方法及要求：受试者两脚自然分开站立，站在起跳线后，两脚尖不得踩线或过线。两脚原地同时起跳，并尽可能往远处跳，不得有垫步或连跳动作。丈量起跳线后缘至最近着地点后缘的垂直距离。以"厘米"为单位记录成绩，不计小数。测3次，取最佳成绩。需要注意的是，发现受试者犯规时，此次成绩无效；受试者一律穿运动鞋测试，也可以赤脚，但不得穿钉鞋、皮鞋、凉鞋测试；受试者起跳时不能有助跑或助跳动作。

评价：立定跳远的测量值越大，受试者的下肢爆发力就越好。

（2）纵跳。通过纵跳，能够将受试者垂直向上跳跃时下肢肌肉快速收缩的能力充分反映出来。这一测量指标对于6岁至40岁男女都是适用的。

常用的测量仪器为电子纵跳计或纵跳计。

测量方法及要求：受试者踏上纵跳板，双脚自然分开，呈直立姿势，准备测试。测试时受试者屈膝半蹲，双臂尽力后摆，然后向前上方迅速摆臂，双腿同时发力，尽力垂直向上跳起。当受试者下落至纵跳板后，显示屏显示测试值。以"厘米"为单位记录成绩，精确至0.1厘米。测3次，取最佳成绩。需要注意的是，起跳时，受试者双脚不能移动或有垫步动作；在起跳后至落地前，受试者不能屈膝、屈髋；如果受试者没有下落到纵跳板，测试失败，须重新测试。

评价：纵跳测量值越大，则受试者下肢爆发力就越好。

（3）原地纵跳摸高。通过原地纵跳摸高，能够将受试者垂直向上跳跃时下肢肌肉快速收缩的能力充分反映出来。这一测量指标对于6岁至40岁男女都是适用的。最常用的测量仪器有纵跳测量板（标有刻度，固定于墙上）、皮尺、白粉末。也可用电子摸高计。

测量方法及要求：受试者用右手中指沾些白粉末，身体直立，右侧足靠墙根，右臂上举，身体轻贴墙壁，手伸直，用中指尖在板上点一个指印。测试者先丈量其原地摸高的高度，然后令受试者在离墙20厘米处，用力向上起跳摸高，如图5-4所示。以"厘米"为单位丈量高度，精确到0.1厘米。测3次，取最佳成绩。需要注意的是，在测验时，起跳和落地均用双足，不得跨步、垫步，可做预摆动作；在原地伸臂点指印时，臂要充分伸直，体侧要轻贴墙壁。

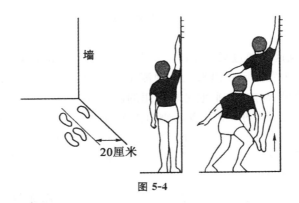

图 5-4

评价：原地纵跳摸高数值越大，受试者的下肢爆发力就越好。

除此之外，还能够通过上肢爆发力的推实心球指标来对爆发力进行测量。

三、力量素质测量的注意事项

对力量素质进行测量时，为了保证测量的客观性和准确性，需要对以下几个方面加以注意。

（1）在做负重测量时，要以受试者的身体情况为依据，有针对性地选择适当的重量，从而使负荷过重或负荷过轻而导致测量无效的情况得到有效避免。

（2）测量前，要求受试者做好充分的准备活动，加强安全保护措施，要经常检查器械，避免不必要的受伤情况发生。

（3）在使用留针式仪器时，每次测试后切记指针回"0"。每测 100 次应校对一次仪器，误差要控制在±0.5 千克之内。

第二节 速度素质测评

一、速度素质的概念与分类

（一）速度素质的概念

人体快速运动的能力，就是所谓的速度素质。速度素质主要通过反应速度、动作速度和位移速度等得到体现。可以说，速度素质是人们生活和体育运动中的一项很重要的身体素质，是体质评价中的一个重要内容，是衡量身体训练水平和竞技能力高低的客观依据。速度素质对其他身体素质的发展有着重要影响。一般来说，运动员的肌肉类型、肌肉的收缩速度、力量、年龄、性别、体型、柔韧性以及协调性等都会对速度素质产生较大的影响。

（二）速度素质的分类

一般，可以将速度素质分为反应速度、动作速度和位移速度 3 种类型。其中，反应速度是指人体对各种刺激做出应答的快慢；动作速度是指人体完成单个动作或成套动作的快慢；位移速度是指人体在单位时间内移动的距离或移动单位距离的最短时间。

二、速度素质测量的具体操作

(一)速度素质的测量形式

通常情况下,会采用固定距离计时(通常为 100 米以内的短距离跑)、固定时间计距离或速率等方法来对速度素质进行测量。

(二)速度素质测量的内容和方法

1. 位移速度测量

位移速度的测量指标主要有以下几种。

(1)50 米跑(30 米跑、60 米跑)。通过 50 米跑,能够将受试者的快速跑动能力反映出来。这一测量指标对 6 岁至大学男、女生都是适用的。在平坦的地面上,画出若干条长 50 米的跑道(跑道宽 1.22 米,终点要有 10 米的缓冲距离),准备秒表(一道一表)、发令旗、哨子等。

测量方法及要求:受试者至少 2 人 1 组,采用站立式起跑。受试者听到"跑"的口令或哨声后快速起跑,跑向终点。发令员在发出口令或哨声的同时,要摆动发令旗。计时员看旗动开表计时,当受试者的胸部到达终点线垂直平面时停表(人到停表)。以"秒"为单位记录成绩,精确至 0.1 秒,小数点后第 2 位数按非 0 进 1 的原则进位(如 10.11 秒应计为 10.2 秒)。测 2 次,取最佳成绩。需要注意的是,受试者在运动时须穿运动鞋或平底鞋,不得穿钉鞋、皮鞋、凉鞋;发现受试者抢跑和串道时,要当即召回重跑;如遇风时一律顺风跑。

评价:50 米跑所需时间越短,则受试者的快速跑动能力就越强。

(2)4 秒快跑(6 秒快跑)。通过 4 秒快跑,能够将受试者的快速跑动能力反映出来。这一测量指标对于中学至大学男、女生都是适用的。在 50 米的跑道,距起跑线 15 米开始,每隔 1 米做一标志;准备秒表、口哨。

测量方法:受试者可采用任何起跑方式,当听到"跑"的信号后,迅速沿跑道快跑。当听到停跑哨声时,立即停止跑动。两名测试人员中,一人发令兼计时,到 4 秒时发出停跑信号。另一人在跑道的前方听到停跑信号后,记下受试者所跑的位置。测 2 次,以"米"为单位记录所跑的距离,不计小数,取最佳成绩。测量要求与 50 米跑相同。

评价:4 秒跑的距离越长,则受试者的快速跑动能力就越强。

除此之外,100 米跑、30 米途中跑、60 米途中跑等指标也能用来对位移速度进行测量。

2.动作速度测量

动作速度的测量指标主要有以下几种。

(1)两手快速敲击。通过两手快速敲击,能够将受试者的两手快速交替重复特定动作的能力反映出来。这一测量指标对于10岁至大学男、女生都是适用的。常用的测量仪器有时间计数自动控制器和金属敲击棒两支。

测量方法及要求:受试者站在测试台前,调节金属触板与髂嵴同高。令受试者两手各执一支金属棒,听令后,两手快速交替敲击金属触板,如图5-5所示。记录计数器的数值(10秒内重复动作的次数),测2次,取最佳成绩。

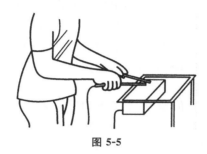

图 5-5

评价:敲击的次数越多,则受试者动作速度就越快。

(2)坐姿快速踏足。通过坐姿快速踏足,能够将受试者两脚快速交替重复特定动作的能力反映出来。这一测量指标对于10岁至大学男、女生都是适用的。时间计数自动控制器是最常用的测量仪器。

测量方法及要求:受试者坐在车鞍上两手扶车把,大腿成水平状,膝关节为90°。两脚快速上下交替做踏足动作,如图5-6所示。记录计数器的数值(10秒内重复动作的次数),测2次,取最佳成绩。

评价:踏足的次数越多,则受试者动作速度就越快。

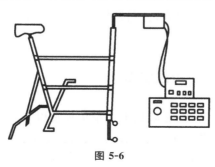

图 5-6

除此之外,还可以通过原地高抬腿、轻拍手掌、移动木块等测量指标来对动作速度进行测量。

3.反应速度测量

一般,可以通过以下几个指标来对反应速度进行测评。

(1)简单反应时。通过简单反应时,能够将受试者对特定光信号反应的速度反映出来。这一测量指标对于6岁至老年人都是适用的。光反应时测量仪是常用的测量仪器。

测量方法及要求:受试者坐在桌边,集中精力,手放在测试仪器按钮上方,做好准备,受试者两眼凝视光反应时测量仪,听到测试人员"预备"口令后即进入测试状态,当红灯亮时,用中指以最快速度按下按钮。以"秒"为单位记录成绩,保留小数点后3位。测5次,去掉最高值和最低值,计算剩下3次的平均值。需要注意的是,要在能使受试者注意力集中的环境中测试;正式测试前,要练习3次;测试时,自喊"预备"到灯亮的间隔时间要不同,应保持在1.5~2秒。

评价:反应时的测量值越小,受试者的反应速度就越快。

(2)选择反应时。通过选择反应时,能够将受试者神经与肌肉系统的协调性和快速反应能力反映出来。这一测量指标对于6岁至老年人都是适用的。反应时测试仪是最常用的仪器。

测量方法及要求:测试时,受试者的中指按住"启动键",等待发出信号,当任意信号键发出信号时(声、光同时发出),以最快速度去按该键;信号消失后,中指再次按住"启动键",等待下一个信号发出,共有5次信号。受试者完成5次信号应答后,所有信号键都会同时发出光和声,表示测试结束。以"秒"为单位记录成绩,保留小数点后2位。测2次,取最佳成绩。需要注意的是,受试者不得用掌心或掌跟部按"启动键";受试者不得用力拍击信号键。

评价:选择反应时的测量值越小,则说明受试者神经与肌肉系统协调性和快速反应能力越强。

除此之外,还可以通过直尺测试的手反应时和足反应时等测量指标来对反应速度进行测量。

三、速度素质测量的注意事项

速度素质测量过程中,要对以下几个事项加以注意。

(1)位移速度、动作速度及反应速度的测量是不同的,不能互相取代。

(2)在测验位移速度时,要求受试者穿运动鞋,钉鞋是不允许穿的。

（3）在测验位移速度前,应让受试者做好准备活动,避免受伤。

（4）每次测验后,测试者切记回表。

第三节 耐力素质测评

一、耐力素质的概念与分类

（一）耐力素质的概念

人体在长时间工作或运动中克服疲劳的能力,就是所谓的耐力素质。它是反映人体健康水平或体质强弱的重要标志之一,在人体体能素质中发挥着极为重要的作用。在各项体能素质中,各个素质之间并不是独立存在的,耐力素质可以与其他素质,如力量、速度、柔韧等素质相结合,形成机体的力量耐力和速度耐力。

（二）耐力素质的分类

以人体的生理系统为依据,可以将耐力素质分为肌肉耐力和心血管耐力。

肌肉耐力又称力量耐力,力量耐力又可分为动力性力量耐力和静力性力量耐力。其中,动力性力量耐力是指机体在动力性工作中多次完成相应强度的肌收缩的能力。静力性力量耐力是指机体在静力性工作中长时间保持相应强度的肌紧张的能力。

心血管耐力又可分为有氧耐力和无氧耐力。其中,有氧耐力是指机体在氧气供应比较充足的情况下,能坚持长时间工作的能力。有氧耐力通常叫一般耐力。一般耐力与心肺功能的关系极为密切,可代表心肺功能的水平。无氧耐力也叫速度耐力,是指机体以无氧代谢为主要供能形式,坚持长时间工作的能力。

二、耐力素质测量的具体操作

（一）耐力素质的测量形式

以耐力素质的特点为依据,采用的测量形式主要有以下几种。

（1）定量计时：测量受试者完成特定动作或距离所需时间的方法。

（2）定时计量：测量受试者在单位时间内完成规定动作的次数或距离的方法。

（3）极限式测量：测量受试者竭力完成规定动作或距离的方法。

（二）耐力素质的测量内容与方法

1. 一般耐力的测量

（1）800 米跑（女）或 1 000 米跑（男）。800 米跑（女）或 1 000 米跑（男）为定距离的耐力跑，能够将受试者心肺长时间工作的能力反映出来。这一测量指标对于中学至大学男、女生都是适用的。400 米、300 米、200 米的田径场地（地面平坦，质地不限），秒表、口哨、发令旗都是常使用的场地和仪器。

测量方法及要求：受试者至少 2 人一组测试，采用站立姿势站在起跑线后，当听到哨声后立即起跑。发令员在发出哨声的同时，要摆动发令旗。计时员看到旗动开表计时，当受试者跑完全程，胸部到达终点线垂直面时停表。测 1 次，以"秒"为单位记录成绩，精确至 0.1 秒。需要注意的是，测试人员在测试过程中应向受试者报告所剩的圈数，以免跑错距离；受试者应穿运动鞋、胶鞋测试，不得穿皮鞋、塑料凉鞋、钉鞋测试；记录成绩换算分秒时，要细心，防止差错。

评价：800 米跑、1 000 米跑的时间越短，则说明受试者的耐力水平就越高。

（2）12 分钟跑。12 分钟跑为定时间的耐力跑，能够将受试者心肺长时间工作的能力反映出来，这是衡量一般耐力水平较为理想的指标。这一测量指标对于初中至大学男、女生都是适用的。田径场地（400 米、300 米、200 米的场地均可），秒表、口哨、发令旗、皮尺、距离标志牌，是常用的场地和仪器。

测量方法及要求：受试者采用站立姿势站在起跑线后，听到哨声立即起跑，绕跑道跑 12 分钟。要求受试者在规定的 12 分钟内，尽力跑最长的距离。一名测试人员负责给一名受试者报圈数，当听到"停止"信号后，记下受试者所处的地点，丈量所跑的距离。测 1 次，以"米"为单位记录成绩（不足 1 米的舍去不计）。需要注意的是，参加测试之前，受试者应作健康检查，并做好准备活动；受试者应穿运动鞋、胶鞋测试，不得穿皮鞋、塑料凉鞋、钉鞋测试；第 5 分钟开始每隔 1 分钟，测试人员应向受试者报时 1 次。

评价：测验成绩（m）＝（所跑圈数×每圈的距离）＋不足一圈距离。12

分钟内跑的距离越远,则说明受试者心肺功能越好。

(3)50米×8往返跑。50米×8往返跑也称为往返耐力跑,能够将受试者的耐力素质反映出来。这一测量指标对于7—12岁的少年儿童是适用的。需要用到50米跑道若干条,道宽2~2.5米,秒表若干块。在离起点与终点线0.5米处(在场地内)各立一根标杆(杆高1.2米以上)于跑道正中。

测量方法及要求:受试者至少2人一组测试。站立姿势站在起跑线后,听到哨声立即起跑,往返4次。受试者应按逆时针方向绕杆跑,绕杆时不得碰杆或用手扶杆,不得串道。测试人员发出“跑”的口令同时开表计时,当受试者胸部到达终点线的垂直面时停表,如图5-7所示。测1次,以“秒”为单位记录成绩,精确至0.1秒。需要注意的是,测量要求与800米跑(女)或1 000米跑(男)相同。

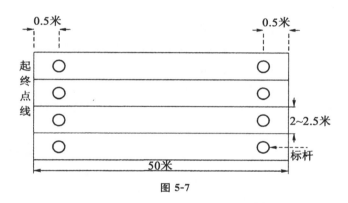

图 5-7

评价:50米×8往返跑所需时间越短,则说明受试者的耐力水平越高。

除此之外,还可以通过1 500米跑、3 000米跑、5分钟跑、6分钟跑、9分钟跑等测量指标来对一般耐力素质进行测评。

2.速度耐力的测量

速度耐力的测量主要是通过400米跑实现的,由此能够将受试者的速度耐力水平反映出来。这一测量指标对于大学生及体育专业的学生都是适用的。需要的场地和器材有400米田径场、秒表、口哨、发令旗。

测量方法及要求:受试者采用站立姿势站在起跑线后,听到哨声立即起跑,要求尽快跑完全程。测试人员发出哨声同时开表计时,当受试者胸部到达终点线的垂直面时停表。测1次,以“秒”为单位记录成绩,精确至0.1秒。需要注意的是,测量要求与800米跑(女)或1 000米跑(男)相同。

评价:400米跑所需时间越短,则说明受试者的速度耐力水平越高。

除此之外,还可以通过 300 米跑、800 米跑等测量指标来对速度耐力进行测评。

3.动力性力量耐力的测量

(1)俯卧撑(跪卧撑)。通过俯卧撑(跪卧撑),能够使受试者肩臂肌肉的力量和肌肉耐力得到反映。这一测量指标对于 12 岁至成年男女都是适用的。

测量方法及要求:俯卧撑测试前,受试者俯身两手撑地,两手分开与肩同宽,双臂伸直,手指向前。同时两足并拢,前脚掌着地,两腿向后伸直,身体保持平直。当测试人员发出"开始"口令后,受试者屈臂使身体平直下降至肩与肘处在同一水平面上,然后将身体平直撑起至开始姿势,此时为完成一次俯卧撑动作,如图 5-8 所示。按上述方法反复做至力竭为止。测 1 次,以"次"为单位记录其完成次数。女子可选用跪卧撑测试,如图 5-9 所示。需要注意的是,受试者如果出现提臀、塌腰、屈膝、臂未伸直,未保持身体平直或身体未下降至肩与肘处在同一水平面的情况时,该俯卧撑动作不计数;1 名测试人员负责 1 名受试者,报数兼指出错处;跪卧撑测验仅适用于 10 岁至大学女生,除屈膝跪地支撑外,其他姿势与俯卧撑相同。

评价:俯卧撑(跪卧撑)的次数越多,则说明受试者肩臂肌肉的力量耐力越好。

图 5-8

图 5-9

(2)引体向上。通过引体向上,能够将相对于自身体重的上肢肌群和肩带肌群的力量及动力性力量耐力反映出来。这一测量指标对于 12 岁至大学男生都是适用的。需要用到的器材为高单杠。

测量方法及要求:受试者跳起,双手采用正握方式握杠,握杠间距与肩同宽,呈直臂悬垂姿势。身体静止后,两臂同时用力向上引体(身体不得有任何附加动作),当引体上拉躯干到下颌超过横杠上缘,然后还原为直臂悬垂姿势为完成 1 次,如图 5-10 所示。按上述方法反复做至力竭为止。测 1 次,以"次"为单位记录其完成次数。需要注意的是,横杠较高时,应有相应的保护措施,测试人员要防止伤害事故的发生;当受试者由于身材较矮,不能自己跳起握杠时,可以借助他人的帮助,但测试时必须自行完成整个引体过程;在测试过程中,如受试者身体摆动,助手可帮助其稳定。但受试者借助身体摆动或其他附加动作引体时,该次不计数。

图 5-10

评价:引体向上的次数越多,则说明受试者的上肢肌群和肩带肌群的力量及动力性力量耐力越好。

(3)斜身引体。通过斜身引体,能够将受试者上肢肌群和肩带肌群的力量及动力性力量耐力反映出来,这对于女生及 12 岁以下的男生都是适用的。一副可以调节高度的低单杠是测量时需要用到的仪器。

测量方法及要求:通过调节或选用高度适宜的低单杠,使杠面的高度与受试者的胸部(乳头)齐平。受试者双手采用正握方式握杠,握杠间距与肩同宽,两腿前伸,两臂与躯干呈 90°,两脚着地,并由同伴压住两脚,使身体斜下垂。做屈臂引体,使下颌能触到或超过横杠,然后伸臂复原为完成 1 次,如图 5-11 所示。屈臂引体时,身体要保持挺直,不得塌腰或挺腹。按上述方法反复做至力竭为止。测 1 次,以"次"为单位记录其完成次数。需要注意的是,若受试者两脚移动或借用塌腰、挺腹力量引体或下颌未到达横杠时,该次不计入成绩;为避免出现伤害事故,单杠下应铺垫子,测试人员站在其后侧方注意保护;每次屈臂引体前,必须恢复到预备姿势;两次间隔时间超过 10 秒即停止测试。

图 5-11

评价:斜身引体的次数越多,则说明受试者的上肢肌群和肩带肌群的力量及动力性力量耐力越好。

(4)双杠双臂屈伸。通过双杠双臂屈伸,能够将受试者上肢肌群和肩带肌群的力量及动力性力量耐力充分反映出来,这对于小学至大学男、女生都是适用的。高双杠是测量时需要的器械。

测量方法及要求:调整两杠间距与受试者的肩同宽,受试者在杠端双手握杠,跳起成直臂支撑姿势开始重复做臂屈伸动作。屈臂时肘关节的角度应小于或等于 90°,肘高于肩,伸臂时双臂完全伸直,如图 5-12 所示。按上述方法重复做至力竭为止。测 1 次,以"次"为单位记录其完成次数。需要注意的是,受试者在做动作时,身体只能上下运动,不许前后摆动;若受试者肘关节角度大于 90°、支撑时臂未伸直、撑起时收腹、蹬腿等均不计数。

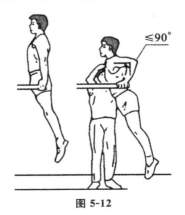

图 5-12

评价:双杠双臂屈伸的次数越多,则说明受试者上肢肌群和肩带肌群的力量及动力性力量耐力越好。

除此之外,还能够通过坐蹲跳、仰卧举腿、直腿仰卧起坐、屈膝仰卧起坐、立卧撑等指标来测量肌肉的动力性力量耐力。

4. 静力性力量耐力的测量

(1)屈臂悬垂。通过屈臂悬垂,能够将受试者上肢肌群和肩带肌群的静力性力量耐力反映出来,这对于 10 岁以上女子及不能做引体向上的男子都是适用的。常用的测量器材有高单杠、秒表、凳子。

测量方法及要求:受试者站在凳子上,用双手正握(或反握)单杠,屈臂,使下颌位于横杠之上,受试者双足离开凳面时开表计时。受试者尽量保持该姿势至力竭为止,当下颌低于横杠上缘时停表,如图 5-13 所示。以"秒"为单位记录持续时间,精确至 0.1 秒。需要注意的是,不同的握杠法(正握、反握)对测试成绩有明显影响,所以,握法要统一;若受试者的身体前后摆动,助手可帮助其稳定身体,但不得助力。若第 1 次失败,可重做1 次。

评价:屈臂悬垂的时间越长,则说明受试者上肢肌群和肩带肌群的静力性力量耐力越好。

图 5-13

(2)仰卧举腿。通过仰卧举腿,能够将受试者腹部和大腿肌群的静力性力量耐力反映出来,这对于幼儿至小学生是适用的。这一测量往往会用到垫子、秒表,在两个支架上系一根离地面 30 厘米高的橡皮筋。

测量方法及要求:受试者成仰卧姿势,头触地,两臂向两侧外展。两腿伸直,两脚并拢,举腿至脚面触到橡皮筋时开始计时。当两脚下降脚面离开橡皮筋时,令其向上举腿,若出现两脚第 2 次下降时停止计时,如图 5-14 所示。以"秒"为单位记录持续时间,精确至 0.1 秒。需要注意的是,测验时头和躯干不能离地,不得屈腿。

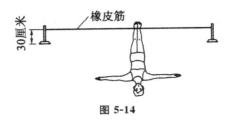

图 5-14

评价:仰卧举腿的时间越长,那么受试者腹部和大腿肌群的静力性力量耐力就越好。

除此之外,还可以通过马步测验(大腿部肌肉)、手倒立测验(上肢和肩部肌肉)、背肌耐力测验(背部肌肉)等指标来对静力性力量耐力进行测量。

三、耐力素质测量的注意事项

(1)在测量时,要积极向受试者做必要的宣传工作,鼓励受试者尽力完成测验。

(2)要求每个测试者负责一名受试者的测量,并且将错误动作及时、明确地指出。错误动作不计入成绩。

(3)耐力测量都是测 1 次,测量后应让受试者自行放松。

(4)可用定时计数的形式测验肌肉耐力,时间以 30 秒或 1 分钟为宜。

第四节 柔韧素质测评

一、柔韧素质的概念与分类

(一)柔韧素质的概念

柔韧素质是指人体关节在不同方向上的运动能力,以及肌肉、韧带的伸展能力。柔韧素质能使速度素质、力量素质的充分发挥,动作的协调性,动作幅度的增加以及伤害事故的预防得到有力的保证。柔韧素质的好坏能够在一定程度上影响运动员竞技能力的高低,同时,在保证中老年人的周围神经及血管的正常生理机能方面,起着不容忽视的作用。因此,柔韧素质的测定越来越受到重视。关节结构、关节的灵活性、韧带及肌肉的弹性和神经系统对肌肉的调节能力等,在很大程度上决定着柔韧素质的好坏。

(二)柔韧素质的分类

一般,可以将柔韧素质分为绝对柔韧素质和相对柔韧素质两个方面。其中,绝对柔韧性是指反映受试者本身或身体某部位所具有的柔韧性。相对柔韧性是指受试者身体某一部位的柔韧性与另一部位(肢体)之比的一个相对值。

二、柔韧素质测量的具体操作

(一)柔韧素质的测量形式

以柔韧素质的分类为依据,可以将柔韧素质的测量形式分为两种,即绝对柔韧素质测量和相对柔韧性素质测量。

(二)柔韧性的测量内容和方法

1.绝对柔韧素质的测量

(1)坐位体前屈。通过坐位体前屈,能够将受试者躯干和下肢各关节可能达到的活动幅度,以及下肢肌群、韧带的伸展性和弹性反映出来。这对于儿童至老年人都适用。坐位体前屈测量计、薄垫子是常用的测量器械。

测量方法及要求:受试者坐在垫子上,两腿伸直,足跟并拢,足尖自然分开踩在测量计平板上。两臂及手指伸直,两手并拢,掌心向下,上体尽量前屈,用两手中指尖轻轻推动标尺上的游标向前滑动,直到不能继续前伸为止,不得做突然下振动作,如图 5-15 所示。以"厘米"为单位记录成绩,精确至 0.1 厘米。测 2 次,取最佳成绩。测量计"0"点以上为负值,"0"点以下为正值。需要注意的是,测试前,受试者应做好准备活动,以防测试时造成软组织拉伤;发现受试者膝关节弯曲、两臂突然下振或用单手下推游标时应重做。

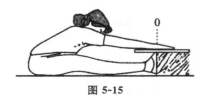

图 5-15

评价:坐位体前屈测量值越大,则说明受试者躯干和下肢各关节以及下肢肌群和韧带的伸展性和弹性越好。

（2）俯卧背伸。通过俯卧背伸，能够将受试者躯干和颈部的伸展能力反映出来。这对于 6 岁至大学男、女生都是适用的。可以用直尺进行测量。

测量方法及要求：受试者俯卧于地，两腿伸直，两脚分开 45 厘米左右，双手互握置于脑后，另一同伴帮助固定受试者的两腿。然后令受试者仰头、尽力伸背。测试者在其前方，当受试者后仰至最高点时，迅速测量下颌点至地面的距离，如图 5-16 所示。测 2 次，以"厘米"为单位记录最佳成绩。需要注意的是，测试前受试者要做好准备活动。

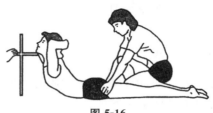

图 5-16

评价：俯卧背伸的测量值越大，则说明受试者躯干和颈部的伸展能力越好。

除此之外，还有前后劈腿（图 5-17）、左右劈腿（图 5-18）、转体（图 5-19）及关节运动幅度的测量（图 5-20）等测量绝对柔韧性的方法。

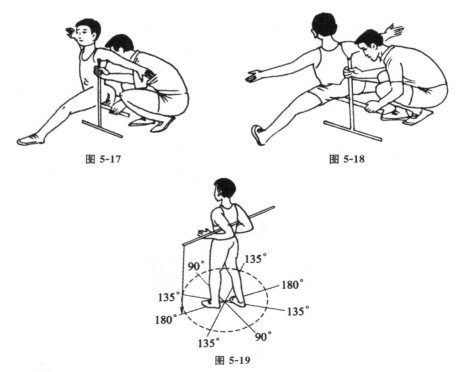

图 5-17　　　　　　　　　　　　图 5-18

图 5-19

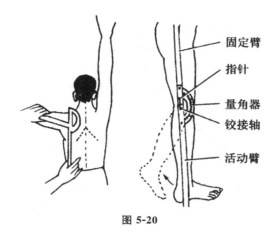

固定臂
指针
量角器
铰接轴
活动臂

图 5-20

2. 相对柔韧素质的测量

(1)后屈体造桥。通过后屈体造桥,能够将受试者脊柱伸展的能力反映出来。这对于6岁至大学男、女生是较为适用的。地板、测量尺是常用的测量工具。

测量方法及要求:测量受试者的脐高(地面至脐点间的距离)后,令受试者仰卧于地,两手分开与肩同宽,双手在颈部两侧反掌,屈膝,两脚分开与肩同宽。手脚同时用力,缓慢撑起身体,头后仰,手脚尽量靠近,肘关节和膝关节伸直,使身体呈弓形(桥状)。当受试者将身体撑起至最高点时,迅速测量地面至背弓内侧最高点的距离,如图5-21所示。测2次,以"厘米"为单位记录最佳成绩。需要注意的是,测试前受试者要做好准备活动。

图 5-21

评价:后屈体造桥的成绩＝脐高一桥高。后屈体造桥的成绩越小(桥高越接近脐高成绩越好),就说明受试者脊柱伸展的能力越好。

(2)俯卧抬臂。通过俯卧抬臂,能将受试者肩关节和腕关节的伸展能力反映出来。这对于6岁至大学男、女生是适用的。地板、测量尺、圆木棍或竹竿(直径为 2 厘米左右,长为 1 米)是会用到的测量工具。

测量方法及要求:测量受试者的臂长后,令受试者俯卧,下颌着地,两腿伸直,双臂前伸,两手正握木棍与肩同宽,然后两臂尽量上抬,也可伸腕。当受试者两臂抬至最高点时,迅速测量地面至木棍中央下缘的距离,如图5-22所示。测 2 次,以"厘米"为单位记录最佳成绩。需要注意的是,测试前受试者要做好准备活动;肘关节伸直,双臂应保持在同一水平面上;测量结束前,受试者的下颌要始终着地。

评价:俯卧抬臂的成绩=臂长-抬臂高。俯卧抬臂的成绩越小,则说明受试者肩关节和腕关节的伸展能力越好。

(3)转肩。通过转肩,能够将受试者肩关节的柔韧素质反映出来。这对于 6 岁至大学男、女生都是适用的。皮尺(2 米长)是测量的主要工具。

图 5-22

测量方法及要求:受试者直立,测量肩宽后,令受试者两手正握皮尺(左手的虎口与皮尺的"0"位对齐),两臂同时上抬,经头上绕至体后。两臂保持同一平面,两手间距应刚好能使两臂绕到体后,然后两手握着皮尺再由体后绕至体前,如图 5-23 所示。以"厘米"为单位记录两虎口之间的距离,测 3

图 5-23

次,取最佳成绩。需要注意的是,测试前要做好肩关节的准备活动;测量时两臂伸直,身体不得扭动,不得提足跟;两臂由体后绕至体前时,两手紧握皮尺,不能滑动。

评价:转肩的成绩＝握距－肩宽。转肩的成绩越小,则说明受试者肩关节的柔韧性越好。

三、柔韧性测量的注意事项

(1)要求受试者在测量前要做好充分的准备活动。测量时动作勿过大或过猛,从而避免拉伤。同时,还要由一同伴保护并协助其完成测量。

(2)受试者在测量中要积极配合测试者,当受试者身体处于最大伸展部位时,要尽量稳定一定时间,以便测量。另外,还要求测试者动作要迅速、准确。

(3)有些实测值是越大越好,有些值是越小越好,要有所区别。

第五节　灵敏素质测评

一、灵敏素质的概念与分类

(一)灵敏素质的概念与分类

灵敏素质是指人体在各种复杂的条件下,快速、准确、协调地完成改变身体姿势、运动方向和随机应变的能力。它与很多因素都有着密切的联系,如,年龄、性别、疲劳程度、体型和神经类型等。与此同时,还与力量、速度和协调性等素质有密切关系,由此可以说,灵敏素质是一项内容复杂的综合身体素质。

(二)灵敏素质的分类

以体能训练目的和项目类型的不同为依据,可以将灵敏素质分为一般灵敏素质和专项灵敏素质。其中,一般灵敏素质,是指在各种活动中,人体在突然变换条件下,迅速、准确、合理完成各种动作的能力,是灵敏素质发展的基础。专项灵敏素质,是指在专项体能训练中,迅速、准确、协调自如地完成专项技术和战术动作的能力,是在一般灵敏素质的基础上,多年重复技战术训练和提高专项技能的结果。

二、灵敏素质测量的具体操作

(一)灵敏素质的测量形式

灵敏性的测量形式主要有 3 种,即疾跑方向的转换、身体位置的变化和身体局部的方向转换。

(二)灵敏素质的测量内容和方法

1. 往返跑(10 米×4)

通过往返跑(10 米×4),能够将受试者的速度及在快跑中急停、急起和快速变换动作方向的能力反映出来。这对于 7 岁至大学男、女生是适用的。测量需要用到的场地和器材有:10 米×4 的直线跑道若干条,在跑道的两端线(S_1 和 S_2)外 30 厘米处各画一条横线,如图 5-24 所示;木块(5 厘米×5 厘米×10 厘米)4 块,其中 1 块放在 S_1 线外的横线上,2 块放在 S_2 线外的横线上;秒表若干块。

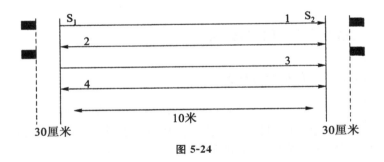

图 5-24

测量方法及要求:受试者手持一木块站在起跑线后,当听到"跑"的信号后,迅速从 S_1 线跑向对侧的 S_2 线外的横线上,用一只手交换木块随即往回跑,跑到 S_1 线外的横线上再交换木块,然后再跑向 S_2 线外的横线上交换另一木块,最后持木块冲出 S_1 线,记录跑完全程的时间。以"秒"为单位记录 4 次往返所用时间,精确至 0.1 秒。需要注意的是,受试者不准抛木块,不能用双手交换木块;受试者取放木块时,脚不能越过 S_1 线和 S_2 线,违例者重测。

评价:10 米×4 往返跑所需时间越短,则说明受试者的速度及在快跑中急停、急起和快速变换动作方向的能力越强。

2."十字"变向跑

通过"十字"变向跑,能够将受试者在快跑中快速变换身体方向的能力反映出来。这对于 10 岁至大学男、女生都是适用的。用到的场地和器材有:平坦场地、秒表、5 个标杆、口哨。

测量方法及要求:受试者站在起跑线后,听到起跑信号后快速跑向 E杆,经 E 杆后依次绕过 B、C、D 杆。每绕一杆都必须经过中央的 E 杆,绕杆时均按顺时针方向向右侧变向。最后一次经 E 杆后,应向终点快速冲刺,如图 5-25 所示。以"秒"为单位记录成绩,精确至 0.1 秒。测 2 次,取最佳成绩。需要注意的是,受试者测试时只能穿运动胶鞋,不得穿钉鞋、皮鞋、凉鞋测试;一律采用站立式起跑;跑动时不能碰杆或用手扶杆。

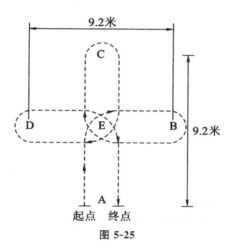

图 5-25

评价:"十字"变向跑所需时间越短,则说明受试者在快跑中快速变换身体方向的能力越强。

3.反复侧跨步

通过反复侧跨步,能够将受试者快速向两侧变换运动方向的能力与动作的协调性反映出来。这对于儿童至成年人都是适用的。该测量需要在平坦场地上画 3 条平行线(12—29 岁:间距 1.2 米;不足 12 岁和 30 岁以上:间距 1.0 米),还需要秒表、5 个标杆、口哨。

测量方法及要求:受试者双脚骑跨在中线上,取半蹲姿势。听到开始信号后,迅速向右侧跨步移动,按"中线—右—中线—左—中线……"的顺序反复移动,每通过(触及或跨过)一线,计 1 次,记录 20 秒内所通过的次数,如

图 5-26 所示。测 2 次,以"次"为单位记录最佳成绩。需要注意的是,要选择不滑的场地或在土场地上测试,线不清楚时要及时画线。

评价:反复侧跨步的次数越多,则说明受试者快速向两侧变换运动方向的能力与动作的协调性越好。

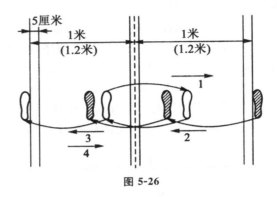

图 5-26

4.10 秒立卧撑

通过 10 秒立卧撑,能够将受试者快速变换身体姿势和准确协调地完成动作的能力反映出来。这对于 10 岁至大学男、女生是适用的。该测试需要用到平坦场地、秒表。

测量方法及要求:受试者身体直立,听到开始信号后,按顺序快速完成下列动作:

(1)屈膝,双手在足前撑地成蹲撑。

(2)双腿向后伸直成俯撑。

(3)双腿收回,还原成蹲撑。

(4)起立,还原成开始姿势,如图 5-27 所示。

图 5-27

按上述要求完成四个动作为立卧撑 1 次,连续做 10 秒,记录完成立卧撑的次数,测 2 次,取最佳成绩。需要注意的是,受试者成俯撑时,头、躯干及下肢应挺直成一直线,起立还原时身体要直立;屈膝,双手在足前撑地成蹲撑时,双手与脚距离不能太远;在四个动作中,只要有一个动作不合要求,则不予计数。

评价:10 秒立卧撑的次数越多,则说明受试者快速变换身体姿势和准确协调地完成动作的能力越强。

5.象限跳

通过象限跳,能够将受试者在快速跳跃中,支配肌肉运动和克服身体惯性的能力反映出来。这对于 10 岁至大学男、女生都是适用的。该测试需要用到平坦场地、秒表。

测量方法及要求:受试者站在起点线后,听到信号后双脚并拢,并按以下顺序跳跃:起点→1→2→3→4→1……,如图 5-28 所示。按此法反复跳 10 秒,每跳入 1 个象限计 1 次,

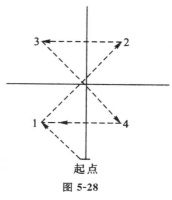

图 5-28

以"次"为单位计数,测 2 次,取最佳成绩。需要注意的是,受试者跳跃时必须双脚同时起跳,同时着地;踏线或跳错象限 1 次,则扣除 0.5 次。

评价:象限跳的次数越多,则说明受试者在快速跳跃中,支配肌肉运动和克服身体惯性的能力越强。

除此之外,还可以通过"十字"跳(图 5-29)、蛇形跑(图 5-30)、飞镖式跑(图 5-31)、Z 字形跑(图 5-32)等指标来对灵敏素质进行测量。

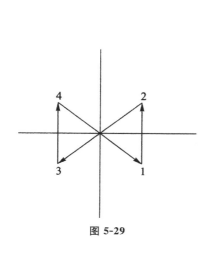

图 5-29

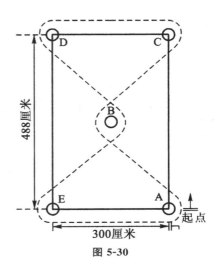

图 5-30

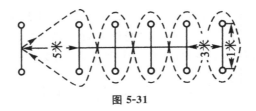

图 5-31

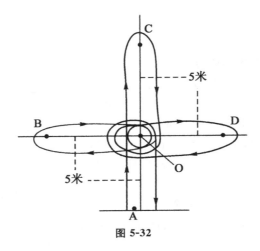

图 5-32

三、灵敏性测量的注意事项

（1）要以受试者的性别、年龄、群体特征为依据来选择适宜的灵敏性测量方法。

（2）要对动作规格、完成次数、测试时间等测量条件进行严格控制。

（3）测试前应做好充分的准备活动，并指导测试者进行必要的练习。

第六节　协调能力测评

一、协调能力的概念与分类

（一）协调能力的概念

协调能力是指机体不同系统、不同部位和不同器官协同配合完成某一动作或技战术活动的能力,是形成运动技能和技术的基础。一般来说,协调能力好的人做一个动作或参加一项运动时,身体各部位会配合得很好,且动作协调优美;相反,协调性差的人,做出的动作可能会生硬、别扭。

一个人神经系统的灵活性、个性心理特征、智力水平、运动技巧的储存数量、运动能力的发展水平等因素,都会在不同程度上影响到其协调能力水平。

(二)协调能力的分类

通常情况下,可以将协调能力分为两种类型:一种是一般协调能力,另一种是专项协调能力。

二、协调能力测量的具体操作

(一)协调能力的测量形式

通常情况下,协调能力的测量形式有按固定的路线移动所需要的时间、在规定的时间内所完成动作的次数、掷远的距离及准确性等。

(二)协调能力的测量内容和方法

1.足球曲线运球

通过足球曲线运球,能够将受试者在运动中既要观察目标,又要在快速移动中完成运球的协调能力反映出来。这对于 10 岁至大学男、女生适用。测量会用到秒表、足球、平坦场地、6 个标志物、皮尺。

测量方法及要求:受试者站在起点线后,听到开始信号后出发,利用两脚按箭头方向绕标志物运球,快速回到起点,如图 5-33 所示。测 2 次,以"秒"为单位记录成绩,取最佳成绩。需要注意的是,受试者没有按规定的路线绕标志物运球时,视为失败;从起点出发时,测试者看到受试者脚触球,即开表计时。

评价:足球曲线运球所需的时间越短,则说明受试者的协调性越好。

2.双脚连续跳

通过双脚连续跳,能够将受试者在连续跳跃过程中的速度感、节奏感以及眼与脚的协调能力反映出来。这对于 3 岁至 6 岁的幼儿是适用的。该测量需要用到秒表、皮尺、软方包(长 10 厘米,宽 5 厘米,高 5 厘米)10 个。在平地上按直线每间隔 50 厘米放置一个软方包,第一块软方包前 20 厘米处画一条"起跳线"。

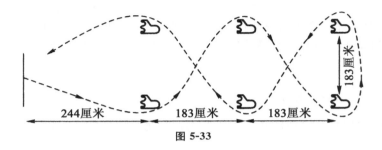

图 5-33

测量方法及要求:受试者两脚并拢站在"起跳线"后,当听到"开始"信号后,双脚开始向前起跳,连续跳过 10 个软方包停止,如图 5-34 所示。从受试者在"起跳线"起跳时开始计时,当跳过最后一个软方包双脚落地时停表。以"秒"为单位记录成绩,精确至 0.1 秒,测 2 次,取最佳成绩。需要注意的是,如果受试者出现跨过软方包、脚踩在软方包上、将软方包踢乱或两次单脚起跳等情况,要立即停止测试,重新开始;如果一次跳不过 1 个软方包,可以 2 次跳过。

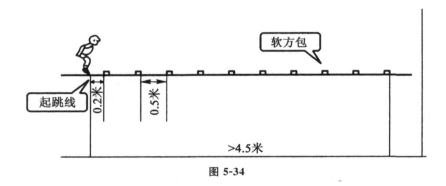

图 5-34

评价:双脚连续跳测验的时间越短,则说明受试者的节奏感、眼与脚的协调能力越强。

3. 对墙传球

通过对墙传球,能够将受试者在连续传球过程中的反应速度、对球反弹的节奏感以及眼与手的协调能力反映出来。这对于 10 岁至大学男、女生是适用的。该测量需要用到秒表、排球,在离墙 2.75 米处平行画一条 5 厘米宽的限制线。

测量方法及要求:受试者持球站在限制线后,当听到开始信号后,对墙反复传球(传球方式不限),记录在 15 秒内传球的次数,测 3 次,取最佳成绩。需要注意的是,受试者球失控时令其拾球返回限制线后继续传球;受试者不能超越限制线传球。

评价:对墙传球的次数越多,则说明受试者的反应速度、对球反弹的节奏感以及眼与手的协调能力越好。

4.投远(垒球、网球、手球、实心球等)

通过投远,能够将受试者全身做动作的协调能力反映出来。该测量对于 12 岁以下的受试者,可以用垒球、网球、沙包;12 岁及以上的受试者则可以用手球或实心球。除此之外,还会用到皮尺、投掷球。投垒球、网球的场地是方形,间隔 0.5 米画线,如图 5-35 所示。投手球和实心球的投掷圈直径为 2 米,投掷区域是圆心角为 30°的扇形,并从 8 米处开始,每间隔 1 米画一条同心圆弧,如图 5-36 所示。

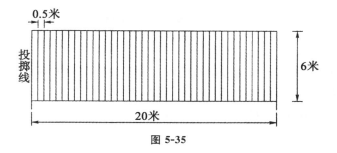

图 5-35

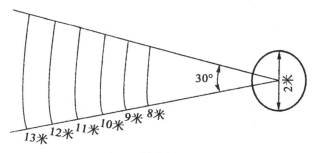

图 5-36

测量方法及要求:受试者投掷前可以助跑 3~5 步,向投掷区域内用力投掷(须由肩上将球掷出)。以"米"为单位记录成绩,不足 1 米的舍去不计,投 3 次,取最佳成绩。

评价：受试者投掷的距离越远，则说明其协调能力越好。

5.投准

通过投准，能够将受试者的视觉与上肢做动作的协调能力反映出来。这对于 7 岁至老年人都是适用的。该测量会用到高 60 厘米、宽 40 厘米，其下缘离地面的高度为 60 厘米的投掷靶，如图 5-37 所示，标准垒球若干个。

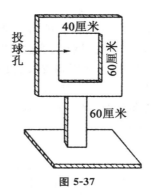

图 5-37

测量方法及要求：靶与投掷线的距离根据投掷者的年龄而定，即 9 岁为 9 米，10 岁为 10 米，11 岁为 11 米，12 岁为 12 米，13 岁以上一律 13 米。令受试者手持垒球站在投掷线后，原地将球经肩上投向靶心，共投 10 次，计算命中率。

评价：命中率＝中靶次数/10×100％。投掷的命中率越高，则说明受试者的视觉与上肢做动作的协调能力越好。

除此之外，还可以通过"8 字"跑（图 5-38）和曲线运球（篮球）（图 5-39）等指标来测量协调能力。

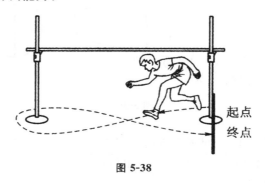

图 5-38

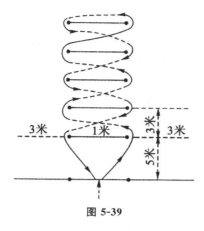

图 5-39

三、协调性测量的注意事项

(1)受试者在测试前要做好充分的准备活动,避免受伤。

(2)测试前对测试者进行必要的指导和练习。

(3)对动作规格、完成次数、测试时间等测量条件进行严格控制。

第七节　身体素质成套测评

一、常用的身体素质成套测评

(一)巴罗运动能力测验

通过巴罗运动能力测验,能够将学生的身体素质及运动能力反映出来。这对中学至大学男、女生都是适用的。

测验指标:

第一套:立定跳远、垒球掷远、Z 字形跑、对墙传球(15 秒)、推实心球(6 磅,约 2.722 千克)、60 码(55 米)冲刺。

第二套:立定跳远、推实心球(6 磅,约 2.722 千克)、Z 字形跑。

评价:一般运动能力=2.2×立定跳远+1.6×垒球掷远+1.6×Z 字形跑+1.3×对墙传球+1.2×推实心球+60 码冲刺。

（二）斯科特运动能力测验

通过斯科特运动能力测验,能够将学生的身体素质及运动能力反映出来,并且将其用于诊断学生运动能力的缺陷及分组教学。这对于中学至大学男、女生都是适用的。

测验指标:篮球投远、4秒跑、对墙传球(15秒)、立定跳远、障碍跑。

评价:

(1)第一套测验(4项):

成绩=0.7×篮球投远+2×4秒跑+对墙传球+0.5×立定跳远。

(2)第二套测验(3项):

成绩=2×篮球投远+1.4×立定跳远+障碍跑。

（三）埃默里大学运动能力测验

这一测验主要是针对大学男生进行的。测验指标主要有垒球掷远、纵跳、60码(55米)快跑、篮球运球跑。

（四）勒森运动能力测验

这一测验的主要对象是大学男生。测验指标主要有以下两种:

(1)室内测验指标:躲闪跑、低单杠弧形前摆下、引体向上、双杠屈臂伸、纵跳。

(2)室外测验指标:棒球掷远、引体向上、低单杠弧形前摆下、纵跳。

（五）卡膨特运动能力测验

这一测验主要是针对小学生的。一般运动能力分数的计算公式如下:

(1)男生:一般运动能力=立定跳远+2.5×铅球+0.5体重。

(2)女生:一般运动能力=立定跳远+1.5×铅球+0.05体重。

需要注意的是,铅球的重量为4磅(约1.814千克)。

二、身体素质成套测评的选用依据

选用科学合理的身体素质成套测评,需要遵循的依据主要有以下几个方面:

第一,测试者的研究或测量的目的。

第二,受试者的年龄、性别、发育水平以及运动能力。

第三,包括场地器材、测试人员等在内的各种测量的条件。

第四,有关测验编制与实施的要求。

第六章　心理健康与社会适应力
测评的理论与操作方法

对于心理健康与社会适应力的测定也需要遵循一定的理论,并且严格遵循操作方法才能获得科学、正确、准确的测量结果并做出科学评价。本章就心理健康与社会适应力测评的理论及操作方法进行研究,内容包括心理健康与社会适应力的关系、测评的基本理论、心理健康测评和社会适应力测评。

第一节　心理健康与社会适应力的关系

这些年来,对于心理健康与社会适应力的关系,出现了很多不同的观点,一些人认为,对于心理健康来说,社会适应是其一个非常重要的方面;也有人说,就实质来说,心理健康就是社会适应;但还有一些人对心理健康标准中的社会适应观点持反对态度。

江光荣(1996)对这些分歧曾作了这样的分析:近年来,一些人从个人行为的相关内容以及社会意义方面来对社会适应加以考虑,他们是站在个人之外的,从社会规范来对问题进行看待,这就使得他们容易将社会适应视为对社会规范进行习得或遵守的道德问题,从而容易将心理健康从社会适应引导到道德品行,在面对心理健康的社会适应观点时,自然会持反对态度;而心理学家的心理健康标准是从行为的功能及其个人意义来看待社会适应的,是站在个人一方,根据该行为的心理机能属性及其个人适应和发展意义来看问题的。而无论是对个人心理机能评估,还是对个人适应和发展意义的考察,都要诉诸个人与环境的互动关系的分析,也就是说诉诸对个人社会适应状况的分析。因此,从社会适应角度分析心理健康的含义和标准应该是合理和科学的。

对于心理健康,陈建文(2004)认为,它是一个综合性的概念,确立心理健康标准时,需要有很多依据来提供支持,所以社会适应只是对心理健康更难进行考察的一个视角而已。他认为,可以用"社会适应性"来对人们适应社会所需要的心理素质进行概括,它是人们在长期的社会适应过程中形成的人格特征,也在人们适应社会的过程中表现出来。它影响个体对社会压力的感受和理解,也关心集体与个体采取什么样的应对策略适应社会。心理健康标准在第 3 届国际心理卫生大会上得以提出,"适应环境,人际关系良好"便是其中的一条。国内外众多学者在论述心理健康的含义时也无一例外地提到了社会适应的重要意义。例如,心理学家马斯洛提出的心理健康十大标准中,第一、第四条分别是"有充分的安全感"和"与现实环境保持接触",就强调了这一点。

社会适应可以分成 3 个方面,分别是心理机制、心理结构和心理功能。对以上 3 个方面与心理健康的关系进行分析,能够很好地解决以下 3 个问题:个体的社会适应是怎样影响心理健康的? 什么样的社会适应心理素质能够为心理健康提供保证? 从社会适应的角度如何认识心理健康?

(1)所谓社会适应的心理机制就是指面对不断变化和发展中的社会生活环境,人们如何去进行适应。这个过程既能够满足个体的自身需要,促使个体潜能得到发展,树立良好的自我形象,同时通过对各种社会规范进行掌握,形成适应社会的行为模式,更是个体在必要的时候协调自我的需要与外在环境要求的关系的过程。

(2)社会适应的人格素质从社会适应过程来看,主要包括以下几个方面。

首先,对于所处社会环境,个体要有理解和控制的心理优势感,这主要表现为自信心、控制感、自主性等方面。有研究表明,具有心理优势感的人更容易体验到成就感、幸福感,更容易与他人建立良好的人际关系,从而容易达到积极的心理状态;而那些缺乏控制感、自信心和自主性的人则更容易情绪低落、成就感低,甚至更容易得抑郁症和焦虑症等心理疾病。

其次,面对外在复杂的社会环境,个体要具有足够的心理资源来加以应对,而这种心理资源主要包括两个方面。

①认知资源,也就是说,要能够采用有效的应对策略,具有应对压力、解决问题的能力和经验。

②人格资源,也就是说,对于自身的人格潜能,个体要进行充分的挖掘,使人格优势得以充分发挥,以对现实问题加以解决。

很显然,缺乏能力和经验的人,肯定不能适应社会,从而导致个人的无能感和生存危机感;而缺乏人格活力的人也最终陷入人际孤独和社会退缩。

再次,从根本上来说,社会适应就是指人际适应。这就要求个人要具有对人际环境进行适应的一些人格特征,如合作性、信任感、乐群性、利他倾向等。合作者理智、友好,善于与人相处;信任者坦诚、诚实、真实,愿意与人相处;乐群者热情、活泼,乐于与人相处;利他者慷慨、助人、慈善,能够与人相处。这些人格特征保证个体拥有良好的人际关系。

最后，面对外在压力，个体还要具备持续进行应对的心理素质，也就是心理弹性。个体只有具备这种人格素质，在面对持续的应激情境时，往往能够表现出灵活、镇定、乐观、坚强，反之就会表现为刻板、冲动、颓废、懦弱。

（3）有的人认为，心理症状发生率同外在的压力成正比关系，同个体的自我强度成反比关系。这里所说的自我强度就是指人的心理弹性。从社会适应功能来看，和谐和平衡是心理健康的本质。

①个体与社会环境之间的外在平衡关系，这种平衡是动态的平衡，发展的平衡，也是体现个体主观能动性不断发挥的平衡。

②个体内在的心理和谐关系，这种和谐是内在心理成分的和谐，也是心理机能的和谐，还是心理和行为关系的和谐。

外在平衡同内在的和谐是相互依存、互为因果的。对于外在平衡来说，内在和谐是基础，同时外在平衡对内在和谐起促进作用。

综上可知，心理健康同社会适应力有着非常密切的关系，并且社会适应性同个人的应激水平有着直接关系。面对客观事物，个人的反应应包含重新调整心理、行为，适应新环境的因素，这是一种个体适应性保护机制。每个人在社会生活中，心理应激反应都是不可避免的，短暂、适度的心理紧张能激活个体的行为，使其精力旺盛、思维清晰、行为准确、维持工作和学习效率，从而保持心理健康。

第二节　心理健康与社会适应力测评的基本理论

一、心理健康的基本理论

（一）心理健康测量的实质

心理健康测量就是指通过采取一系列的检查措施来清楚自己或他人的心理健康状况。心理健康测量需要遵循一定的规范和标准，其结果也是通过采用一定的赋值方式产生并且具有非常明确的定性特征。因此，从实质上来说，心理健康测量是采用某种被认为能反映人的心理健康状况的标准化尺度，对人的心理行为表现予以划分，以推断其心理特征结构在健康维度上所处位置的方法。需要注意以下几点：

（1）同物体的物理特性有所不同的是，人的心理健康特性是人脑中看不见、摸不到、内在的东西，不能进行直接的测量，只能采用间接的方法来进行测量。因此，心理健康测量一般都属于间接测量。

（2）人的心理健康同人的外显行为存在一定的联系，心理健康的特质往往会通过人的外部行为表现出来。因此，人的心理健康特质可以通过测量其外显行为间接推断。

（3）不管是人的心理健康特质还是人的外显行为表现，都是无穷无尽、丰富多彩的，它们之间的关系是错综复杂的。因此，在进行心理健康测量时需要引入一定的理论框架来对心理健康特质和外显行为特征进行约定，并建立相应的行为样本。

（4）只有通过采用标准化的工具才能对心理健康进行测量。不同的心理健康测量内容和属性，所采用的测量水平工作也是不同的，包括等级量表、类别量表、等距量表和比率量表等。

（二）心理健康测量的种类与方法

1.心理健康测量的种类

从不同的角度可以对心理健康测量加以分类，但由于测量的目的和测量对象对测量的性质有规定作用。因此，以测量的目的和对象作标准对心理健康测量进行分类，是一种比较有价值的分类。

根据不同的测量对象和测量目标，心理健康测量可以被分为教育性、发展性和治疗性心理健康测量，具体如下。

（1）教育性心理健康测量。教育性心理健康测量是为了让教师、家长等对学生或孩子的心理健康状况有更为深入的了解，以便对心理健康教育进行更为有效的实施，其测量对象既可以是学生或孩子本人，也可以是其他一些了解特定学生或孩子的成人。这类测量通常要借用专门的量表，对实施程序和测量结果的解释都有较高的技术要求，因此施测者应由受过心理测量专业训练的人来承担。

（2）发展性心理健康测量。发展性心理健康测量是指为了使被测试者能够得到更好的发展和完善，而有针对性设计的心理健康测量，其对象通常是尚未发现有心理异常的人。

这一类测量对量表、实施程序和测量结果的解释等没有很高的要求，可以设计或借用一些简易的测量工具，让被试者自测自评，达到了解自我、发展自我、监测自我的目的。

（3）治疗性心理健康测量。治疗性心理健康测量是指为了针对被怀疑有心理异常的学生做出相应的心理疾病或心理障碍的诊断所采用的心理健康测量。这一类测量一般都是由心理咨询或心理测量专业工作者来进行,对各种测量工作的技术指标有着很高的要求,如在效度、信度等方面的要求非常高;在施测过程中应严格遵守操作程序,对测量的结果必须依据常模谨慎地加以解释,且不宜公开。

2.心理健康测量的方法

在心理健康测量中常用的方法主要包括以下几种。

(1)自然观察评估法。自然观察评估法是指依靠感官或借助于一定的仪器,如单向玻璃、望远镜等,观察者在一定时间内对被试者在完全自然的条件下发生的动作行为、语言、表情和基本外貌、形态等进行有计划、有目的的考察,并针对考察所获得的结果进行分类描述和对照,从而做出类别判断。这种方法在操作程序上往往比较简便易行,虽然其量化水平比较低,但实用性强,应用广。

(2)作业量表法。在心理健康测量中,作业量表法是其中一个比较严格的测验方法,它主要是根据一定的标准操作规程,采用作业的形式来行使刺激,对被试者进行引导,使其做出答案,从而对个体智能发展状况进行测定的一种测量方法。这种方法对诊断儿童早期的心理健康状况有较高的应用价值。自比纳——西蒙量表问世以来,作业量表法测验日趋完善,现已成为心理健康测量中较为成熟的一种。

(3)心理投射法。心理健康测量中,心理投射法也是一个比较严格的测验方法,其基本形式有两种,分别是主题统觉测验和墨渍测验。

①主题统觉测验。主题统觉测验是在1935年,由美国哈佛大学摩根和默里共同编制而成。它没有统一的记分方法,对回答的分析重质不重量,主要看其心理倾向。测验材料为30张含义不清的人物图片(其中有1张为空白卡片),有些是共用的,有些分别适用于不同的性别和年龄。每个测验用20张图片,分两次测量,每次做10张。测验时一次取一张呈现给被试者,要求他根据图片的内容讲一个故事。第二次测验时要求被试者将故事讲得更生动形象并带有戏剧性。然后出示一张空白卡片,让被试者想象上面有图画并根据"图画"的内容来讲故事。很多测验者认为,被试者讲述的故事反映他的隐秘的需要、情绪、矛盾冲突及感受到的外界压力,并从这一张图画到下一张中表现出一致的主题。

②墨渍测验。瑞士精神科医生罗夏首创的一种心理测验。这种测验的材料是,将墨水涂在纸上,折叠成对称的墨水污渍图,测验的实施包括自由联想和询问两个阶段。

在自由联想阶段,让被试者看图后回答所看出的东西,对每一图可作多个回答。

在询问阶段,要问被试者为什么看到这种东西。墨渍测验适用于成人和儿童,主要用作性格测验。临床上可用于诊断病人的内心冲突。

这两种测验是通过呈现一定的刺激材料(一般是没有明确意义的刺激材料)让被试者加以解释或者要求他们把这些刺激材料组织起来。

这种方法的基本假设就是,当一个人处于一个没有明确意义的刺激情境之中时,他通常会在刺激情境中将能够反映自己特有的人格结构强加其中。如果知道了一个人如何对那些意义不明确的刺激情境进行解释和组构,就有可能推论出有关个体人格结构的一些问题。在心理疾病或精神病的检查中,心理投射法有着非常广泛的应用。

(4)自陈量表法。自陈量表法大都是采用自我报告的形式呈现出来,也就是说,针对所拟定测量的个性特征编制若干测题(陈述句),被试者将这些问题做出书面答案,依据其答案来衡量评价某项个性特征,是心理测试中最常用的一种自我评定问卷方法。自陈量表法不仅可以测量外显行为(如态度倾向、职业兴趣、同情心等),同时也可以测量自我对环境的感受(如欲望的压抑、内心冲突、工作动机等)。

(5)心理实验法。心理实验法是指通过对一定条件进行有目的的严格控制或创设,人为地引起或改变某种心理现象,并进行记录的研究方法,主要包括情境控制法和仪器测量法。

情境控制法是遵循一定的理论假设,将被试者安置到事先已经设计好的一些要求做出特定行为或反应的环境之中,然后对他们的行为进行观察和记录,并做出相应评定的测量方法。这种方法常用于学校教育和人事招聘中。

(6)仪器测量法是通过对现代科学技术的最新成果进行广泛应用,如计算机技术、机器人技术、脑化学分析技术、核磁共振技术等,因而它是最先进的和最高层次的测量,但目前大多数只用于对心身疾病诊断方面的测量。

(7)自省法。自省法是在一定的理论指导下,通过刺激材料的引导,由当事人对自己的心理、语言、行为进行系统的内省,并同外部标准比较,以判断自己的心理健康类别的方法。

上述这些测量方法各有自身的优点。

(1)自然观察评估法能考察到人在自然状态下的语言行为、情绪情感特征,并且对测量某些特殊人群的心理健康状况有独特的价值。

(2)作业量表法主要用于各种能力的测量。

（3）自陈量表法、心理投射法主要用于人格的各种测量。

（4）心理实验法可以测量人的心身疾病、认识水平、情绪特征以及性格、气质等。

不管是采用哪一种方法，如果只是从方法本身来说，很难对这些方法的优劣进行评价。测量方法所具有的作用只有与测量的对象和测量目的等联系起来，才能得到真正有效的发挥。例如，自陈量表法对于帮助大学生了解自己的心理健康状况，进行自我防御，通常是比较有效的，但对于幼儿心理健康咨询来说，恐怕就难以派上用场了。

需要注意的是，测量对象和测量目的具有分类标志的作用。换句话说，就是根据不同的测量对象和测量目的，可以划分出不同的测量种类。例如，依照测量是否以心理咨询为目的，可以把心理健康测量划分为治疗性心理健康测量和非治疗性心理健康测量。

由此可见，测量方法同测量种类之间存在着一定的联系，这主要表现为，一方面，测量的种类对测量方法具有选择作用，不同的测量种类，所采用的方法也存在一定的差异；另一方面，测量的方法只有同特定测量种类的要求相符合，才能将自身的效用充分发挥出来。

（三）心理健康测评的编制

通常来说，心理健康测评编制的流程主要包括 8 个环节，分别为确定测验目的、确定测验的性质、确定测验的内容、确定测验的指标体系、编写和筛选题目、对测验的标准化处理、对测验的技术分析和鉴定、编写测验指导书，如图 6-1 所示。

1. 确定测验的目的

在编制心理健康测评方面，测验的目的是其出发点和基本依据，这主要包括以下两个方面的工作。

（1）要解决"测谁"，即确定测验对象的问题。

（2）弄清"做什么用"，即确定测验用途的问题。

在进行编制时，首先要对测验的适用对象予以明确。例如，《韦氏儿童智力量表》中文城市版的适用对象是中国城市 6～16 岁的儿童。在对测验对象加以明确之后，还要对测验的用途进行确定。例如，所编制的测验是用于人才招聘，还是用于心理咨询等。

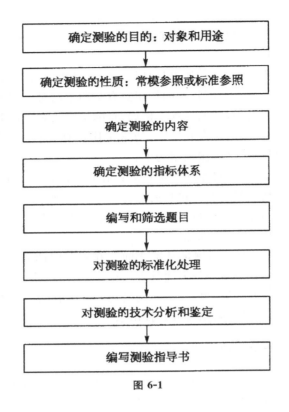

图 6-1

2. 确定测验的性质

在确定好测验的目的之后，接下来便轮到对测验性质进行确定，也就是要确定好测验是常模参照性测验，还是标准参照性测验。

常模是指具有相同类型的一群人在接受测量之后所获得的结果的平均值和分布情况。常模参照性测验就是通过对某一常模进行参照来对被试者的测量结果进行反映，也就是通过结合其他被试者的测量结果来对一个被试者的测量结果的位置进行确定。例如，智力测验就是一种典型的常模参照测验。因为人的智力的高低并不存在一个绝对的标准，而是相对于某一群体（被试者是其中的一员）而言，是高，是低，还是一般。

标准参照性测验，又被称为"内容参照性测验""尺度参考性测验""目标参照性测验"等。如果说常模参照性测验在评定结果时必须参照一个常模（全体被试者的平均值），那么标准参照性测验则相反，它在评定测量结果时是根据一个事先规定好的标准（或尺度、或目标、或内容）来进行的。

标准参照性测验所获得的分数都是相对的,也就是说,并不同通过与他人进行对比来对被试者进行相应的评价,它所关心的就是被试者能够达到目标的情况。汽车驾驶执照考试就是一种典型的标准参照性测验。只要达到某一绝对标准(如顺利通过规定的路障),即可认为驾驶技能过关。标准参照性测验是一种绝对测量,编制标准参照性测验的难点是及格线的合理确定。

在心理健康测量中,常模参照性测验与标准参照性测验两者之间所存在的差别并不是绝对的,在大多数测验中只是侧重点不一样。一些测验可能对常模参照比较侧重,一些测验则对标准参照比较侧重。即使是标准参照性测验,其"及格线"的确定也往往要考虑到人们的一般水平。

3.确定测验的内容

在测验的目的和测验的性质确定之后,接下来就是对测验的内容加以确定。测验目的不同,需要通过对不同内容的测验进行编制来得以实现。若测验的目的是为了了解被试者是否具有正常的智能发展水平,就需要对"智能"的结构进行分析,弄清人的智能行为包含哪些方面,在此基础上编制测验。例如,美国心理学家塞斯顿通过对人的智能进行分析得出的结论认为,人的智能包含语言理解、言语流畅、数字能力、空间能力、联想记忆、知觉速度和推理能力 7 个方面,并据此编制了《芝加哥心理智能测验》。

4.建立测验的指标体系

在确定好测验的内容之后,还要将内容进一步分解成具体的指标,以方便进行操作,在对测验指标体系进行建立的过程中,首先要落实测验指标的内容范围,其次要确定各项测验指标在整个测验中所占的比重。

5.编写和筛选题目

在建立了详细的指标体系之后,就可开始编写和筛选题目。这一阶段需要做好以下工作。

(1)编写题目。题目编写,可以采用的方式有自编和请相关专家进行编写。一般来说,初选项目的数量应当为测验计划总体数量的 2～3 倍。

(2)预测。在促使测验标准化方面,预测是其中非常重要的一环。要想编制出好的测验,就需要对所编写的题目进行预测。预测工作的基本内容是,先按照统计学的要求从相应群体中选择一个测量对象样本,将初步编写好的题目施测于他们,然后根据预测结果,计算题目的难度、区分度、备选答案情况等。

（3）定稿。结合预测情况的具体分析结果，从中选择出难度、区分度较为合适的题目，将质量不高的题目删除，同时根据预测结果来对保留的题目进行相应的修改。

6.对测验的标准化处理

确定了测验的所有项目（题目）之后，紧接着要对测验进行标准化处理。所谓标准化处理，就是通过对初步编写好的测验进行一系列技术加工，以控制和减少与测验目的无关的因素对测验结果的影响，从而获取所有的被试者在完全相同的条件下的测验分数。标准化的处理过程包括统一内容、统一施测、统一指导语、统一时限、统一评分标准、统一分数解释等环节，其工作结果应以规则的形式明确下来。

7.对测验的技术分析和鉴定

在正式投入使用一项测验之前，要进行相应的技术分析和鉴定，其内容主要包括检查测验的有效性和可靠性，并对测验做出心理健康测量学分析。除此之外，测验即便已经投入到使用之中，也应对测验可靠性和有效性相关的资料进行随时收集，从而使测验不断得到修订和完善。

8.编写测验指导书

为了能够合理使用测验，必须要编写相应的测验指导书或测验使用说明书，一份正规的测验指导书应包括以下几方面内容。
（1）测验的目的与用途。
（2）编制测验的理论框架和选择项目的依据。
（3）测验的实施方法、时限和注意事项。
（4）测验的标准答案、评分方法以及解释原则等。
（5）常模资料。
（6）可靠性、有效性的资料。
到此，一个测验就算编制完成，可以交付使用了。

二、社会适应力测评的基本理论

（一）社会适应力测评的模式

社会适应评价模式主要包括心理健康的模式、社会智力的模式、社会胜任力的模式、自我监控的模式、压力应对的模式等 5 种，具体如下。

1.心理健康的模式

持有这一观点的心理学家对社会适应性表现从人格特质的角度进行了描述,认为健康就是适应。奥尔彼特总结出"成熟人"的模式。罗杰斯从人本主义的全新视角描述了"机能完善的人"模式。马斯洛则提出了"自我实现者"模式并把它概括为 15 个方面。此外弗兰克提出了"超越自我的人"模式。

2.社会智力的模式

事实上,社会智力就是一种社会学习认知的能力,社会智力和学业智力是两种相互独立存在的智力形态。社会认知除了是对他人、对自我的认知之外,还包括对社会生活事件、社会环境的认知。许多研究智力的学者专家,包括 Strang(1930)及近期的 Sternberg 和 Gardner 都基本一致地认为,社会智力是一种适应社会生活及与人相处的能力,它主要包括以下几个方面。

(1)洞察别人的心思,察言观色的能力。

(2)与人相处,建立友善关系的能力。

(3)了解社会规范,言行举止表现得合乎时宜的能力。

(4)适应新环境的能力。

(5)对社会活动的参与能力。

(6)适应社会的能力。

(7)自我认识及自我反省的能力。

3.社会胜任力的模式

这种模式主要是从社会心理学的角度来对社会适应性进行认识,并认为人的适应性的主要标志就是对社会工作能否胜任。英国教育心理学家约翰·瑞文运用问卷调查的方法,对社会各种职业的相关能力进行分析和总结,概括出评价个体胜任社会工作的主要能力成分,并列举了 37 个较为具体的胜任能力成分,如对目标的价值感、自我监控、自主学习、寻找和利用反馈、自信心、自我控制、批判性思维、利用资源的意志、与人合作等。

4.自我监控的模式

社会交往需要人们对他人行为的含义进行有意识的了解,要具有对"面子"进行维护的需求和自我表现的能力。换句话说,社会交往要求个体进行自我监控。从微观角度来说,为了能够更好地参与和适应社会生活,对合理的需求进行满足,人就需要对社会生活的要求进行了解,同他人进行协同活动。生活中的每一个体自我监控水平是不一样的,他们都处于自我监控由低到高这一维度的某一点上。自我监控性的高低,影响人的社会适应性和情境适合性。

5.压力应对的模式

心理学家把压力应对视为个体面临应激情境时为减少压力和伤害而做出的认知或行为努力。这种模式在个体和环境的相互作用中,强调个体的主观能动性,并且看到了信息反馈和行为调整在其中起的作用。

(二)社会适应不良及自我调节

1.心理适应不良

心理适应不良是指由于心理发展不协调所造成的个性障碍加剧并对身体健康造成影响的状况。根据相关研究资料,大学生心理适应不良现象的发生以男性、内向型性格者较为多见。这些人多孤僻不合群,沉默寡言,缺乏朋友,兴趣范围狭小,固执己见,敏感多疑,易与家庭及周围人发生矛盾。由于缺乏相应的社会经验,很难从中寻找到能够适合解决的方法,这些心理压力如果长期无法得到消除,那么心理障碍就很容易出现,造成社会适应不良,更有甚者会对生活丧失信心,悲观失望,个别人可能出现自杀等行为。

进行自我调节,应遵循以下几点。
(1)弄清原因。
(2)心境训练。
(3)用欢笑驱除忧愁。
(4)用松弛疗法来降低紧张焦虑。
(5)有精神病症状者,应看医生,在医生指导下治疗。

2.承受挫折的能力差

挫折的承受能力差,是指由于过去失败的经验,整个身心都被失败的阴影所笼罩的心理现象,总是给自己造成消极的心理暗示,对失败所产生的恐惧成为前进的最大障碍。

进行自我调节,应遵循以下几点。
(1)挫折是砥砺我们成长的磨刀石,它磨炼我们的意志。

（2）思考自己长于别人之处,增强自信。

（3）与人竞争不能盲目,应有选择和侧重,以己之长,对他人之短。

（4）积极参与社会活动,扩大人际交往,增进理解,开阔心胸,增强学习和生活的信心和力量,减少心理危机感。

第三节　心理健康测评

一、心理健康测量结果的评价

评判尺度的选择,简单来说,就是相当于用什么尺子对物体的长度进行测量,对于这样的问题,也许有人会说:"选什么尺子量物体的长度还用得着讨论吗?"的确,对于能直接测量的物体的长度来说,尺子的选择是一个不怎么重要的问题。例如,谁问我有多高,我只要回答"1.83米",就可以了。但人的心理是不能直接测量的,也不像物体的长度属性那样简单。你问我心理健不健康,我可能说"很健康"。可这"很健康"从何而来? 是主观的看法还是他人的客观评价? 是内心的体验还是同周围的人比较的结果?

由此可见,在心理健康测量方面存在着选择评判尺度的问题。换句话说就是在测量心理健康方面,选用什么样的角度构建的评判标准来进行相应的测量,所获得结果可能会存在一定的差异。为了更好地开展心理健康测量和教育工作,对于心理健康的评判标准,可以尝试从以下几个角度加以确定。

（一）从统计的角度来确立标准

这是以社会群体大多数人的行为特征作参照的标准。在这种标准之下,同大多数存在明显不同的那些行为都会被视为异常,并且差异越大越明显,那么被视为异常的可能性也就会越大。

选择采用这种标准,其理由主要是人的许多心理特征都带有普遍性,这也是大多数人所共有的;而那些异常的心理特征则属于特殊情况,只在少数人身上存在。用数理统计学的一个术语来表达,这叫正态分布,其三维空间的分布形态类似于一个有檐草帽,二维平面的分布形态则为一条钟形曲线,即两端离水平线最近,中间离水平线最远,是一条中央高、两侧逐渐下降、低平,两端无限延伸,与横轴相靠而不相交,左右完全对称的曲线。通过引入统计标准,研究者们很容易建立起代表普遍心理特征的统计集中量数——

常模。凡是与常模有一定差距的心理特征,即可划到正常心理之外,并根据差异的大小进一步细分为不同的心理健康层次。

目前使用的许多心理健康测验如明尼苏达多相个性问卷(MMPI)、艾森克个性问卷、卡特尔16种人格因素问卷(16PF)等,都是基于这种逻辑而设计的。在很多情况下,统计标准确实能用来区分人的心理健康状况。例如,一个不分场合见到任何陌生人都哈哈大笑的女子,会因她的行为与大多数人不同,而被认为是心理有问题。但根据马斯洛的观点,真正能达到自我实现的人在全体人口中所占的比例只有1‰左右,这些人的行为也可能与众不同,那么,是否也要将他们划到心理不正常范围呢?

(二)从症状角度来确立标准

这主要是根据一个人在神经心理症状上的表现来对其心理是否健康进行判断的标准,如果一个人具有非常明显的强迫行为、焦虑、幻觉等症状,那么则视其为心理异常,反之则视为正常。这种标准虽然克服了统计标准的不足,但它本身也存在缺陷。例如,一些人虽然没有明显的神经心理症状,但其心理却不一定健康。此外,"明显症状"的界限很难把握,对同一个人的冷酷、狂妄行为,张三认为是心理有毛病,李四也许不这样看。

(三)从内心体验的角度来确立标准

这是根据当事人内心的体验情况来判断其心理是否健康的标准。如果一个人觉得自己处于严重的焦虑不安、抑郁、情绪低落等状态,即可视之为心理异常。这种标准虽然在某些情况下可能有用,但由于它没有明确的外在标准,随意性很大,很难作为一个普遍的标准来使用。

(四)从解决问题能力的角度来确立标准

根据这种标准来看,如果一个人能够将自己所处社会角色中遇到的问题顺利解决,那么则可认为其心理是正常的,反之则认为异常。这个标准有着非常明确的界限,但问题主要是如果一个人需要对某一问题进行解决,在主观上具有完全的能力,但由于客观原因未能解决好,那能不能说他的心理不正常呢?

由此看来,单从某一种角度来确立心理健康的评判标准,是很难满足心理健康测量需要的。比较明智的做法是,多变换角度,用多种标准来考察,效果将会好得多。

二、不同年龄阶段心理健康的测量

随着个体年龄的增长,心理健康概念也在不断发生变化。因此,对个体心理健康状态进行测量必须注意以下两点。

第一,不同年龄阶段的心理健康标准不尽相同。

第二,对不同阶段个体心理健康测量的方法和测量工具也不尽相同。

下面主要对几个时期心理健康测量的标准与测量量表进行简要介绍。

(一)婴幼儿心理健康测量

作为人生发展的初期阶段,婴幼儿时期,人的心理发展特点主要是各个方面都处在初步形成阶段,这一时期的主要任务就是促使语言、动作、情绪和认知的发展,心理健康测量在这一阶段应将这一特点反映出来。由于婴儿的自我感知能力和语言都还处在形成的阶段,对于自己的内心体验,他们无法进行有效的描述。因此,对婴幼儿的心理健康测量最好通过照看者或抚养人来实施;其心理测量标准,通常也应从统计的角度来确立。也就是说,判断一个婴儿或幼儿的心理是否健康,是看他能否达到大多数婴儿相应年龄所具有的那种心理发展水平,其内容包括动作发展、语言发展、认知能力发展以及社会性和情绪的发展等几个方面。

常用的婴幼儿心理测量的类别与量表如下。

(1)新生儿生活适应能力测量:如阿普加新生儿健康检测表。

(2)婴幼儿气质测量:如托马斯婴儿气质问卷。

(3)1—3岁婴幼儿动作能力测量:如美国儿童心理学家贝利的婴儿发展量表、中国科学院心理研究所编制的0—3岁小儿精神发育检查表等。

(4)4—5岁幼儿心理健康问卷。

(二)小学生心理健康测量

小学生年龄一般在6—12岁,其健康发展表现有以下几个特点。

第一,学习适应能力对小学生的心理健康具有举足轻重的作用。

第二,智力的发展是构成小学生心理健康的主要因素。

第三,小学生自我认知能力的发展,是影响他们获得良好社会性发展的核心因素。

第四,小学生具有情绪不稳定的特点。

第五,小学生的自我控制能力还处于比较微弱的状态。

根据世界心理卫生协会提出的心理健康标准,并结合小学生心理健康发展的特点,可将小学生的心理健康标准划分为六个方面,分别是智力发展水平、情绪稳定性、学习适应性、社会适应性、自我认识的客观化程度以及行为习惯。

常用的小学生心理测量的类别与量表如下。

(1)小学生智力发展测量:如 CW-70 儿童智力测验、瑞文推理测验。

(2)小学生学习适应性测量:如日本的儿童学习适应性调查表(Ⅰ)(Ⅱ)、北京医科大学精神卫生研究所编制的儿童学习行为调查表。

(3)小学生情绪稳定性测量:如艾森克个性问卷(儿童卷)。

(4)小学生自我认识能力测量:如美国小学教育协会编制的小学生自我认识问卷。

(5)小学生行为习惯测量:如阿肯巴克儿童行为量表(Achenbach's Child Behavior Cheek List,简称 CBCL)、拉特儿童行为问卷。

(6)小学生心理健康综合测量:如我国的小学生心理健康评定量表。

(三)中学生心理健康测量

中学生的年龄一般在 13—18 岁,在这一时期,青少年的生活体验和社会体验都开始占据主导地位,在心理方面,身体和心理的急剧变化都产生了非常重要的影响,自我形象在波动摇晃,心理社会思潮常常像"巨浪"般涌现;身体发展的不一致性,会因为希望自己被同龄伙伴、异性对象和家庭成员认为正常、有吸引力而变得更加突出。因此,中学生心理健康的决定性因素主要有中学生自我同一性的稳定程度、人际关系、自我价值体系的建立水平等。此外,对学习的适应性也是影响中学生心理健康的一个重要因素。

因此,中学生的心理健康标准包括人际关系的和谐程度、学习适应性、自我认知与现实感、个性发展的良好性四个方面。

常用的中学生心理测量的类别与量表如下。

(1)中学生学习适应性测量:如福建师范大学吕贵编制的中学生学习方法问卷、中学生学习动机测验问卷、意志力测验问卷、中学生考试心理健康状况检测。

(2)中学生价值观自测问卷:如中国科学院心理研究所编制的中学生价值观自测问卷、中学生社会成熟程度测量。

(3)中学生人际关系测量:如邬庆祥编制的一般人际关系测验、同学关系测验问卷、师生关系测验问卷。

(4)中学生人格特质测量:如卡特尔 16 种人格因素测量。

(5)中学生心理健康综合测量:如中学生心理健康诊断测验。

（四）大学生心理健康测量

大学生的年龄一般在 18—23 岁,这时的大学生属于青年时期。

从心理角度来看,大学生具有许多特点,如自我同一性的完善、辩证思维的形成、价值体系的稳定、同伴群体的形成等。但也存在着一定的独特性,如自我评价存在光环效应、智力发展良好、价值准则倾向理想化、考试焦虑是影响大学生心理健康的普遍问题。

根据世界卫生协会所提出的心理健康标准,并结合大学生的心理特点,可以将大学生的心理健康确定为人际关系和谐标准、情绪稳定性标准、心理适应性标准、焦虑标准、对现实感知的充分性标准等五个方面。

常用的大学生心理测量的类别与量表如下。

（1）大学生焦虑测量:如显性焦虑量表（MAS）、考试焦虑综合诊断量表、社交焦虑量表、焦虑症自测问卷。

（2）大学生情绪稳定性测量:如艾森克情绪稳定性诊断量表。

（3）大学生人际关系和谐性测量:如大学生人际关系综合诊断量表、大学生自卑心理诊断量表。

（4）大学生适应能力测量:如心理适应能力自测问卷、大学生心理适应性测量问卷、嫉妒心理诊断问卷。

（5）大学生现实感测量:如艾森克现实性—幻想性测验。

（6）大学生心理健康综合测量:如身心症状自评量表（SCL-90）。

（五）成年人心理健康测量

在人生中,成年期是最长的一个时期,成年人的心理健康主要有恋爱、事业、家庭、婚姻、人际关系等质量所左右。在此,将成年人的心理健康标准确定为情绪的稳定性,恋爱、婚姻、家庭角色的合适性,职业期望与事业成就感的合理性,人际关系的和谐性等几个方面。

常用的成年人心理测量的类别与量表如下。

（1）成年人恋爱婚姻心理健康测量:如艾森克性心理健康测量、恋爱方式测验、夫妻生活健康测验、婚姻安全界线检测问卷。

（2）成年人亲子关系与父母角色测量:如与子女关系的融洽性测验、父母角色问卷。

（3）成年人心理压力测量:如工作压力自测问卷、精神压力自测问卷、人生变化的危机感测验。

（4）成年人人际关系测量:如"你能接纳别人吗"问卷、人际问题处理能力自测问卷。

（5）成年人心理健康综合测量：如日本的精神症状自我诊断量表、精神症状简便自诊量表、抑郁情绪调查问卷。

三、心理健康测评实例

（一）心理健康自我测定量表

许多人都想了解自己的心理健康状况，这里提供一个"心理健康自我测定"量表，见表 6-1。该表是我国学者根据美国曼福雷德编写的心理健康问卷改编的。

表 6-1　心理健康自我测定量表

题号	内容	常有	偶有	罕有	从无
1	害羞	1	7	8	0
2	为丢脸而烦恼很久	0	6	12	6
3	登高怕从高处跌下来	0	5	13	10
4	易伤感	0	5	15	8
5	做事常常半途而废	0	4	12	4
6	无故悲欢	0	7	12	9
7	白天常想入非非	3	8	9	0
8	行路故意避见某人	0	3	11	10
9	易对娱乐厌倦	0	8	11	6
10	易气馁	0	1	15	8
11	感到事事不如意	0	2	16	6
12	常喜欢独处	0	2	6	0
13	讨厌别人看你做事，虽然做得很好	0	8	11	9
14	对批评毫不介意	8	5	3	0
15	易改变兴趣	2	4	8	2
16	感到自己有许多不足	0	5	12	15
17	常感到不高兴	0	4	15	5

续表

题号	内容	常有	偶有	罕有	从无
18	常感到寂寞	0	4	11	5
19	觉得心里难过、痛苦	0	1	11	16
20	在长辈前很不自然	0	7	11	10
21	缺乏自信	0	9	11	8
22	工作有预定计划	8	6	0	2
23	做事心中无主见	0	7	10	11
24	做事有强迫感	0	4	5	3
25	自认运气好	11	7	6	0
26	常有重复思想	0	9	7	4
27	不喜欢进入地道或地下室	0	3	4	12
28	想自杀	0	3	5	13
29	觉得人家故意找你茬	0	1	5	6
30	易发火、烦恼	0	5	18	13
31	易对工作产生厌倦	0	4	11	15
32	迟疑不决	0	10	10	8
33	寻求人家同情	0	1	9	2
34	不易结交朋友	0	2	9	5
35	心理懊丧影响工作	0	4	14	14
36	可怜自己	0	0	11	9
37	梦见性的活动	2	3	6	0
38	在许多境遇中感到害怕	1	0	16	7
39	觉得智力不如别人	0	1	8	7
40	为性的问题而苦恼	0	4	9	3
41	遭遇失败	0	4	14	6
42	心神不定	0	9	13	6
43	为琐事而烦恼	0	7	14	7

续表

题号	内容	常有	偶有	罕有	从无
44	怕死	0	1	2	13
45	自己觉得自己有罪	0	0	12	4
46	想谋杀人	2	3	5	0

（二）测评结果

根据最符合自己的实际情况，在每题的备选项中选一项。题目全部选完后，累计积分。男，65 分以上的为正常，10 分以下的有心理疾患；女，45分以上的为正常，25 分以下的有心理疾患。

四、大学生心理健康焦虑测评实例

（一）显性焦虑测定量表

表 6-2 有 65 个询问项目，请仔细地读，但不必过分思考，需轻松回答。回答"符合""不符合"的任何一方，适合自己的请记上"○"号，都不适合的时候，请给两个答案都记上"×"号（MAS，泰勒-Taylor，1951 年发表）。

表 6-2 显性焦虑测定量表

题号	内容	符合	不符合
1	手脚的暖和总是适当的		
2	工作的时候干得很紧张		
3	比赛中总想赢不想输		
4	每个月常有几次腹泻		
5	不常发生因便秘而伤脑筋的事		
6	突然情绪变坏就发生呕吐，很伤脑筋		
7	选举时，我经常投不熟悉者的票		
8	两三天一次被噩梦惊住		
9	很难专心致志于一项工作		
10	有时我想过不可告人的坏事		
11	睡眠中断，常常不能入睡		

续表

题号	内容	符合	不符合
12	自己也想,像别人那样幸福,该多好		
13	有时情绪不好就爱挑剔		
14	害羞时几乎不红脸		
15	我的确有信心		
16	我经常是幸福的		
17	胃很不好		
18	不买票进电影院而不担心被人发现的话,恐怕我会这样做的		
19	有时认为自己是没有用的人		
20	我是好哭的人		
21	有时很想臭骂一通		
22	不容易疲劳		
23	干事情的时候,手好发抖		
24	头痛的情况,不常有		
25	在尴尬时,非常爱出汗,虚弱无力		
26	我所熟悉的人不一定都是我所喜欢的		
27	不知为什么经常担心着		
28	几乎没有发生过心慌、气喘的情况		
29	不能安稳地坐着,精神不安		
30	自己认为同别人相比还不是神经质		
31	有时议论别人		
32	即便是凉爽天气也好出汗		
33	我充满了自信心		
34	与朋友比,我是胆大的人		
35	我不一定什么时候都说实话		
36	一碰到危险和困难就退缩		
37	我总是紧张地生活着		
38	有时听到下流的玩笑,我也笑		

续表

题号	内容	符合	不符合
39	我比普通人多愁善感		
40	即便做点小事也张皇失措		
41	为钱和工作的事发愁		
42	与人相比,我不害羞		
43	对于什么事(人)几乎总是忧愁担心		
44	我想与伟大的人结识,自己也感觉伟大		
45	有时兴奋得不能睡觉		
46	即使知道对自己没有伤害的物(人)也害怕		
47	每天报纸社论不一定全读		
48	曾多次认为自己能力不足,而把工作放弃不做		
49	我总把事情考虑得过难		
50	在生人面前一般不会很腼腆		
51	时常认为很多的工作不能胜任,困难的事情很多		
52	通常精神安定,不慌张		
53	有时完全认为自己不好		
54	有时把应该当天做的工作推迟到第二天		
55	经常有腹空的感觉		
56	我常做梦		
57	有时担心是不是发生了不幸的事		
58	在家中吃饭不像在众人面前吃饭那样,常没有礼节		
59	一等人,我就着急		
60	有时因忧虑而失眠		
61	我常常想自己的身体是否要散架了		
62	我常常发怒		
63	我常过分担心实际上没什么大不了的事情		
64	我特别容易兴奋		
65	经常担心是否脸红		

（二）测评结果

请检查一下是否全部填入。第1、5、7、14、15、16、18、24、28、30、33、34、38、42、47、50项目选"符合"每项计－1分，选"不符合"时计1分；第2、3、4、6、8、9、10、11、12、13、17、19、20、21、22、23、25、26、27、29、31、32、35、36、37、39、40、41、43、44、45、46、48、49、51、52、53、54、55、56、57、58、59、60、61、62、63、64、65选"符合"时计1分，选"不符合"时计－1分；对整个问卷的任一项目，如果认为"符合"与"不符合"均不适合者计0分。如果整个问卷中，该回答但又没有回答的项目数达10个以上，则将该次测验作废。

若测验分数在40分以上，即表示患有严重慢性焦虑症，此时应去找心理医生进行治疗；若测验分数在15～19分之间，表示患有轻度慢性焦虑症，此时，可通过阅读有关心理健康指导读物，进行自我心理调节，恢复心理健康；若测验分数在14分之下，表示不存在焦虑症之类的心理障碍。

五、考试焦虑测评实例

（一）考试焦虑综合诊断量表

表6-3为参考郑日昌等编制的考试焦虑综合诊断量表。请仔细阅读每一道题，看看这种陈述是否反映出你在应试时的真实情况。如果该题目符合你的真实情况，或者你对该题目所陈述的问题表示赞同，那就请你在该题后画"√"；如果不符合或不赞成，则不用做任何标志；如果觉得难以确认，则在该题目后画"○"。当你答题的时候，不需花太多的时间反复思考，要尽可能按你看完题目后的第一印象来回答，请如实回答。

表6-3 考试焦虑综合诊断量表

题号	内容	答案
1	我希望不用参加考试便能取得成功	
2	在一次考试中取得好分数，似乎不能增加我在其他考试中的自信心	
3	人们（像家人、朋友等）都期待我在考试中取得成功	
4	考试时，有时我会产生许多对答题毫无帮助的莫名其妙的想法	
5	重大考试前后，我不想吃东西	
6	对喜欢向学生冷不防地进行考试的老师，我总感到害怕	
7	在我看来，考试过程不应搞得太正规，因为那样容易使人紧张	

题号	内容	答案
8	一般来说,考试成绩好的人,将来必定在社会上取得更高的地位	
9	重大考试之前或考试期间,我常常会想到,其他一些应试者比自己强得多	
10	如果我考糟了,即使我不会老是记挂着它,也会担心别人将如何看待我	
11	对考试结果的担忧,在考试前妨碍我准备,在考试中干扰我答题	
12	面对一项必须参加的重大考试,我晚上紧张得睡不好觉	
13	考试时,如果监考人来回走动注视着我,我便无法答卷	
14	如果考试能够被废除,我想我的功课实际上会学得更好	
15	当了解到考试结果将在一定程度上影响我的前途时,我心烦意乱	
16	我知道,如果自己能集中精力,考试时便能超过大多数人	
17	如果我考得不好,人们将怀疑我的能力	
18	我似乎从来没有对应试进行过充分的准备	
19	考试前,我的身体不能放松	
20	面对重大的考试,我的大脑好像凝固了一样	
21	考场中的噪声使我烦恼	
22	考试之前,我有一种空虚、不安的感觉	
23	考试使我对能否达到自己的目标产生了怀疑	
24	考试实际上并不能反映出一个人对知识掌握得究竟如何	
25	如果考试得了低分数,我不愿把自己的分数确切地告诉任何人	
26	考试前我常常感到还需要再充实一些知识	
27	重大考试之前,我的胃不舒服	
28	有时,参加重要考试,一想起某些消极的东西,我似乎觉得就要垮了	
29	在即将得到的考试结果之前,我会感到十分焦虑或不安	
30	但愿我能找到一个不需要考试便能被录用的工作	
31	如果在这次考试中考得不好,那意味自己并不像原来所想的那样聪明	
32	假如我的考试分数低,我的父将会感到失望	
33	对考试的焦虑简直使我不想做充分的准备,而这种想法又使自己更加焦虑	

续表

题号	内容	答案
34	考试时,我常常发现自己的手指轻轻颤动,或者双腿在轻轻摇晃	
35	考试完毕,我常常感到本来我应考得更好一些	
36	考试时,我情绪紧张。注意力不集中	
37	在某些试题上我考虑得越多,脑子也就越乱	
38	如果考糟了,且不说别人可能对我有什么看法,就连自己也会失去信心	
39	考试时,我身上某些部位的肌肉很紧张	
40	考试前,我感到缺乏自信,精神紧张	
41	假如我的考试分数低,我的朋友们将会对我感到失望的	
42	在考前,我所存在的一个问题就是不能确知自己是否做好了准备	
43	当我不得不参加一次确实很重要的考试时,我常常感到十分恐慌	
44	希望主考能觉察考试时一些人比另一些更紧张,评价结果时能够考虑这一事实	
45	我宁可写一篇论文,也不愿参加考试	
46	公布我的考分之前,我想打听打听别人考得怎样	
47	假如我得了低分数,某些人将会感到快活,这使我心烦意乱	
48	我想,如果能为我单独举行考试,或者没有时限压力的话,我的成绩将好得多	
49	考试成绩直接关系到我的前途和命运	
50	考试期间,有时我非常紧张,以至于忘记了自己本来知道的东西	

(二)测评结果

该测查表由以下部分组成:

(1)一部分内容是测查考试焦虑的来源或原因,包括如下四个方面。

①担心考糟了他人对你的评价(所属题号是 3、10、17、25、32、41、46、47)。

②担心你的自我形象受到伤害(2、9、16、24、31、38、40)。

③担心你未来的前途(1、8、15、23、30、49)。

④担心对应试准备不足(6、11、18、26、33、42)。

(2)一部分内容是分析考试焦虑的表现,包括两个方面:

①身体反应(5、12、19、27、34、39、43)。

②思维障碍(4、13、20、21、28、35、36、37、48、50)。

(3)还有一小部分内容是测量一般性考试焦虑状况的(7、14、22、29、44、45)。一般性考试焦虑是由其他原因引起的,可作为应试时缺乏自信心的信号。

为防止答题时具有倾向性,测查题的编排将各部分内容的题号作了混合。以上说明详见表6-4,并将题号答案填入,便可得结果。

表 6-4

类别	测查内容	所选择的题号
考试焦虑的来源	(1)担心考糟了	
	(2)担心你的自我形象受到危害	
	(3)担心你未来的前途	
	(4)担心对应试准备不足	
考试焦虑的表现	(1)身体反应	
	(2)思维障碍	
其他	一般性考试焦虑	

第四节　社会适应力测评

对人的社会适应能力进行测量,主要视为对被试者在自然环境条件中所表现出来的对社会的成熟度、与学习能力有关的行为等进行了解。其具体的测量方法主要包括临床谈话法、实验法、社会测量法和问卷调查法。临床谈话法和实验法主要是针对低龄儿童和有生理缺陷的人群进行研究,社会测量法和问卷调查法是对其他人群进行研究。

社会测量法应用社会测量学技术来评定个人在同伴中受欢迎的程度。其基本方法是,先要求一组人各自提名一个或数个他(她)"最喜欢"和"最不喜欢"的同伴,然后,每个人所得到的"最喜欢"(正面)和"最不喜欢"(反面)的提名数,通过分数转换和标准化后,就成了同伴接受和同伴拒绝的指标。

问卷调查法需要借助标准的测验量表,目前绝大部分的社会适应能力评定量表都是属于智力功能评定性质,而专门用来对社会适应能力进行测量的量表并不多。常用的测量社会适应能力的量表有:美国精神缺陷学会

（AAMR）所设计的《适应行为量表》（ABS）、《中国人社交关系量表》、《个体社会化程度量表 SLSV3.0》《卡特尔 16 种人格因素量表》（16PF）、《中学生社会适应性量表》（陈建文，2004）、《适应能力测验》《幼儿社会适应状况量表》（傅宏，2000）。

下面主要对常见的几种量表进行介绍。

一、《适应行为量表》

《适应行为量表》（ABS）具有很大的信息量，能够对多种不同适应功能进行全面的反映，于 1981 年引进国内。量表结构：ABS 共有两大部分，分为 21 个主题，每一个主题又包括了若干项目，共有 95 个项目。第一部分（主题 1～9）是评估适应行为能力的；第二部分（主题 10～21）是评估适应不良行为的。不同的主题和项目又组合成 5 个因子，因子 1～3 由主题 1～9 组成，是测验正常适应行为的；因子 4～5 由主题 10～21 组成，是测验适应不良行为的。5 个因子的具体题目是：因子 1，个人的自我满足；因子 2，社区的自我满足；因子 3，个人和社会责任性；因子 4，社会调节；因子 5，个人调节。

这 21 个主题具体如下。

（1）独立能力：指饮食自理能力，大小便自控能力，个人清洁卫生与外出独立生活能力。

（2）躯体发育：指感觉发育和运动发育方面的情况。

（3）花钱：指钱财管理和用钱预算及购物的能力。

（4）语言发育：指语言表达和理解及社交语言发育的能力。

（5）计数和计时：指计数、计时和获得时间概念的能力。

（6）就业前的活动：指职业复杂度，在学校的劳动表现、工作学习和工作习惯的表现。

（7）自我导向：指对学习和工作的自动性或被动性及注意力和坚持性，空余时间自我安排的能力。

（8）责任心：指对个人物品的关心程度和一般的责任感。

（9）社会化：指与别人的合作和相互作用的能力以及社交成熟度等方面的能力。

（10）攻击性：指威胁、损坏公物的行为及发脾气或暴怒等不良攻击性行为。

（11）社会行为与反社会行为：指嘲笑或议论别人，妨碍别人活动，不尊重别人财产，言语粗鲁等不良言行。

（12）对抗行为：指无视纪律，不听从教导或对抗的态度，逃避活动及在集体活动中表现不好的行为。

（13）可信任度方面：指擅自动用别人的物品及说谎和欺骗行为。

（14）参与或退缩：指不活跃，害羞，退缩行为。

（15）装相方面：指刻板行为或奇特姿势。

（16）社交表现：指与人交往时不合适的行为。

（17）发音习惯：指不良的发音习惯。

（18）习惯表现：指不良口腔习惯，弄坏自己的衣服，及其他怪癖不良习惯。

（19）活动度：指多动倾向。

（20）症状性行为：指自我估计过高，不能正确对待批评或挫折，过分追求注意或表扬，有疑病倾向或情绪不稳的其他表现。

（21）药物使用：指使用抗精神病药物、镇静剂、兴奋剂、抗癫痫药。

1995 年 1 月～1996 年 2 月，上海、北京、南京、济南、沈阳、青岛、龙岩（福建省）、杭州、南通、合肥、深圳、郑州、甘肃、四川等全国 14 个省市 19 个单位各协作组在这些地区进行了正式的抽样调查，通过全国协作研究取得 ABS 在我国应用的数据，实施量表的信度和效度的测试，以取得我国儿童的适应能力数据，制定出我国儿童的适应能力常模，供临床使用。

（一）重测信度测试

各个协作组取 30 名受试者，其中一半为男性，一半为女性，在间隔 10 天之后再进行相应的测试，对两次测试的各主题相关系数进行计算，两次测试分数的各主题分符合率以相关系数表示为 0.05～0.95，量表总分的相关系数为 0.71，说明量表具有中等或较好的重测信度。

（二）量表效度测试

各个协作组分别取已经在临床被诊断为轻度和中度智力低下的 6～12 岁儿童 20～30 例，共 334 例作为低智组，通过与对照组（年龄、性别与低智组相同，智商在正常范围）在各主题分的均值作统计学比较。结果两个样本除主题 13，15，16，17，21 无明显差异外，其他各主题均有明显或非常显著的差异，说明此量表有良好的效标效度。

在中国 14 个省市，ABS 应用的结果表明，量表的信度效度都是比较好的，可以作为中国 1～6 年级小学生适应能力测量的工具；第二部分可作为儿童适应不良行为的指标。通过研究所获得的常模可以用于对低智儿童的诊断、分类训练、特殊教育和研究儿童行为的发展方面。

二、《卡特尔 16 种人格因素量表》

卡特尔 16 种人格因素测验(16PF)是美国伊利诺伊州立大学人格及能力测验研究所卡特尔教授经过几十年的系统观察和科学实验,应用因素分析统计法慎重确定和编制而成的一种精确的测验。

本测试使用国际通用的 16PF 人格心理测验,同时结合中国常模标准和临床实践作出判断,主要功能是测试人的 16 项基本人格特征,并通过科学方法进一步了解各项心理学指标。这一测验共 187 道题目,这些题目采用按序列轮流排的方法,一共能测出乐群性(A)、聪慧性(B)、稳定性(C)、特强性(E)、兴奋性(F)、有恒性(G)、敢为性(H)、敏感性(I)、怀疑性(L)、幻想性(M)、世故性(N)、忧虑性(O)、实验性(Q1)、独立性(Q2)、自律性(Q3)、紧张性(Q4)等 16 种因素的特征;还能依据测验统计结果所得的公式推算一个人个性特征中的双重因素,如适应性与焦虑性、内向性与外向性、感情用事与安详机警性、怯懦与果断性等。此外,该量表还可计算出某些类型的人格因素的特征,如心理健康者的人格因素、从事专业而有成就者的人格因素、创造力强者的人格因素和在新环境中有成长能力的人格因素。可运用公式 $10(2A+3E+4F+5H-2Q2-11)$ 来鉴定学生的性格类型,式中字母代表相应量表的标准分数,标准分低者为内向型,标准分高者为外向型。本测验在国际上颇有影响,并于 1979 年引入我国,由专业机构修订为中文版。本测验具有较高的效度和信度,广泛应用于人格测评、人才选拔、心理咨询和职业咨询等工作领域。

在测试中,这 16 种人格因素都是相互独立的,并且相互之间有着非常小的关联度,任何一个因素的测量都能够对被试者某一方面的人格特征进行独特、清晰的认识,同时也能对被试者人格的 16 种不同因素的组合进行综合性的了解,从而对其整个的人格进行全面评价。

各量表测试的因子如下。

A. 乐群性:测试被测者与外界环境间的适应情况和交流情况。

B. 聪慧性:测试被测者的智力及其可发展情况(理性思维)。

C. 稳定性:测试被测者的情绪特征、情绪控制能力。

E. 恃强性:测试被测者的恃强、倔强性情况。

F. 兴奋性:测试被测者的兴奋特质。

G. 有恒性:测试被测者一般做事时是权宜、敷衍的,还是有恒、负责的。

H. 敢为性:测试被测者是否有冒险敢为的人格特征。

I. 敏感性:测试被测者对待外界的敏感程度。

　　L. 怀疑性：测试被测者的处世怀疑态度。

　　M. 幻想性：测试被测者的幻想力、想象力。

　　N. 世故性：测试被测者在为人处世时的世故、老练性情况。

　　O. 忧虑性：测试被测者是否有忧郁状况。

　　Q1. 实验性：测试被测者对环境的批评性特征。

　　Q2. 独立性：测试被测者的独立分析能力。

　　Q3. 自律性：测试被测者处世时的自律、自觉情况特征。

　　Q4. 紧张性：测试被测者的焦虑、紧张状况。

　　除上述 16 项特征因子外，16PF 还可以做出相应的人格类型分析，包括：适应与焦虑型分析、内向与外向型分析、感情用事与安详机警型分析、怯懦与果断型分析、心理健康因素分析、专业有成就者的人格因素分析、创造力强者的人格因素分析、在新环境中有成长能力的人格因素分析等次元人格因素。

三、《中学生社会适应性量表》

　　《中学生社会适应性量表》是以中学生为被试者，通过理论分析和实证调查相结合的办法，系统地揭示社会适应性的结构成分，编制的社会适应性量表。通过实证调查、因素分析和信度、效度检验，获得社会适应性的多维度、多成分初评结构模型和社会适应性正式量表。

　　中学生社会适应性包含有 4 个维度，分别是心理优势感、心理能量、人际适应性和心理弹性。

　　（1）心理优势感主要包括 3 个成分，分别是自信心、控制感和自主性。

　　（2）心理能量包括 3 个成分，分别是动力、能力和活力。

　　（3）人际适应性包括 4 个成分，分别是乐群性、信任感、社会接纳性和利他倾向。

　　（4）心理弹性包括 4 个成分，分别是自控性、灵活性、挑战性和乐观倾向。

　　《中学生社会适应性量表》共研究 70 个题目，分别由心理优势感（15 个）、心理能量（17 个）、人际适应性（18 个）、心理弹性（20 个）4 个维度的分量表组成。

四、《幼儿社会适应状况量表》

　　实施《幼儿社会适应状况量表》的具体方式如下。

首先,父母要对表 6-5 所列题目进行单独回答。每一道题都有 5 种可能的回答,从中选择一种最符合孩子情况的答案,选择答案时不能迟疑。

其次,将问卷读给孩子听一遍(如果他不明白题意,可以作适当的解释,但不可以对内容作个人的发挥,避免歪曲题意),让孩子根据问题做出自我评价。

最后,累加父母和孩子的答卷得分,然后求出平均值。例如,父母和孩子 3 个人回答后,各自的总分分别是 20,22,21,累加后除以 3,得出平均分为 21。如果平均得分介于 20~26 分之间,属于社会适应能力一般;如果小于 20 分则表明具有较好的适应状况;如果高于 26 分时,那么则表明孩子可能存在某些适应困难。

表 6-5　社会适应能力状况评价

社会适应能力表现	完全符合	基本符合	有些符合	不太符合	极不符合
1.情绪不稳定,起伏周期明显,并且其行为也会因为相应的情绪变化而改变	5	4	3	2	1
2.经常遇到尴尬场合,并且不知道如何寻找转机	5	4	3	2	1
3.很少主动与小朋友交往,更希望别人首先主动接近自己	5	4	3	2	1
4.尽量忍让克制,一旦爆发出来便不可收拾	5	4	3	2	1
5.相信一切问题都是别人的错	5	4	3	2	1
6.有一种不可抑制的对家庭的眷恋感,只要回到家中,一切都感到很顺心如意	5	4	3	2	1
7.做事缺乏果断,更希望依赖别人来解决自己在日常生活中遇到的各种矛盾(如与小朋友相处或生活自理方面的问题)	5	4	3	2	1
8.对于各种人际关系总觉得糊里糊涂,不能像同龄儿童那样去认识清楚	5	4	3	2	1
9.总是担心自己,对于自己胜任人际关系、学习或其他事情缺乏必要的自信,有不踏实或不安全感	5	4	3	2	1

五、《内、外向性格类型量表》

1913 年,荣格在他的《心理类型学》一书中首次提出了内、外向的概念。他认为在与周围世界发生联系时,可将人的心理分为两种倾向"定势"。一种定势是指向个体内部世界,称为"内向";一种定势指向外部环境,称为"外向"。内向的性格通常都是安静的、爱思考的、富有想象的、害羞的、退缩的、防御性的、对人的兴趣漠然;外向的性格则是喜欢交际、好外出、随和、坦率、轻信、乐于助人、容易适应环境。

荣格认为,单纯的内向或外向的性格是非常少的,人们也只是在一些特定的场合中,由于受到某种情境的影响而倾向于一种占优势的态度,绝大多数人都介于内向和外向两者之间。为了对性格的内向和外向进行测验,人们对很多种量表进行编制,如日本淡元路治郎的向性检查卡。

向性检查卡又称"淡路向性检查",该量表在对内向、外向性格进行判断时,将一个人的交友情况、对别人的态度、对新环境的兴趣和适应以及自我主张的强烈程度等作为重要症状。在这一量表中主要包含了 50 个测题,每一道题都是以"是""否"或"不定"来进行回答。根据被试者的回答结果,可求出外向性指数(V.Q)。量表外向性题的编号是:2、4、5、8、10、11、12、18、20、21、24、25、26、28、29、34、36、37、38、40、41、46、48、49、50;其余 25 道题属于内向性题。外向性指数大于 115,则性格类型属于外向型;外向性指数小于 95,则性格类型属于内向型;外向性指数在 95～115 之间,则属于中间型。

六、《中国人社交关系量表》

《中国人社交关系量表》在 2004 年 4 月得到修订,一共 120 题,大约需要 20 分钟,结果报告一共 13 页。

本测验由北京师范大学心理学院心理测评研究所著名心理测量学家张厚粲教授领导的中国个性测评课题组领衔编制,从信任感、真诚性、利他性、顺从性、谦虚性和同情心 6 个方面进行细致的测评,最终了解人的社交关系状况。通过进行这种测验,人们能够对自己的合作性等方面的具体状况加以了解。

第七章　社会各类群体体质测评的程序与方法研究

我国国民体质的监测要考虑社会各类群体,只有对各类群体的体质健康状况进行测量与评价,才能更全面地反映出我国社会文明的进步与发展。而且,对各类群体的体质监测还有利于为全民健身计划的实施及体育政策法规的制定提供重要的依据。本章主要探讨社会各类群体体质测评的程序与方法,主要内容有学生体质测评、不同年龄段国民体质测评及运动员选材测评。

第一节　学生体质测评

新中国成立以来,国家对学生体质健康的重视不断提高,并在不同时期先后制定了一系列制度来增强学生体质,推动学校体育工作的开展,如《国家体育锻炼标准》《大学生体育合格标准》《中学生体育合格标准》《小学生体育合格标准》《学生体质健康标准》等。2014 年,教育部印发了《国家学生体质健康标准》(2014 年修订),要求各校每学年开展面向本校全体学生的体质测试工作,并以学生学年总分为依据来评定等级。新修订的《国家学生体质健康标准》对于全日制普通小学、初中、普通高中、中等职业学校、普通高等学校的学生都是适用的,其将学生按照年级划分为不同组别,在测试中,各年级学生的共性指标有身体形态类中的身高、体重,身体机能类中的肺活量以及身体素质类中的 50 米跑、坐位体前屈。

一、学生体质测试项目

《国家学生体质健康标准》(2014 年修订)规定各年级学生体质的测试项目及权重见表 7-1。

表 7-1　学生体质的测试项目

测试对象	单项指标	权重（%）
小学一年级至大学四年级	体重指数（BMI）	15
	肺活量	15
小学一、二年级	50 米跑	20
	坐位体前屈	30
	1 分钟跳绳	20
小学三、四年级	50 米跑	20
	坐位体前屈	20
	1 分钟跳绳	20
	1 分钟仰卧起坐	10
小学五、六年级	50 米跑	20
	坐位体前屈	10
	1 分钟跳绳	10
	1 分钟仰卧起坐	20
	50 米×8 往返跑	10
初中、高中、大学各年级	50 米跑	20
	坐位体前屈	10
	立定跳远	10
	引体向上（男）/1 分钟仰卧起坐（女）	10
	1 000 米跑（男）/800 米跑（女）	20

注：体重指数（BMI）＝体重（千克）/身高^2（米^2）。

二、学生体质评价指标与等级

（一）学生体质健康评价指标层次

《国家学生体质健康标准》针对不同年龄段的学生设置了多种测试项目，这些项目符合我国学生体质发展的特征，通过测试可以有效改善和提高我国各年龄段学生的体质健康。

各学龄段学生都要测试的项目有两项，分别是体重指数（BMI）和肺活量。

另外,处于不同教育阶段的学生的测试指标有一定的差异,具体表现如下。

(1)小学阶段:除体重指数(BMI)和肺活量外,小学一、二年级的测量项目还包括 50 米跑、坐位体前屈和 1 分钟跳绳;小学三、四年级比一、二年级多测一项 1 分钟仰卧起坐;小学五、六年级比三、四年级又多测一项 50 米×8 往返跑。

(2)其他教育阶段:初中、高中、大学各年级的学生的测量项目包括 50 米跑、坐位体前屈、立定跳远、引体向上(男)/1 分钟仰卧起坐(女)、1 000 米跑(男)/800 米跑(女)。

(二)学生体质测试健康评定等级

《国家学生体质健康标准》规定,学年总分由标准分与附加分之和构成,满分 120 分。标准分由各单项指标得分与权重乘积之和组成,满分为 100 分。附加分根据实测成绩确定,即对成绩超过 100 分的加分指标进行加分,满分为 20 分;小学的加分指标为 1 分钟跳绳,加分幅度为 20 分;初中、高中和大学的加分指标为男生引体向上和 1 000 米跑,女生 1 分钟仰卧起坐和 800 米跑,各指标加分幅度均为 10 分。

根据学生学年总分评定等级:优秀(第一等级),90 分及以上;良好(第二等级),80.0～89.9 分;及格(第三等级),60.0～79.9 分;不及格(第四等级),59.9 分及以下。

三、学生体质测试评分标准

不同年级学生的体质测试评分标准不同,下面仅对大学生体质测试的评分标准进行说明。大学生体质测试评分主要为单项指标评分和加分指标评分两方面。

(一)单项指标评分标准

大学生单项指标主要有体重指数、肺活量、50 米跑、坐位体前屈、立定跳远、引体向上(男)/1 分钟仰卧起坐(女)、1 000 米跑(男)/800 米跑(女),这几项指标的评分标准具体参考表 7-2 至表 7-8。

表 7-2　大学生体重指数(BMI)单项评分表　　　单位:千克/米²

等级	单项得分	男生	女生
正常	100	17.9～23.9	17.2～23.9

续表

等级	单项得分	男生	女生
低体重	80	≤17.8	≤17.1
超重		24.0～27.9	24.0～27.9
肥胖	60	≥28.0	≥28.0

表 7-3　大学生肺活量单项评分表 单位:毫升

等级	单项得分	男生		女生	
		大一 大二	大三 大四	大一 大二	大三 大四
优秀	100	5 040	5 140	3 400	3 450
	95	4 920	5 020	3 350	3 400
	90	4 800	4 900	3 300	3 350
良好	85	4 550	4 650	3 150	3 200
	80	4 300	4 400	3 000	3 050
及格	78	4 180	4 280	2 900	2 950
	76	4 060	4 160	2 800	2 850
	74	3 940	4 040	2 700	2 750
	72	3 820	3 920	2 600	2 650
	70	3 700	3 800	2 500	2 550
	68	3 580	3 680	2 400	2 450
	66	3 460	3 560	2 300	2 350
	64	3 340	3 440	2 200	2 250
	62	3 220	3 320	2 100	2 150
	60	3 100	3 200	2 000	2 050
不及格	50	2 940	3 030	1 960	2 010
	40	2 780	2 860	1 920	1 970
	30	2 620	2 690	1 880	1 930
	20	2 460	2 520	1 840	1 890
	10	2 300	2 350	1 800	1 850

表 7-4　大学生 50 米跑单项评分表　　　　　　　　单位：秒

等级	单项得分	男生		女生	
		大一大二	大三大四	大一大二	大三大四
优秀	100	6.7	6.6	7.5	7.4
	95	6.8	6.7	7.6	7.5
	90	6.9	6.8	7.7	7.6
良好	85	7.0	6.9	8.0	7.9
	80	7.1	7.0	8.3	8.2
及格	78	7.3	7.2	8.5	8.4
	76	7.5	7.4	8.7	8.6
	74	7.7	7.6	8.9	8.8
	72	7.9	7.8	9.1	9.0
	70	8.1	8.0	9.3	9.2
	68	8.3	8.2	9.5	9.4
	66	8.5	8.4	9.7	9.6
	64	8.7	8.6	9.9	9.8
	62	8.9	8.8	10.1	10.0
	60	9.1	9.0	10.3	10.2
不及格	50	9.3	9.2	10.5	10.4
	40	9.5	9.4	10.7	10.6
	30	9.7	9.6	10.9	10.8
	20	9.9	9.8	11.1	11.0
	10	10.1	10.0	11.3	11.2

表 7-5　大学生坐位体前屈单项评分表　　　　　　　　单位:厘米

等级	单项得分	男生		女生	
		大一大二	大三大四	大一大二	大三大四
优秀	100	24.9	25.1	25.8	26.3
	95	23.1	23.3	24.0	24.4
	90	21.3	21.5	22.2	22.4
良好	85	19.5	19.9	20.6	21.0
	80	17.7	18.2	19.0	19.5
及格	78	16.3	16.8	17.7	18.2
	76	14.9	15.4	16.4	16.9
	74	13.5	14.0	15.1	15.6
	72	12.1	12.6	13.8	14.3
	70	10.7	11.2	12.5	13.0
	68	9.3	9.8	11.2	11.7
	66	7.9	8.4	9.9	10.4
	64	6.5	7.0	8.6	9.1
	62	5.1	5.6	7.3	7.8
	60	3.7	4.2	6.0	6.5
不及格	50	2.7	3.2	5.2	5.7
	40	1.7	2.2	4.4	4.9
	30	0.7	1.2	3.6	4.1
	20	−0.3	0.2	2.8	3.3
	10	−1.3	−0.8	2.0	2.5

表7-6　大学生立定跳远单项评分表　　　　　　　　单位:厘米

等级	单项得分	男生		女生	
		大一大二	大三大四	大一大二	大三大四
优秀	100	273	275	207	208
	95	268	270	201	202
	90	263	265	195	196
良好	85	256	258	188	189
	80	248	250	181	182
及格	78	244	246	178	179
	76	240	242	175	176
	74	236	238	172	173
	72	232	234	169	170
	70	228	230	166	167
	68	224	226	163	164
	66	220	222	160	161
	64	216	218	157	158
	62	212	214	154	155
	60	208	210	151	152
不及格	50	203	205	146	147
	40	198	200	141	142
	30	193	195	136	137
	20	188	190	131	132
	10	183	185	126	127

表 7-7　大学生引体向上(1 分钟仰卧起坐)单项评分表　　单位:次

等级	单项得分	男生		女生	
		引体向上		仰卧起坐	
		大一大二	大三大四	大一大二	大三大四
优秀	100	19	20	56	57
	95	18	19	54	55
	90	17	18	52	53
良好	85	16	17	49	50
	80	15	16	46	47
及格	78			44	45
	76	14	15	42	43
	74			40	41
	72	13	14	38	39
	70			36	37
	68	12	13	34	35
	66			32	33
	64	11	12	30	31
	62			28	29
	60	10	11	26	27
不及格	50	9	10	24	25
	40	8	9	22	23
	30	7	8	20	21
	20	6	7	18	19
	10	5	6	16	17

表 7-8　大学生耐力跑单项评分表　　　　　单位:分·秒

等级	单项得分	男生		女生	
		1 000 米跑		800 米跑	
		大一大二	大三大四	大一大二	大三大四
优秀	100	3'17"	3'15"	3'18"	3'16"
	95	3'22"	3'20"	3'24"	3'22"
	90	3'27"	3'25"	3'30"	3'28"
良好	85	3'34"	3'32"	3'37"	3'35"
	80	3'42"	3'40"	3'44"	3'42"
及格	78	3'47"	3'45"	3'49"	3'47"
	76	3'52"	3'50"	3'54"	3'52"
	74	3'57"	3'55"	3'59"	3'57"
	72	4'02"	4'00"	4'04"	4'02"
	70	4'07"	4'05"	4'09"	4'07"
	68	4'12"	4'10"	4'14"	4'12"
	66	4'17"	4'15"	4'19"	4'17"
	64	4'22"	4'20"	4'24"	4'22"
	62	4'27"	4'25"	4'29"	4'27"
	60	4'32"	4'30"	4'34"	4'32"
不及格	50	4'52"	4'50"	4'44"	4'42"
	40	5'12"	5'10"	4'54"	4'52"
	30	5'32"	5'30"	5'04"	5'02"
	20	5'52"	5'50"	5'14"	5'12"
	10	6'12"	6'10"	5'24"	5'22"

(二)加分指标评分标准

大学生体质健康加分指标评分内容及标准具体参考表 7-9、表 7-10。

表 7-9　大学男生加分指标评分表

加分	引体向上（次）		1 000 米跑（分·秒）	
	大一大二	大三大四	大一大二	大三大四
10	10	10	−35″	−35″
9	9	9	−32″	−32″
8	8	8	−29″	−29″
7	7	7	−26″	−26″
6	6	6	−23″	−23″
5	5	5	−20″	−20″
4	4	4	−16″	−16″
3	3	3	−12″	−12″
2	2	2	−8″	−8″
1	1	1	−4″	−4″

注：引体向上为高优指标，学生成绩超过单项评分 100 分后，以超过的次数所对应的分数进行加分。1 000 米跑为低优指标，学生成绩低于单项评分 100 分后，以减少的秒数所对应的分数进行加分。

表 7-10　大学女生加分指标评分表

加分	1 分钟仰卧起坐（次）		800 米跑（分·秒）	
	大一大二	大三大四	大一大二	大三大四
10	13	13	−50″	−50″
9	12	12	−45″	−45″
8	11	11	−40″	−40″
7	10	10	−35″	−35″
6	9	9	−30″	−30″
5	8	8	−25″	−25″
4	7	7	−20″	−20″
3	6	6	−15″	−15″

续表

加分	1分钟仰卧起坐（次）		800米跑（分·秒）	
	大一大二	大三大四	大一大二	大三大四
2	4	4	−10″	−10″
1	2	2	−5″	−5″

注：一分钟仰卧起坐为高优指标，学生成绩超过单项评分100分后，以超过的次数所对应的分数进行加分。800米跑为低优指标，学生成绩低于单项评分100分后，以减少的秒数所对应的分数进行加分。

第二节　国民体质测评

以年龄为依据，可以将我国国民体质测评分为幼儿体质测评、儿童青少年体质测评、成年人体质测评和老年人体质测评四类，见表7-11，其中儿童青少年监测标准按教育部《国家学生体质健康标准》执行。

表 7-11　我国国民体质测评对象分组

测评对象	性别	年龄范围（单位：岁）
学龄前儿童（幼儿组）	男、女	3～6
儿童青少年（学生组）	男、女	7～19
成年人组	男、女	20～59
老年人组	男、女	60～69

一、学龄前儿童体质测评

（一）测试对象分组

《国民体质测定标准·幼儿部分》主要用于对3—6周岁的中国幼儿进行体质测量。按年龄、性别分组，3—5岁，每0.5岁分一组；6岁为一组。男女共14个组别，见表7-12。

表 7-12　学龄前儿童年龄分组(单位:岁)

性别	分组						
	1	2	3	4	5	6	7
男	3.0～	3.5～	4.0～	4.5～	5.0～	5.5～	6.0～
女	3.0～	3.5～	4.0～	4.5～	5.0～	5.5～	6.0～

年龄计算方法如下。

3～5 岁者:

测试时当年生日未过,且距离生日不满 6 个月:年龄＝测试年－出生年－0.5。

测试时当年生日未过,且距离生日超过 6 个月:年龄＝测试年－出生年－1。

测试时当年生日已过,且不满 6 个月:年龄＝测试年－出生年。

测试时当年生日已过,且超过 6 个月:年龄＝测试年－出生年＋0.5。

6 岁者:

测试时当年生日未过:年龄＝测试年－出生年－1。

测试时当年生日已过:年龄＝测试年－出生年。

(二)测试指标

(1)身高、体重,两项身体形态指标。

(2)双腿连续跳、网球掷远、10 米折返跑、立定跳远、走平衡木、坐位体前屈等身体素质指标。

(三)评定方法与标准

评定时通过单项评分和综合评级来进行。其中,单项评分采用 5 分制,包括身高标准体重评分和其他单项指标评分。综合评级是以受试者各单项得分之和为根据来进行确定,共分一级(优秀)、二级(良好)、三级(合格)、四级(不合格)等 4 个等级。其中任意一项指标无分者,不对其进行综合评定,见表 7-13。

表 7-13　综合评级标准

等级	得分
一级(优秀)	＞31 分

续表

等级	得分
二级（良好）	28～31 分
三级（合格）	20～27 分
四级（不合格）	<20 分

注：评分标准以国民体质测定标准手册（幼儿部分）为参照。

二、儿童青少年体质测评

在国民体质监测系统中，儿童青少年属于一个特殊群体，该群体主要是学生，所以对该群体的体质进行测评时，可参考第一节的内容，评分标准以《国家学生体质健康标准》为参照。

三、成年人体质测评

在我国生活，从事各行各业生产劳动的正常成年人群是成年人体质监测对象。本系统中有一个特殊的学生人群，即 19—22 岁的大学生，对该群体的体质监测可参考第一节。

（一）测试对象分组

20—59 周岁的中国成年人是我国成年人体质监测对象，以年龄、性别为依据来分组，每 5 岁为一组，男女共有 16 个组别。以测试指标的不同为依据，将这些组别分为两个大组，即甲组（20—39 岁）、乙组（40—59 岁）。

年龄计算方法：

测试时当年生日未过：年龄＝测试年－出生年－1。

测试时当年生日已过：年龄＝测试年－出生年。

（二）测试指标

成年人的体质测试指标包括身体形态（身高、体重）、身体机能（肺活量、台阶试验）和身体素质（握力、1 分钟仰卧起坐（女）、俯卧撑（男）、坐位体前屈、纵跳、闭眼单脚站立、选择反应时）等 3 类，见表 7-14。

表 7-14　成年人体质测试指标

类别	测试指标	
	20—39 岁	40—59 岁
身体形态	身高、体重	身高、体重
机能	肺活量、台阶试验	肺活量、台阶试验
身体素质	握力;俯卧撑(男);1 分钟仰卧起坐(女);纵跳;坐位体前屈;闭眼单脚站立;选择反应时	握力;坐位体前屈;闭眼单脚站立;选择反应时

(三)评定方法与标准

评定时通过单项评分和综合评级来进行。其中,单项评分采用 5 分制,包括身高标准体重评分和其他单项指标评分。综合评级是以受试者各单项得分之和为根据来进行确定,共分一级(优秀)、二级(良好)、三级(合格)、四级(不合格)等 4 个等级。其中任意一项指标无分者,不对其进行综合评定,见表 7-15。

表 7-15　成年人体质测评标准

等级	得分	
	20—39 岁	40—59 岁
一级(优秀)	>33 分	>26 分
二级(良好)	30~33 分	24~26 分
三级(合格)	23~29 分	18~23 分
四级(不合格)	<23 分	<18 分

注:评分标准以国民体质测定标准手册(成年人部分)为参照。

四、老年人体质测评

(一)测试对象分组

生活在我国的正常老年人群是我国老年人体质监测对象,按年龄、性别分组,每 5 岁为一组。男女共有四个组别。

年龄计算方法:

测试时当年生日未过:年龄=测试年-出生年-1。

测试时当年生日已过:年龄＝测试年－出生年。

(二)测试指标

测试指标包括身体形态、身体机能和身体素质等3类(表7-16)。

表7-16　老年人体质测试指标

测试指标	内容
身体形态指标	身高、体重
身体机能指标	肺活量
身体素质指标	握力、坐位体前屈、闭眼单脚站立、选择反应时

(三)评定方法与标准

评定时通过单项评分和综合评级来进行。其中,单项评分采用5分制,包括身高标准体重评分和其他单项指标评分。综合评级是以受试者各单项得分之和为根据来进行确定,共分一级(优秀)、二级(良好)、三级(合格)、四级(不合格)等4个等级。其中任意一项指标无分者,不对其进行综合评定,见表7-17。

表7-17　老年人体质测评标准

等级	得分
一级(优秀)	＞23分
二级(良好)	21～23分
三级(合格)	15～20分
四级(不合格)	＜15分

注:评分标准以国民体质测定标准手册(老年人部分)为参照。

第三节　运动员选材测评

一、运动员选材概述

(一)运动员选材的概念

从体育测量与评价的角度看,运动员选材指的是在特定的环境、时间、对象及培养目标约束下,通过对运动员当前技能水平的测量,经预测,完成对其未来发展前景的评价。[①]

(二)运动员选材的内容

选拔出适应专项运动竞技能力需求的优秀运动员是运动员选材的主要任务。因此,运动员选材测评的内容主要是运动员的各项竞技能力。虽然不同专项对运动员竞技能力有不同的要求,但一般来说,运动员的体能、技能、心理能力和智能是决定其竞技能力的主要构成因素。运动员竞技能力构成的基本模型如图 7-1 所示。对于不同项目和不同运动员个体而言,各因素的作用又有一定的区别。

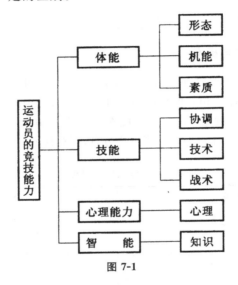

图 7-1

研究发现,不同项群运动员竞技能力各项构成因素的作用区别见表 7-18。

表 7-18　不同项群运动员竞技能力各决定因素作用的模糊等级判别结果

项群	体能主导类			技能主导类				
	速度性	快速力量性	耐力性	表现难美性	表现准确性	隔网对抗性	同场对抗性	格斗对抗性
形体	++	+++	++	+++	++	++	++	+++

---

① 孙庆祝,郝文亭,洪峰.体育测量与评价(第二版)[M].北京:高等教育出版社,2010.

续表

项群	体能主导类			技能主导类				
	速度性	快速力量性	耐力性	表现难美性	表现准确性	隔网对抗性	同场对抗性	格斗对抗性
机能	+++	+++	+++	++	++	++	++	++
素质	+++	+++	+++	++	++	+++	+++	+++
协调	++	++	+	+++	++	+++	+++	+++
技术	++	++	++	+++	+++	+++	+++	+++
战术	++	+	++	+	+	+++	+++	+++
心理	++	++	++	++	++	+++	+++	+++
知识	+	+	+	++	++	++	++	++

注:+++决定性作用;++重要作用;+基础作用。

与不同项群之间的差异相比较而言,同一项目上不同运动员个体竞技能力结构的差异多表现在更深层次的微观层面上。这是对运动员进行选材时的一项难点,需要对其进行科学分析,以提高选材工作的科学性。

(三)运动员选材的影响因素

影响运动员选材的因素有很多,如运动员个人因素、选材层次、选材人员的素质、选材工作的现实条件等,如图 7-2 所示。这些因素的存在是相互联系的,而非完全孤立。以遗传因素为例,它对运动员竞技能力的影响,实质上也是对其他个人因素不同程度的影响。

(四)运动员选材的途径

一些体育科研工作者从不同视角,借助不同学科理论,多方位地研究了运动员选材工作,并取得了丰硕的成果。从现有研究资料来看,当前运动员选材的主要途径有以下几种。

1.遗传选材

研究认为,运动天赋对一名运动员是否能够成为优秀竞技人才有重要的影响,而运动天赋就是来自于遗传,这种遗传性是运动员选材的物质基础。目前,谱系选材、皮纹选材、血型选材、性染色体选材等是常见的遗传选材类型。

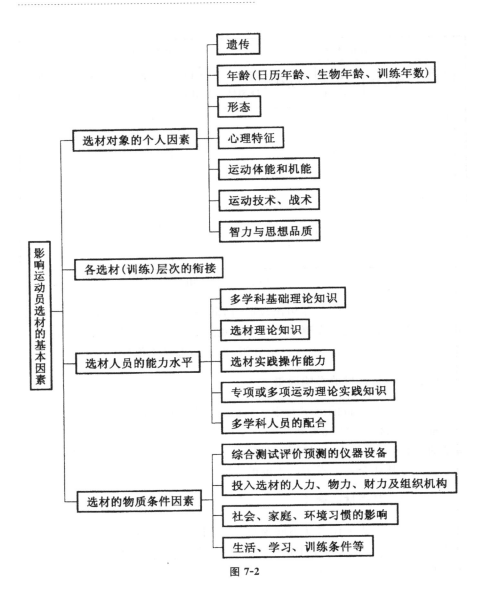

图 7-2

2.体型选材

人体形态是人整体外貌特征的反映,也是人体局部结构特点的体现。大多数运动项目都有着各自在形态上的要求和优势,运动员运动能力的好坏与强弱,可以通过人体形态间接地表现出来。因而体型会从很大程度上影响运动员专项水平的发展潜力。目前,常用的体型选材主要有两方面,即体型分类和体型预测。

3. 年龄选材

人类的生长发育进程及最后发育水平具有个体差异性。因而,在运动员选材中必须考虑年龄因素,通过探索人体生长发育的年龄特征,各运动项目(群)选材的适宜年龄,儿童少年发育程度的鉴别,使选材工作更加科学、准确。目前,骨龄选材和性别发育程度选材是常用的年龄选材方法。

4. 运动素质选材

运动员能否取得优异的成绩,关键在于运动素质水平是否良好,运动素质是机体在运动中表现出来的基本素质(力量、速度、耐力、柔韧等)和复合素质(灵敏、协调、平衡)。一个人运动素质水平的高低,除了受先天遗传因素的影响外,也与后天环境、营养、健康状况、体育锻炼、训练水平关系密切。运动素质选材是当前应用最为普遍的选材方法,但也是最不稳定的选材方法。由于运动素质的培养有其自身的规律性和渐进性,因而,早年运动素质较高的运动员,将来未必就能够成为优秀的运动员。力量素质、速度素质、耐力素质、柔韧素质、灵敏素质等是常见的运动素质选材指标。

二、定量选材测评

以严格的数据测量为基础,运用相应的数学方法构建量化模型,以数量多少来对运动员水平的高低做出判断,进而对运动员进行评价的过程就是所谓的定量选材。由于选材需要一定的超前性,因而定量选材过程与模型预测有非常密切的关系。

(一)身高选材测评

1. 测量意义

身高这项形态指标在体型变化中遗传度相对较高,具有极高的选材价值。

2. 适用对象

儿童或中、小学生。

3. 测量器材

身高测量仪、直尺、骨龄测试设备。

4.测量方法

国内外研究出了很多预测身高的方法。但大都是在群体测试的基础上,通过统计学分析计算得出的预测评价公式。

5.测量要求

身高选材主要从以下 4 个角度进行预测评价。
(1)依据儿童少年身高预测未来成人身高。
(2)依据父母身高预测子女未来成人身高。
(3)依据儿童少年发育程度预测未来成人身高。
(4)依据儿童少年肢体发育长度预测未来成人身高。
在具体的测量中,只选其中一种即可。

6.评价

下面主要说明如何依据父母身高预测子女未来成人身高。
(1)哈弗利米克预测方法:
儿子成人身高＝(父亲身高＋母亲身高)×1.08/2。
女儿成人身高＝(父亲身高×0.923＋母亲身高)/2。
刘献武老师以我国中部地区汉族子女与父母身高关系为依据,修正了以上预测方法。
儿子成人身高＝(父亲身高＋母亲身高)×(1.11～1.12)/2。
女儿成人身高＝[父亲身高×(0.948～0.98)＋母亲身高]/2。
(2)王路德预测方法:
儿子成人身高＝56.699＋0.419×父亲身高＋0.265×母亲身高。
女儿成人身高＝40.089＋0.306×父亲身高＋0.431×母亲身高。

(二)运动素材选材测评

运动员竞技水平的高低可以从其运动素质的优劣中直接反映出来,所以,在运动员选材工作中,运动素质选材是最直接最有效的一个选材方法。而且这一选材方式与运动员的育材工作有直接联系,往往对未来育材工作的重点有决定性影响。现阶段,一般从力量、速度、耐力、柔韧、灵敏、平衡和韵律几方面来展开运动素质选材工作,运用统计方法建立人体发育的基本模型,再对比运动员实测水平,从而对运动员的未来发展前景进行预测与评价。

1.不同运动项群运动素质选材要点

不同运动项群对运动员的运动素质有不同的要求,同一项群各项目对运动员运动素质的要求也有一定的差别,见表7-19。

表 7-19 不同项群运动素质选材要点

项群	项目	运动素质选材要点
体能主导类快速力量性项群	举重	全身力量好,爆发力强,各关节固定、支撑能力强,握力强大,肩关节柔韧性好
	跳跃类	腿部爆发力好,腰腹力量强(撑竿跳还对肩带、上肢力量要求高),柔韧性好,短程加速能力强
	投掷类	全身力量强,动作速度快,爆发力强,协调性好,对肩带柔韧性有特殊要求,标枪要求短程加速能力强
体能主导类速度性项群	短距离跑、游泳、自行车、滑冰、滑雪	反应快,起动速度快,加速能力强,动作频率高; 跑、滑冰、自行车等对下肢力量、髋关节柔韧性要求高; 短游、滑雪对臂力、背力、腰腹力、腿力、握力、平衡能力和柔韧性要求高,专项耐力好
体能主导类耐力性项群	短时	维持最高速度、动作频率的能力强,绝对力量和力量耐力好,专项柔韧性好
	中时	无氧和有氧耐力强,力量耐力好,有一定速度和绝对力量。 中长跑(滑冰、自行车)要求下肢、腰腹力量大,髋、踝关节柔韧性好; 中长游(划艇、滑雪等)要求全身力量大,柔韧性好
	长时	有氧(速度和力量)耐力能力强,专项柔韧性好
技能主导类表现难美性项群	竞技体操、技巧	全面而灵活,各种跳跃、支撑、悬垂的动(静)力性力量强,动作速度快,臂、腿、腰、腹、背肌相对力量大,握力大,柔韧性好,平衡能力强
	武术(套路)	动作速度快,臂、腿、腰、腹、背肌相对力量大,握力大,柔韧性好,灵活协调好,弹跳力好,专项耐力强
	艺术体操	灵活性、节奏感、协调性、柔韧性好,有一定的弹跳力
	跳水	本体感觉好,平衡能力强,弹跳力强,柔韧性好,转体翻转等整体动作速度快,腰腹力量大

项群	项目	运动素质选材要点
技能主导类表现准确性项群	射击、射箭、射弩	臂力、握力、腰背力大,静止站立保持性力量和耐力强,肩关节柔韧性好
技能主导类隔网对抗性项群	排球、乒乓球、网球、羽毛球	反应速度快,动作速度快(判断快、起动快、移动快、摆臂快、制动快、还原快、变向快),动作爆发力大,柔韧素质好,协调灵活性强,有一定的专项耐力,身体有关部位的相对力量大。排球需要较强的专项助跑弹跳和原地弹跳力
技能主导类同场对抗性项群	篮球、冰球、排球、垒球、足球、棒球、手球、水球	反应速度、动作速度、对抗中的短距离往返位移速度快,全身力量较强,弹跳力好,速度耐力和其他专项耐力强,灵敏性、柔韧性及本体感觉好
技能主导类对抗格斗性项群	击剑	反应速度快,下肢快速力量强,动作速度及短距离位移速度快,灵敏性好,各主要关节的柔韧性好
	摔跤、柔道	全身力量、快速力量好,动作速度快,以肩、腰、髋关节为主的关节柔韧性好,本体感觉优秀,动作保持力及肌肉耐力好,专项反应快
	拳击、散打、跆拳道	反应速度、动作速度快,快速击打力量大,弹跳力强,保持性站立力好,抗击打能力强,专项耐力好,相应关节的柔韧性好

2. 主要运动项目运动素质选材测评指标

主要运动项目运动素质选材测评指标见表 7-20。

表 7-20 主要运动项目运动素质选材测评指标

项目		运动素质选材主要指标
田径	短跑	站立式起跑 30 米和 60 米跑,立定跳远,立定三级跳远或立定十级跳远,后抛铅球,纵跳,30 米单足跳,专项成绩(100 米跑、200 米跑或 400 米跑),步频
	中长跑	60 米跑,十级跳远,后抛铅球,步频,专项成绩(800 米跑或 1 500 米跑)

续表

项目		运动素质选材主要指标
田径	跨栏跑	站立式起跑30米或60米跑,快速10秒原地高抬腿,步频,体前屈手触地,双腿前后劈叉和左右劈叉,后抛铅球,立定跳远,立定三级跳远或立定十级跳远,400米跑,专项成绩(80米、100米或110米、400米栏跨栏跑与平跑成绩差距)
	跳远、三级跳远	60米跑,10米途中跑,立定跳远或立定三级跳远,后抛铅球,4步助跑五级跨步跳远,专项成绩(跳远或三级跳远)
	跳高	站立式起跑30米跑,助跑摸高(净跳高度),后抛铅球,4步助跑五级跨跳远专项成绩
	撑竿跳高	站立式起跑60米跑,立定跳远,引体向上,4步助跑五级跨跳远,专项成绩
	铅球	30米跑,立定跳远,后抛铅球,原地推铅球或掷铁饼,卧推(骨龄16—17岁测),深蹲,直腿坐,上体前屈触地,专项成绩(铅球)滑步推和原地推差值
	铁饼	30米跑,立定跳远,后抛铅球,原地推铅球或掷铁饼,卧推,深蹲,专项成绩(铁饼)旋转投和原地投差值
	标枪	30米跑,立定跳远,掷小垒球(125克),后抛铅球,后桥/身高×100(12—15岁),转肩宽度,抓举(16—17岁),双手投实心球(16—17岁),专项成绩(标枪)助跑投与原地投差值
	链球	30米跑,立定跳远,立定三级跳远,后抛铅球,深蹲,卧推,专项成绩(链球)
体操		30米跑,立定跳远,引体向上,30秒悬垂举腿,提倒立(直臂屈体慢起手倒立),后桥(女),体前屈(男),专项成绩(按体操教学训练大纲考核)
游泳		纵跳,体后屈,立位体前屈,踝关节屈伸度(屈伸),展臂上举,反臂体前屈,浮力平衡力。 专项成绩: (1)四式50米手、腿基本动作计时游; (2)四式50米配合计时游; (3)400米、800米、1 500米自由泳计时游; (4)100米、200米个人混合泳计时游; (5)四式10米出发计时游

续表

项目	运动素质选材主要指标
跳水	30米跑,立定跳远,纵跳摸高,悬垂举腿,肩关节柔韧性,踝关节柔韧性,后桥,协调性
举重	60米跑,立定跳远,后抛铅球,体前屈,横竖叉,握力,背力,负重深蹲,纵跳,专项成绩(举重)、总成绩
篮球	100米跑,助跑摸高,收腹举腿,十字跳,800米或1 500米跑
排球	60米跑,助跑摸高,20次仰卧起坐计时,36米移动
足球	守门员:30米跑,灵敏(滑步摸地),立定跳远,引体向上(男),或屈臂悬垂(女)。 锋卫线队员:30米跑,立定跳远,灵敏(3米往返),12分钟跑
乒乓球	30米跑,立定跳远,400米跑,30秒或45秒单摇或双摇跳绳,羽毛球掷远,移步换球
羽毛球	50米跑,立定跳远,800米或1 500米跑,单摇或双摇跳绳,握力,羽毛球掷远,5次左右两侧跑和5次直线进退跑或10次低重心四角跑,10秒钟快踏步频率
网球	30米跑,起动计时跑,纵跳,立定跳远,4×8.23米往返跑,肩关节柔韧性
击剑	1分钟双摇跳绳,立定跳远,100米、800米或1 500米跑
赛艇	俯卧拉,负重深蹲,下蹲伸臂距,800米、1 500米或3 000米跑,3分钟立卧撑,纵向踩木
皮划艇	俯卧拉,俯卧撑,引体向上,卧推,100米跑,下蹲伸臂距,800米或2 000米跑,纵向踩木
蹼泳	1分钟快速仰卧起坐,纵跳,踝关节屈伸度
自行车	立定跳远,二十级蛙跳,仰卧抱头起,踏蹬频率(原地高抬腿),引体向上(俯卧撑、屈臂悬垂),200米行进(100米跑),1 000米计时(400米跑),公路30公里或20公里(1 500米,800米跑)
帆船	3 000米(1 500米)跑,引体向上,1分钟仰卧起坐,背力指数(背力/体重×100%),平衡能力(纵向踩木)
帆板	引体向上,屈臂悬垂,卧撑屈伸腿,1 500米跑,纵向踩木
射击	800米、1 000米跑,俯卧撑
射箭	拉弓稳定性时间/体重,下肢静力(马步下蹲),转肩距,纵向踩木

三、定性选材测评

定性选材方法是在经验判断、逻辑思维、逻辑分析以及逻辑推理的基础上展开的,在评定标准说明中多采用评价性文字和语言。一般情况下,这种选材方法测量简单或以观察形式为主,只从主观上评价运动员。运动员选材工作大都是从定性选材开始的。但是,因为选材工作不断发展与完善,纯粹采用定性选材的方法来选拔运动员的方法已经不多见了,需要结合定量选材方法来开展选材工作,从而提高选材的科学性。

目前,形态选材、性别发育度选材、技、战术选材等是比较典型的定性选材方法。

(一)形态选材测评

1.测量意义

运动员形态指标与竞技能力之间的关系非常密切,大多数教练员在选材中都会采用这一直观的方法。

2.适用对象

从事体育运动不久的初级运动员。

3.测量方法

运动员形态选材的测量方法可以是定量的,但教练员在实际应用这一方法时,往往不可能进行现场测量,因而要依靠定性判断来开展形态选材工作。目前,运动员形态选材的指标包括两方面,一是整体指标;二是局部指标。前者主要有身体比例、体型体态(体重、体脂)、身体结构等;后者主要有躯干、肢体和头部的长度、宽度、围度等。

4.测量要求

不同年龄阶段的人,各部位生长水平具有明显的差异。一般来说,在7岁以后,肢体按足、小腿、大腿、手、前臂、上臂、躯干的先后顺序逐步发育。因而,不同年龄运动员形态选材的具体尺度也有区别,所以在具体选材中要有详细的评价标准。

5.评价

在形体选材评价过程中,不同项目的评价指标不同。常见运动项目身体形态、机能的选材测评指标见表 7-21。

表 7-21　常见运动项目身体形态、机能选材的测评指标

项目		身体形态、机能选材主要指标
田径	短跑	身高（厘米），体重，身高×1 000（克/厘米），下肢长 A/身高×100%，（下肢长 B－小腿长 A）/小腿长 A×100%，下肢长 C/下肢长 H×100%，踝围/跟腱长×100%，心功指数，肺活量/体重（毫升/千克），声反应时（毫秒）
	中长跑	身高（厘米），体重/身高×1 000（克/厘米），下肢长 A/身高×100%，（下肢长 B－小腿长 A）/小腿长 A×100%，踝围/跟腱长×100%，心功指数，肺活量/体重（毫升/千克），声反应时（毫秒）
	跨栏跑	同中长跑
	跳远、三级跳远	身高（厘米），体重/身高×1 000（克/厘米），下肢长 A/身高×100%，（下肢长 B－小腿长 A）/小腿长 A×100%，踝围，跟腱长×100（%），心功指数，视反应时（毫秒）
	跳高	同跳远、三级跳远
	撑竿跳高	身高（厘米），体重/身高×1 000（克/厘米），指距－身高（厘米），下肢长 A/身高×100%，（下肢长 B－小腿长 A）/小腿长 A×100%，踝围/跟腱长×100（%），骨盆宽/肩宽×100%，心功指数，视反应时（毫秒）
	铅球、铁饼、链球	身高（厘米），体重/身高×1 000（克/厘米），指距－身高（厘米），骨盆宽/肩宽×100%，手长（厘米），心功指数，被动反应时（秒）
	标枪	身高（厘米），体重/身高×1 000（克/厘米），指距－身高（厘米），上臂围松紧差（厘米），骨盆宽/肩宽×100%，后桥高/身高×100%，心功指数，被动反应时（秒）
体操		身高（厘米），胸围/身高×100%，下肢长 B/身高×100%，指距，身高（厘米），髂前上棘宽/肩宽×100%，心功指数
游泳		身高（厘米），体重/身高×1 000（克/厘米），指距－身高（厘米），体型指数[（肩宽－骨盆宽）/骨盆宽×身高]，手面积指数（即手掌×手宽），心功指数，憋气时间（秒），纵跳（厘米），体前屈（厘米），体后屈（厘米），踝关节屈伸度（伸度），踝关节屈伸度（屈度）
举重		身高（厘米），体重/身高×1 000（克/厘米），坐高/身高×100%，拇指长（厘米），上臂围松紧差（厘米），骨盆宽指数（骨盆宽/肩宽×100%）

续表

项目	身体形态、机能选材主要指标
篮球	身高(厘米),指距(厘米),右眼视野(度),左眼视野(度),心功指数,手动稳定性(孔数),综合反应(秒)
排球	身高(厘米),指距—身高(厘米),下肢长 A/身高×100%,跟腱长/小腿加足高×100%,被动反应(秒)
足球	守门员:身高(厘米),指距—身高(厘米),肺活量(毫升),神经类型(808 表),视反应时(毫秒),视—脚反应时(毫秒)。锋卫线队员:身高(厘米),体重,身高×1 000(克/厘米),肺活量/体重(毫升/千克),心功指数,神经类型(808 表),视—脚反应时(毫秒)

(二)性别发育度选材测评

1.测量意义

发育程度是衡量少年儿童运动员未来发展前景的一项重要指标。通过测量性别发育程度,可以推断运动员的标准年龄(或骨龄),进而判断运动员属于哪种成熟类型(早熟、正常、晚熟),从而为运动员选材提供一定的参考。

2.适用对象

还未开始发育的少年儿童运动员。

3.测量方法

主要采用观察法,对运动员的阴毛、睾丸、乳房进行分级,从而对其发育程度进行评定。

4.测量要求

测量过程中应将多部位分级综合起来,以便提高判断的准确性。

5.评价

(1)女性分度标准,见表 7-22。
①女性乳房分度标准。
Oo:乳房未发育,乳部平坦。
Ⅰo1:乳头、乳晕呈芽苞状突起,尚无乳节块出现。
Ⅰo2:有乳节块出现,有触痛,其他情况与Ⅰo1 相同。

Ⅱo1:乳头、乳晕呈芽苞状突起,乳节硬块大于乳晕,乳腺稍鼓起。

Ⅱo2:乳腺鼓起较大,乳节硬块不易摸到,其他情况与Ⅱo1相同。

Ⅲo:乳头突起,乳晕突起消失,乳腺鼓起显著,呈成熟状乳房。

②女性阴毛分度标准。

Oo:阴部无毛。

Ⅰo:阴毛开始在大阴唇出现,稀少而短。

Ⅱo:阴毛长到耻骨联合处,稍密而长,部位比较集中。

Ⅲo:阴毛分布达耻骨联合上缘,呈倒三角形。

表 7-22 女性发育程度评价表

发育程度(骨龄)	分度		
	乳房	阴毛	其他
8	Oo	Oo	
9	Oo～Ⅰo1	Oo	
10	Ⅰo1～Ⅰo2	Oo	
11	Ⅰo2～Ⅱo1	Oo	
12	Ⅱo1～Ⅱo2	Oo～Ⅰo	
13	Ⅱo2	Ⅱo～Ⅲo	月经初潮
14	Ⅱo2	Ⅲo	
15	Ⅱo2	Ⅲo	

(2)男性分度标准,见表 7-23。

①男性睾丸分度标准(以右侧睾丸长径为准)。

Ⅰo:长径 1～1.5 厘米。

Ⅰo～Ⅱo:长径 1.5～2 厘米。

Ⅱo:长径 2 厘米。

Ⅱo～Ⅲo:长径 2.5 厘米。

Ⅲo:长径 3 厘米。

Ⅲo～Ⅳo:长径 3.5 厘米。

Ⅳo:长径 4 厘米。

Ⅳo～Ⅴo:长径 4 厘米以上。

②男性阴毛分度标准。

Oo 阴部无毛。

Ⅰo:阴毛开始出现在阴茎根部,毛稀少而短。

Ⅱo:阴毛长到耻骨联合处,稍密而长,部位比较集中,初步有呈倒三角形趋势。

Ⅲo:阴毛分布范围广,毛密而长,已成明显倒三角形,并有向下肢鼠蹊部伸延,毛发重者有向菱形发展的趋势。

表 7-23　男性发育程度评价表

发育程度（骨龄）	分度		
	睾丸	阴毛	其他
10	Ⅰo	Oo	
11	Ⅰo～Ⅱo	Oo	阴茎开始增长,睾丸增大
12	Ⅱo～Ⅲo	Oo	喉结增大
13	Ⅲo	Oo～Ⅰo	第一次出现一过性乳节
14	Ⅲo～Ⅳo	Ⅰo～Ⅱo	声音变粗
15	Ⅳo	Ⅱo	阴囊色素增加,遗精
16	Ⅳo～Ⅴo	Ⅱo～Ⅲo	睾丸增长完成
17	Ⅳo～Ⅴo	Ⅲo	长骨停止生长

根据少年儿童的骨龄与生活年龄的差值,将少年儿童的发育程度分为3种类型,分别是早熟(差值≥1 岁)、正常(差值＜±1 岁)以及晚熟(差值≤－1 岁)。一般通过百分位曲线图来读出骨龄值,如图 7-3 所示。

（三）技战术选材测评

1.测量意义

目前为止,在运动员选材研究中,有关技、战术选材的研究最少,有测量依据的选材方法严重缺乏。技、战术选材方法主要运用在运动员培养过程中的阶段性评价,以此对运动员的可塑性进行观察。

2.适用对象

有一定训练经历的初级运动员。

3.场地器材

训练、比赛场地器材。

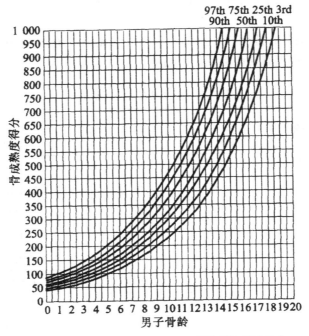

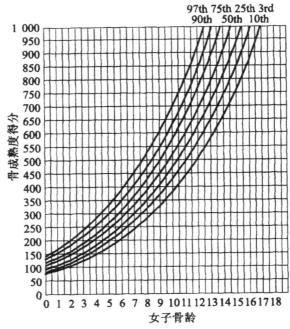

图 7-3

4.测量方法

现阶段,这一选材工作主要依靠教练员在运动训练或比赛中的主观判断来完成。

5.测量要求

结合传统经验与现场对比来进行技、战术选材。

6.评价

以羽毛球运动员的技、战术选材为例,对其评价内容和标准分析如下。

(1)手法。羽毛球运动中的上肢动作总称为手法,具体包括 3 类,分别是据拍法、发球法和击球法。对手法的评定主要从 4 方面进行,即准备、引拍、击球和随前。准备部分主要观察据拍、功架;引拍部位主要观察轨迹、翻拍;击球部分主要观察击球点、发力;随前部分主要观察回位、回收。

羽毛球运动员手法的评价标准见表 7-24。

表 7-24　羽毛球选材中手法的评价

等级			
	优	良	差
准备	(1)据拍合理、规范、灵活 (2)基本功架合理、协调	(1)据拍基本合理、不活 (2)准备动作幅度大,结构合理	(1)据拍不规范或错 (2)准备姿势不规范
引拍	引拍轨迹有利于创造击球条件,完成引拍速度快	引拍回环动作幅度大,完成动作速度慢	引拍过程受某环节制约,身体不协调或有错
击球	(1)击球点适宜 (2)发力集中	(1)稍偏离击球点 (2)发力不够集中	(1)偏离击球点 (2)发不出力
随前	(1)击球后快速恢复重心,并连贯回到有利位置 (2)还原据拍	(1)恢复重心慢 (2)回位慢	(1)恢复不了重心 (2)回不了位

(2)步法。羽毛球运动中的下肢动作总称为步法,主要包括 5 种基本步法,即垫点、并步、跨步、蹬步和跳步。对步法的评定主要从准备、引拍、击球、随前等 4 方面来进行。

羽毛球运动员步法的评价标准见表 7-25。

表 7-25 羽毛球选材中步法的评价

等级			
	优	良	差
准备	(1)站位灵活 (2)重心稳,有利于起动	(1)站位不灵活或有错 (2)重心不稳	(1)站位错误 (2)重心死板
引拍	(1)起动及时,方向正确 (2)起动速度快	(1)起动比较及时,反应慢 (2)起动速度慢	起步慌乱
击球	(1)移动组合步法合理 (2)连贯性好,有节奏	(1)移动组合步法基本合理 (2)节奏不明显	移动步法乱
随前	(1)快速恢复重心 (2)回位快	回位盲目	回位困难

(3)战术意识和基本技术应用。在羽毛球战术意识及技术应用的评价中,主要是评定运动员战术意识的强弱,基本动作和技术组合完成的适时适当性以及应用的合理、灵活和规范性。

羽毛球选材中,战术意识和基本技术应用的评价标准见表 7-26。

表 7-26 羽毛球选材中战术意识与技术应用的评价

等级			
	优	良	差
战术意识	(1)意识强 (2)判断准	一般	无战术意识
基本技术应用	(1)组合适时 (2)应用活	一般	技术应用死板

第八章　提高身体素质的运动处方研究

　　运动处方是在身体检测的基础上,根据运动员或锻炼者的身体要求按照科学的运动或健身原则,为运动员或锻炼者提供的量化指导性方案。个体身体素质的提高需要经过科学的健身与运动训练才能实现,而科学的健身与运动训练需要建立在科学运动处方的基础之上,在此基础上的健身与运动训练才更具科学性,才能收到良好的健身和运动训练效果,并有助于健身和运动训练效率的提高。本章主要针对个体身体素质提高的相关运动处方进行研究,为不同人群参与健身锻炼提供科学的理论指导。

第一节　运动处方概述

一、运动处方的概念与分类

(一)运动处方的概念

　　关于"运动处方",这一名词最早在 20 世纪 50 年代由美国生理学家卡波维奇率先提出。1969 年,"运动处方"的概念被世界卫生组织采用,并在国际范围内得到推广。[①]

　　现代一般认为,运动处方是指针对个人的身体状况而制定的一种科学的、定量化的周期性锻炼计划。

(二)运动处方的分类

　　根据不同的分类标准,可以将运动处方分为不同的种类,具体分类标准与内容参考表 8-1。

---

① 　陈文鹤.健身运动处方[M].北京:高等教育出版社,2014.

表 8-1　运动处方的分类①

分类标准	分类内容
目的	健身运动处方 竞技运动处方 康复治疗运动处方
构成体质要素	改善身体形态的运动处方 增强身体机能的运动处方 增强身体素质的运动处方 调节心理状态的运动处方 提高适应能力的运动处方
锻炼的器官与系统	心血管系统的运动处方 呼吸系统的运动处方 神经系统的运动处方 消耗系统的运动处方 运动系统的运动处方
实施环境	社区运动处方 健身房健身运动处方 家庭健身运动处方 学校健身运动处方

关于运动处方的分类并不是绝对化的,不同的运动处方分类角度不同、侧重点不同。各种不同分类标准下的运动处方具有一定的交叉,例如任何一种运动处方都可以根据年龄再进行细分。本章所介绍的运动处方主要是健身运动处方。

二、运动处方的构成要素

(一)运动目的

运动处方的目的是根据运动者的身体情况确定目标。

运动处方的对象涉及各种各样的人,可以是年龄、性别、体质都不同的人,还可以是身体素质差、患有慢性病的患者以及残疾人等。运动目标往往

① 关群.体育运动处方及应用[M].北京:北京师范大学出版社,2010.

是加快生长发育速度、有效改善身体状况；强健体魄、提升体适能、推迟衰老时间；预防疾病，使身体处于健康状态；使日常生活更加多样化，对心理状态进行调节，使生活水平获得提升；灵活运用各项运动技能和运动方法，使竞技能力得到提升。

就发展身体素质的运动处方来说，其直接目的是发展体能素质、增强体质，提高运动效率；间接目的是发展运动者与运动专项相符的体能素质、提高运动者的运动竞技能力。

（二）运动处方内容

不同目的的运动处方，所包括的运动内容不同，结合运动处方的目标而选择的专项运动种类，即运动类型。由于运动类型对运动处方的实际成效有决定性作用，因此应结合运动处方的目的和目标确定具体内容。

发展身体素质的运动处方的内容应涉及运动者的各项素质的发展，因此，在具体的运动种类方面应包括力量、速度、耐力、柔韧、灵敏、弹跳等内容，具体分析如下。

1.发展力量素质的训练

根据个体力量素质的构成与分类，在发展运动者的力量素质的运动处方中，应包括具体的力量素质训练：最大力量、爆发力、抗阻力量的训练。

在力量素质训练中，抗阻力量训练是以增强力量、改变形体为主的运动，通常借助于各种运动训练器材，如哑铃、壶铃、杠铃、弹簧、橡皮筋等进行的多种形式的健身器械运动，以发展和提高力量素质。

2.发展速度素质的训练

根据个体速度素质的构成与分类，在发展运动者的速度素质的运动处方中，应包括具体的速度素质训练：动作速度、位移速度、反应速度的训练。

具体来说，运动者的速度素质训练可通过各种起跑、跑的练习进行，针对身体各部分的动作速度，可以结合具体的运动专项技术动作练习进行。

3.发展耐力素质的训练

根据个体耐力素质的构成与分类，在发展运动者的耐力素质的运动处方中，应包括具体的耐力素质训练：有氧耐力、无氧耐力、有氧和无氧耐力混合训练。

以运动者的有氧耐力训练为例，训练内容的安排应有助于改善和提高人体的有氧工作能力及机体的耐受力。这类训练内容有多种形式的步行走

（漫步、散步、竞走等）、各种形式的跑步（慢跑、健身跑、走跑交替等）、骑自行车、健身操、健美操、武术、体育舞蹈和球类运动等。

4.发展柔韧和灵敏素质的训练

在发展柔韧和灵敏素质的运动处方中，具体的柔韧和灵敏素质训练内容的安排，应有助于改善运动者的身体柔韧性和灵敏性。此类训练内容主要有健美操、韵律操、各类走跑游戏与球类运动等。

（三）运动负荷

运动负荷包括运动强度与运动量两个方面的内容。

1.运动强度

运动强度是指人体运动中单位时间移动的距离或速度。运动强度不但是运动量的核心，运动强度的科学安排直接关系到运动处方是否科学有效，是实现运动处方预期成效的重要因素。

运动健身实践中，在确定运动强度时，应将心率、最大摄氧量贮备、主观感觉疲劳表、代谢当量为依据。通常用靶心率来控制运动负荷强度是最简单易行的方法。一般来说，可以通过以下两种方法来确定靶心率。

（1）取最大心率（220—年龄）的 $70\%\sim85\%$。

（2）取负荷强度 $50\%\sim70\%$ 最大吸氧量时的心率。

2.运动量

运动量是指运动者体能训练负荷的运动的大小。适宜的运动量与运动强度是制定和执行运动处方的关键。

运动处方的具体训练过程中，多采用生理强度来测定运动者的运动量。运动量的大小判断具体如下。

（1）小强度的运动量：运动者的心率在约 120 次/分钟。

（2）中等强度的运动量：运动者的心率在约 150 次/分钟。

（3）大强度或极限强度的运动量：运动者的心率在约 $180\sim200$ 次/分钟。

在正常成人的运动处方制定过程中，运动负荷强度和运动负荷量的安排以中等运动强度为主。

（四）运动时间

运动时间是指持续参与体能训练的时间。运动时间和运动负荷之间关

系密切,与运动量、运动强度的关系可以用如下公式表示:

$$总的运动量＝运动强度×运动时间$$

在总运动量确定的情况下,运动强度与运动时间成反比。运动强度较大则运动时间较短,运动强度较小则运动时间较长。

在运动处方中,运动时间的科学安排应综合考虑运动目的、运动项目、运动强度、运动量、运动者自身情况后决定。

(五)运动频率

运动频率,又可简称为运动次数,具体是指运动者每周参与体育锻炼的次数(运动频度)。

运动频率与运动效果具有密切的关系。要想得到理想的运动锻炼效果,必须始终遵循生理学"刺激—反应—适应"的原理。所有运动负荷均会对身体产生刺激,进而使机体出现某些反应,多次有效刺激能够达到使身体不断积累良性反应的目的,同时在刺激过程中逐步适应,最终实现身体素质的量变到质变。

身体素质的提高与运动频率有着直接的联系,为了持续不断促进身体素质的提高,应考虑适当地增加运动频率,但应控制在运动者不产生过度疲劳的情况范围之内。

对于健康成人来说,每周参与运动训练的次数为3~4次或隔日锻炼为佳。如能每日都坚持运动训练最好,但并不是说运动次数越多越好,应与运动者的实际情况相符,确保下次训练开始时身体处于积极的状态,不能在过度疲劳的情况下持续开展运动训练。

对于专业运动员来说,运动频率可稍微多些,但也应与运动员的训练目的、专项特点、比赛安排等相结合。

(六)注意事项

在运动处方中,应具体参照运动目的或运动者实际状况来制定适宜的注意事项,使运动者的运动安全得到保障,同时避免意外事故的出现。

三、运动训练运动处方的制定

(一)运动处方制定前的准备工作

在制定运动处方之前,必须就运动处方使用对象,及运动者的身体状况进行一个全面的了解,包括运动史、疾病史、家族史、目前健康状况、疾病诊断和治疗情况,女性还应了解其月经情况和生育史。

了解运动者的各种情况,主要通过以下几个途径进行。

1.体格检查

体格检查用于了解运动者的身体基本健康状况,具体的检查内容和顺序可以根据门诊病人操作常规进行。

首先,运动者按要求填写表格、说明病史。

其次,重点对运动者的各运动器官与机体各系统进行必要的常规检查,以确定这些系统和器官是否存在慢性疾病及其严重程度。

2.运动负荷试验

在针对个体的健康状况和运动能力的评定中,运动负荷试验是一项十分重要的内容,其目的在于客观地了解与评估运动者的健康状况和运动能力,以便于在运动处方中科学安排相应的运动强度。

3.机能测评

对运动者进行机能测评的主要目的在于了解运动者身体机能的具体情况,对运动者在运动处方中可以承受的相应的运动负荷以及对运动者的有针对性的提高运动机能水平的训练内容作出科学预测和合理安排。关于身体机能的具体测评在本书第四章已经详细介绍,这里不再赘述。

对运动者的各项情况了解之后,应做好充分的记录,如填写运动者身体健康卡片,以便在运动处方的制定过程中进行参考,如图 8-1 所示。

姓名:	性别:	年龄:	职业:

联系地址: _____ 处方号: _____

临床检查

现有病诊断: _____ 就诊日期: 年 月 日

1. 心电图检查: _____;静息时心率: _____次/min;血压: _____。

2. X 射线检查:肺脏_____;CT 或 B 超: _____。

3. 化验检查:尿常规_____;胆固醇_____mg/L;脂蛋白_____;甘油三酯_____mg/L。

4. 运动实验: _____;最大负荷时心率: _____次/min。

5. 12 min 跑测试;跑距_____米,跑速 100 米/_____秒;2 400 米跑体质测试_____分,体力等级_____。

6. 体质强壮指数:强壮、优良、中等、体弱;体型:一般、消瘦、肥胖;身高体重指数: _____。

7. 运动爱好: _____。

图 8-1

（二）运动处方的制定程序

制定运动处方的基本程序如图 8-2 所示。这个程序除一般的医学检查外，还有为从事运动而进行的运动负荷试验及体力测验，因此可统称为运动医学检查。最后再经过讨论、修订后进入运动实施，或在运动实施的过程中对不恰当的地方及时做出修订。

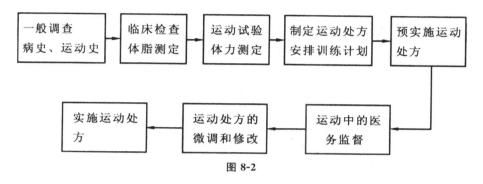

图 8-2

在运动处方的制定过程中，运动者病史及健康、运动情况调查是制定运动处方的前提。在制定运动处方的过程中，应充分考虑体力、性别和年龄等因素。

日本学者池上晴夫提出运动处方的制定应充分考虑运动者的各种适应和不适应状况，因此，他对运动处方的制定流程提出了更为细致的制定程序，如图 8-3 所示。

（三）运动处方的制定方式

通过以上几个步骤的工作，可以对运动者的健康状况、机能状况、体能水平和运动能力等有较全面的了解，可以据此制定运动处方。

制定运动处方时要按照运动处方的内容逐项决定运动目的、运动类型、负荷强度、运动时间、运动频度和注意事项等。

通常，运动处方的制定方式有叙述式和表格式两种。前者主要是通过文字叙述来清楚地交代运动处方的各项内容，后者则是通过表格的方式呈现运动处方的各项内容，两者相比，后者更为明确、直观，见表 8-2。

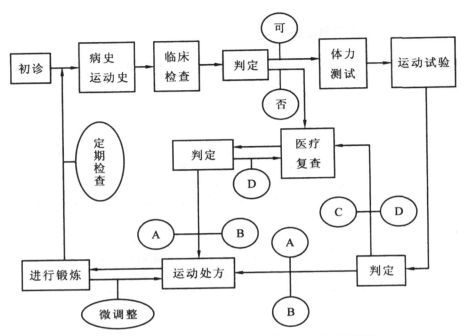

A：无异常，可以运动； B：有异常所见，附加一定条件可运动；
C：认真复查； D：不可运动，还须治疗

图 8-3

表 8-2　健康成人的健身运动处方

姓名		性别		年龄		日期	
临床检查结果							
机能检查结果							
运动试验结果							
体力测试结果							
运动目的	发展和保持心肺功能，提高健康状况						
运动内容	耐力性（有氧）运动						
运动强度	$40\% \sim 70\% \mathrm{VO_2 max}$						
运动时间	超过 20 分钟，每周合计 70～90 分钟						
运动频率	每周 3～6 次						
注意事项							
处方者签名							

（四）运动处方重点要素安排

1. 运动强度

运动强度是执行运动处方的主要措施之一。

制定运动处方的过程中，确定运动强度可参考与运动者运动训练效果相关的各种生理指标，如运动时的心率、吸氧量占最大吸氧量的百分比等，见表8-3。

表8-3 常用运动训练运动强度指标

强度	占最大吸氧量的百分比	心率/（次·分钟⁻¹）				
		20—29 岁	30—39 岁	40—49 岁	50—59 岁	60 岁以上
较大	80～70	165～150	160～145	150～140	145～135	135～125
较小	60～50	135～125	135～120	130～115	125～110	120～110
小	40	110	110	105	100	100

2. 运动时间

运动时间对运动者的运动健身效果和身体素质发展具有重要的影响，在运动处方制定过程中，鉴于运动处方与运动强度之间的密切关系，可在确定运动强度后，结合运动强度来进一步确定运动时间。

一般来说，运动强度与运动时间二者呈反比例关系，即运动强度大时，训练时间应较短；相反，运动强度小时，训练时间可稍长一些。

3. 运动频度

运动频度（运动次数）的合理安排以能实现既定的运动训练效果，同时又不使运动者感到过度疲劳为宜。

一般来说，健康成人的运动处方中，运动频率安排应为每日或隔日运动一次，每周参与3次运动训练。

（五）运动处方的实施与监控

对运动处方的实施进行监控是运动处方制定工作的一个重要组成部分。运动处方制定好之后，对于运动者来说，并没有真正完成工作，还应在运动处方中对运动者的运动安全、卫生、医务等工作进行必要的提示和指导。

运动产生的适度疲劳是正常现象,不仅对机体无害,还有助于提高运动者的健康水平和生理机能,但是,运动中应防止过度疲劳。因此,对于运动处方的实施应加强监控。科学的处方监督工作有助于确保运动处方各项内容的顺利进行,同时在保证运动者身心健康的基础上,有效提高和促进其体能发展。具体的监督工作可由运动者和医务工作者共同执行完成。

运动处方的试行和实施过程中的监控主要包括以下两个方面内容。

1. 自我监督

运动处方实施过程中,运动者通过自主观察健康状况和身体功能状态,来判断运动处方的内容、进度是否科学有效和适宜。具体来说,观察的内容应包括主观感觉(心情、睡眠、食欲、排汗量等)和简单的客观检查(运动后脉搏、晨起脉搏、体重、运动效果等)。

2. 医务监督

有较严重疾病的患者实施运动处方时,须在有医生指导或有医务监督的条件下进行运动。例如,心脏病人的运动处方实施过程中,应具有心电监测条件和抢救条件。

此外,专业运动员的运动处方实施,也应在有医生指导或有医务监督的条件下进行。例如,专业运动员的运动处方实施应避免职业性运动伤病的出现,运动训练过程中应加强预防并在伤病出现后及时就医处理。

(六)运动处方的修订

对于提高身体素质的运动者来说,在运动持续了一段时间后,应根据健身训练效果对最初的运动处方进行适时的修订。

运动处方修订的周期因人而异,因运动训练效果和身体素质发展情况而异。一般来说,年轻人可以半年或一年修订一次运动处方,而老年人或患有慢性心血管疾病的患者应在一两个月的时间内进行运动处方的修订。

第二节　青少年健身运动处方

一、青少年身心发展特点分析

根据生理状况、身体形态与心理特点,可以将 12 岁以下的青少年儿童分为不同的几个年龄阶段,具体如下。

(1)婴儿期:小于 2 岁。

(2)幼儿期:2—4 岁。

(3)学龄前儿童:4—6 岁。

(4)学龄儿童:7—12 岁。

(5)少年期:13—17 岁。

(6)青年期:18—25 岁。

儿童,一般是指学龄初期和学龄期的个体,具体年龄阶段是 6—12 岁,即处于小学阶段的群体。该时期的儿童新陈代谢特征是同化作用比异化作用大,身体所有系统变化迅速。

少年,一般是指处于 13—17 岁年龄阶段的个体,该阶段会从儿童时期逐步过渡到成年。这一阶段是人体青春发育的中间阶段。

儿童和少年统称为青少年。

第二性征发育是突出反应,又叫性成熟时期。男孩的常见反应是肌肉发达、肌肉力量强化、骨骼更加坚硬、身体高度增长较快、声音越来越粗、胡须开始变长、性器官出现发育的迹象、出现遗精等;女孩的常见反应是声调有所提高、声音越来越细、身体高度增长较快、乳房有所发育、髋部越来越宽、子宫开始发育、卵巢开始发育、月经初潮等。

(一)青少年的身心发展特点

1.青少年身体发展特点

在青少年的各机能系统中,神经系统是发育最快的,其次是运动系统、呼吸系统和心血管系统。具体分析如下:

(1)神经系统发育。青少年的神经系统发育时间会比较早,到 6 岁时已经和成人范围十分接近,神经纤维分支的增多速度和增长速度会十分快,这对形成和强化神经突触联系有积极影响,神经系统传导会更加精准及时,分化作用会显著增强,7 岁之后神经突触分支会越来越密集,大多数神经环路会由此形成,运动准确性与协调性会获得大幅度发展,行为更加有意识、更加积极。

(2)运动系统发育。骨骼方面,由于青少年的骨组织中富含很多水分与有机物,无机盐含量较少,两者的比例是 5∶5 或 3∶7。因此,青少年具有良好的骨弹性和韧性,发生骨折的可能性很小,但出现弯曲和变形的可能性较大。

肌肉方面,青少年的肌肉中水分较多,蛋白质与无机盐含量较少,特别是收缩蛋白比较少,肌纤维间的间质较多,因此肌肉柔软性好,横断面积不大,肌肉增长的平衡性较差,大肌肉的发育时间比较领先,上肢肌肉比下肢肌肉领先,屈肌比伸肌大一些,7—12岁是弹跳力增长最为迅速的时期。

关节方面,青少年关节面的软骨有一定厚度,关节囊、关节内、关节外的韧带薄弱且松弛,关节附近肌肉纤细且薄弱。因此,青少年关节具有良好的伸展性、灵活性与柔韧性较好,但关节的稳定性与牢固性相对较差,在运动过程中容易发生关节脱位。

(3)呼吸系统发育。和其他系统的发育相比,青少年呼吸系统的生长发育较为迟缓。原因在于,青少年的胸廓比较狭窄,呼吸肌力也需要进一步加强。因此,和成年人相比,青少年的胸围、呼吸差、肺活量都比较小。

(4)心血管系统。和成人相比,儿童的心肌纤维短且细,弹力纤维分布不多,心脏重量和心脏容积小,心脏每搏输出量与每分输出量较少,心率较快。

和儿童相比,少年时期,个体心肺功能的强化程度也会比较明显,但和成人相比仍表现出相对较弱的机能水平,同时呈现出较为明显的性别差异,自始至终男孩都比女孩高。

2.青少年心理发展特点

青少年抽象思维能力和独立学习能力也有所增强。但同时表现出心理发展的不足,具体表现如下。

(1)青少年存在独立性与依赖性共存的矛盾、认识水平低,控制自己的能力较弱,容易被暗示等。

(2)青少年的兴趣爱好广泛,但容易发生改变和转移。

(3)青少年身体形态和机能的迅速变化也会对其心理产生一定的影响,从而引发一系列的变化。

(4)青少年容易出现叛逆心理。

(二)青少年的身体素质发展特点

1.青少年身体素质的自然增长

青少年的各项身体素质会随年龄(7—25岁)而增长,在性成熟期的后期阶段(男16—20岁左右、女13—20岁左右),身体素质增长的速度开始趋缓。这是青少年身体素质发展的自然规律和特点。

但是由于受遗传、营养、环境等因素的影响,各青少年的身体素质在不同年龄阶段的增长速度不同。以性别因素为例,男女青少年的身体素质增长表现出明显的性别特征。

　　男性青少年在15岁左右增长的速度快、幅度大，在25岁以前基本上一直是呈上升趋势。

　　女性青少年从12岁开始，随年龄增长而各项素质有下降趋势，18—22岁又稍有回升，22岁后又下降。

　　2.青少年身体素质发展的敏感期

　　研究表明，在青少年的不同年龄阶段中，各项身体素质增长的速度不同，会在某一个年龄阶段呈现出快速增长的现象，这一年龄阶段和时期被称为该项身体素质增长的敏感期。

　　一般，青少年各项身体素质发展高峰的年龄：男子在19—22岁，23岁后缓慢下降；女子在11—14岁出现第一个波峰，14—17岁趋于停止或下降，18岁后回升，19—25岁出现第二次波峰。青少年各项身体素质发展的敏感期见表8-4、表8-5。

表 8-4　青少年儿童身体素质发展的敏感期

身体素质	敏感期/岁	身体素质	敏感期/岁	身体素质	敏感期/岁
平均能力	6—8	灵敏性	10—12	力量	13—17
柔韧性	6—12	节奏	10—12	耐力	16—18
反应速度	7—12	协调性	10—12		
模仿能力	7—12	速度	7—14		

表 8-5　青少年儿童身体素质发展的敏感期和最高成绩的年龄

运动项目	男			女		
	敏感期/岁	最高成绩	最高成绩/岁	敏感期/岁	最高成绩	最高成绩/岁
仰卧起坐	7—13	33.91(次/分)	19	7—11	30.4(次/分)	19
60米跑	7—14	8.7(秒)	19.2	7—12	10.6(秒)	19
曲臂悬垂	7—16	68.3(秒)	19	7—10	27.6(秒)	22
立定跳远	7—15	221.1(厘米)	21	7—13	161.0(厘米)	19

3.青少年各项身体素质的发展特点

对于青少年来说,其各项身体素质的发展具有一定的相同点,也具有发展的不同特点。概况来讲,各种素质的自然增长包括增长和稳定两个阶段,前者又可以分为快速增长阶段和缓慢增长阶段,各项身体素质在经历缓慢增长阶段之后逐渐进入稳定状态。

在青少年的各项身体素质增长过程中,不同的身体素质增长的顺序不同,具体来说,速度素质最先、耐力素质次之、力量素质最晚,男女青少年的身体素质增长均表现出该顺序。

以力量素质的发展为例,在少儿时期,个体的力量素质会随着年龄的增长而自然增长。其中,在力量素质的各构成要素中,绝对力量(不考虑体重因素)逐渐增长,而相对力量(绝对力量/体重)增长较为缓慢,有时甚至会出现下降的趋势。调查显示,女性青少年在 10—13 岁的年龄阶段中,其腿部弹跳力增长明显,握力则在 14—16 岁时增长较快,见表 8-6。[①]

表 8-6   儿童少年各年龄身体素质的变化特点

年龄/岁	人数	柔韧性指标(厘米)		
		转肩	做"桥"	前后劈叉
6—7	54	50.20	61.66	26.13
8—9	38	49.20	51.40	26.10
10—13	57	48.19	10.90	7.85
14—16	49	57.00	5.10	10.83

二、提高青少年身体素质的运动处方

(一)提高力量素质的运动处方

1.发展肌肉力量的运动处方

青少年肌肉力量素质的发展,应充分结合青少年学生的生理发展特点和力量素质发展特点进行科学安排。具体来说,应以中等负荷的力量运动为主,全面进行身体各部位的练习。表 8-7 是一个专门针对青少年力量素

---

① 郎朝春.健康体适能与运动处方[M].北京:北京理工大学出版社,2013.

质发展的运动处方,该运动处方充分遵守了青少年力量素质发展的特点,并注重在发展青少年力量素质的同时,发展青少年的协调性与灵敏性,对青少年的肌肉力量增长和有氧代谢能力的发展具有重要的促进作用。

表 8-7 提高青少年肌肉力量素质的运动处方

基本情况	姓名	×××	性别	男	年龄	14 岁	职业	学生
医学检查	安静脉搏:80 次/分				最高心率:200 次/分			
	血压:100/70 毫米汞柱				肺活量:2 500 毫升			
	心肺听诊:正常				心电图结论:正常			
体力诊断	运动实验结果:最大吸氧量 3 200 毫升							
运动处方	运动目的		提高肌肉力量					
	运动项目		上下凳子、立卧撑、引体向上、仰卧起坐、哑铃蹲跳、体前屈举					
	运动强度		运动心率控制范围:140~160 次/分					
			用力级别:60%左右					
			代谢强度:中~大					
	运动时间		10 次×3 组					
	运动频度		每周 2~3 次					
	注意事项		(1)运动负荷强度应掌握在 60%左右。 (2)各组间应得到较好休息。					

2.提高全身肌肉力量的运动处方

通常来说,青少年全身肌肉力量的提高可以借助于相应的轻器械体育器材,如杠铃、哑铃等,采用动力性力量训练来实现。在运动强度方面多采用 60%左右中等强度,具体可参考表 8-8。

表 8-8 提高青少年全身肌肉力量素质的运动处方

基本情况	姓名	×××	性别	男	年龄	16 岁	职业	学生
医学检查	安静脉搏:80 次/分				最高心率:190 次/分			
	血压:100/70 毫米汞柱				肺活量:3 100 毫升			
	心肺听诊:正常				心电图结论:正常			

续表

体力诊断	运动实验结果:最大吸氧量 3 500 毫升	
运动处方	运动目的	提高全身肌肉力量
	运动项目	颈后臂屈伸、体前弯举、窄握上拉、左右提拉、屈体起、负重仰卧起坐、推举、提踵、半蹲起
	运动强度	运动心率控制范围:130~150 次/分
		用力级别:60%~70%
		代谢强度:中~大
	运动时间	10 次×3~5 组
	运动频度	每周 2~3 次
	注意事项	(1)注意运动安全。 (2)防止过度疲劳。 (3)不要长时间憋气,呼吸与动作协调。 (4)根据上肢到躯干到下肢的顺序依次进行练习,不专做同一部位的练习。

(二)提高速度素质的运动处方

提高青少年速度素质的运动处方适宜采用中、大运动强度的重复练习法,运动训练过程中应注意运动间歇时间的合理安排,两次练习间要适当休息。如果是发展最大速度素质,在跑步训练中,不同次跑步训练的练习距离应尽量不要太长。表 8-9 是一个比较合理的发展青少年速度素质(最大速度)的运动处方示例。

需要特别提出的是,青少年发展速度素质的运动处方的实施应在其兴奋的情况下开展,切忌将各种速度素质练习安排在肌肉疲劳及精神疲惫时。

表 8-9　提高青少年最大速度素质的运动处方

基本情况	姓名	×××	性别	男	年龄	16 岁	职业	学生
医学检查	安静脉搏:75 次/分				最高心率:200 次/分			
	血压:110/70 毫米汞柱				肺活量:3 300 毫升			
	心肺听诊:正常				心电图结论:正常			
体力诊断	运动实验结果:最大吸氧量 3 500 毫升							

运动处方	运动目的	提高最大速度
	运动项目	40 米下坡、30 米平地、30 米上坡、负重半蹲起跳,采用重复练习法
	运动强度	运动心率控制范围:140～160 次/分
		用力级别:60%～80%
		代谢强度:中～大
	运动时间	每次 5 组
	运动频度	每周 2～3 次
	注意事项	(1)运动前应充分做好准备活动。 (2)上坡跑要求将腿抬高。 (3)下坡练习要加快步频,同时,避免身体前倾过多。 (4)平地跑要注重加速跑的练习。发挥最大速率。 (5)肌肉有痛感应,应停止训练。 (6)在运动伤害的恢复期间,停止训练。 (7)运动训练的强度不要过大。

(三)提高耐力素质的运动处方

1. 提高肌肉耐力的运动处方

青少年发展肌肉耐力的运动处方适宜采用中等运动强度,旨在提高肌肉有氧代谢的能力,并重视个体肌肉耐力、技能、体力的综合发展。以发展青少年上肢耐力素质为例,可用篮球为锻炼手段,通过不同方向、不同姿势的投篮练习,来发展上肢肌肉耐力素质水平。

表 8-10 为发展青少年耐力素质的运动处方,运动训练各项的内容应充分考虑各要素的合理安排,对提高青少年耐力素质发展的运动训练具有重要的作用。

表 8-10 提高青少年肌肉耐力的运动处方

基本情况	姓名	×××	性别	男	年龄	21 岁	职业	学生
医学检查	安静脉搏:72 次/分				最高心率:190 次/分			
	血压:115/75 毫米汞柱				肺活量:4 200 毫升			
	心肺听诊:正常				心电图结论:正常			

续表

体力诊断	运动实验结果:最大吸氧量 3 500 毫升	
运动处方	运动目的	提高肌肉耐力
	运动项目	原地跨栏架、摔跤
	运动强度	运动心率控制范围:110～140 次/分
		用力级别:60%左右
		代谢强度:小～中
	运动时间	每次 2 分×2 组
	运动频度	每周 1～2 次
	注意事项	(1)不能中断训练。 (2)中途退出训练则不能收到既定训练效果。 (3)训练过程中注意动作质量。 (4)动作应与呼吸协调,保持节奏一致。

2.提高心血管耐力的运动处方

青少年的耐力发展中,针对心血管耐力的发展应采用较大运动强度,这有利于青少年心血管功能的发展,并有助于培养青少年良好的意志品质。通常来说,在发展青少年心血管耐力素质的运动训练实践中,采用当心率恢复到 120 次(氧完全恢复)时,可有效提高其有氧代谢能力水平,见表 8-11。

表 8-11 提高青少年心血管耐力素质的运动处方

基本情况	姓名	杨某	性别	男	年龄	21 岁	职业	学生
医学检查	安静脉搏:75 次/分				最高心率:190 次/分			
	血压:110/70 毫米汞柱				肺活量:3 200 毫升			
	心肺听诊:正常				心电图结论:正常			
体力诊断	运动实验结果:最大吸氧量 2 500 毫升							
运动处方	运动目的	发展无氧耐力和有氧耐力						
	运动项目	400 米跑(其中跑 250 米、走 150 米)						
	运动强度	运动心率控制范围:140～160 次/分						
		用力级别:60%～80%						
		代谢强度:中～大						

续表

运动处方	运动时间	3～5 组
	运动频度	每周 2～3 次
	注意事项	(1)控制心率。 (2)根据体能状况确定 400 米的练习时间;体力较弱者可适当延长 400 米跑的时间。 (3)防止过度疲劳。 (4)注意控制呼吸。

(四)提高灵敏、柔韧素质的运动处方

运动实践表明,在各项体育运动项目中,踢毽子、打乒乓球、有氧操、跳绳以及各种游戏等都有助于青少年灵敏、柔韧素质的发展。在发展青少年的灵敏和柔韧素质时一定要充分考虑青少年的心理发展特点和兴趣爱好,这对于其灵敏素质和柔韧素质的发展具有重要的促进作用。

青少年发展灵敏、柔韧素质的运动处方参考表 8-12、表 8-13。

表 8-12　提高女青少年灵敏、协调素质的运动处方

基本情况	姓名	俞某某	×××	女	年龄	13 岁	职业	学生
医学检查	安静脉搏:80 次/分				最高心率:200 次/分			
	血压:90/60 毫米汞柱				肺活量:2 100 毫升			
	心肺听诊:正常				心电图结论:正常			
体力诊断	运动实验结果:最大吸氧量 2 000 毫升							
运动处方	运动目的	提高灵敏性、协调性						
	运动项目	踢毽子、打乒乓球、有氧操、跳绳						
	运动强度	运动心率控制范围:130～150 次/分						
		用力级别:40%～60%						
		代谢强度:中						
	运动时间	每次 30 分左右						
	运动频度	每周 2～3 次						
	注意事项	(1)准备活动以压、拉韧带为主。 (2)必须穿着平跟运动鞋。						

表 8-13　提高男青少年灵敏、协调和柔韧素质的运动处方

基本情况	姓名	×××	性别	男	年龄	8 岁	职业	学生
医学检查	安静脉搏:85 次/分				最高心率:200 次/分			
	血压:90/60 毫米汞柱				肺活量:1 350 毫升			
	心肺听诊:正常				心电图结论:正常			
体力诊断	运动实验结果:最大吸氧量 1 100 毫升							
运动处方	运动目的		提高灵敏性、协调性和柔韧素质					
	运动项目		不对称徒手操、接力游戏、"冲锋"、匍匐过铁丝网、前滚翻、"手榴弹""搬运"					
	运动强度		运动心率控制范围:120～140 次/分					
			用力级别:40%～60%					
			代谢强度:小～中					
	运动时间		每次 20～30 分					
	运动频度		每周 3～4 次					
	注意事项		(1)注意运动安全。 (2)合理组织安排训练内容。 (3)游戏内容安排应具有竞争性。					

第三节　中年人健身运动处方

一、中年人身心发展特点分析

(一)中年人的身体发展特点

中年人(35—60 岁)的身心发展具有显著的年龄段特点,人到中年之后,身体的各项机能以及各方面的素质逐渐开始下降。具体表现如下:

(1)中年人各方面的身体机能出现下滑,在工作和生活的压力下,很多人进入到疾病多发的困难时期。

(2)在客观因素影响下,如物质生活条件的改善容易造成中年人营养过剩,再加上中年人的精力开始明显减退,很多人开始发胖,身体形态发生不

良变化。

(3)中年人在进行相应的运动之后产生的运动疲劳不易恢复。

(二)中年人的心理发展特点

中年人群具有丰富的工作和生活经验,事业上也取得了相应的成就,并且很多人成为工作单位的重要支撑。和青年、青少年相比,他们在心理方面表现得更为稳重。

但是,由于中年人承受工作和生活的压力增大,容易产生心理紧张和抑郁等不良心理状态和疾病。随着中年人年龄的不断增长,心理疾患和生理疾病的发病率有可能进一步上升。

二、提高中年人身体素质的运动处方

(一)中年人运动处方重点要素安排

在中年人群的运动处方中,结合其身心发展特点,应注意重点要素的安排。

1.运动项目

提高中年人身体素质的运动处方,应以有氧代谢运动为主,要求强度不高,持续时间较长。运动速度和力量要适宜,不能要求过高;不宜采用局限于某一肢体或器官、局部负担很重的运动项目。应选择简单易行、趣味性高,以周期性练习为主。

适宜中年人进行健身运动的项目主要有步行、慢跑、骑自行车、游泳、登楼梯、健身操、太极拳、郊外远足、登山、垂钓、网球、乒乓球、羽毛球等。

2.运动强度

中年人运动的强度存在个体差异,参加运动前体质较差的人,从事强度较小的运动项目效果较好;运动前体质较好的人,则要求更大运动强度的刺激才能见效。

总的来说,中年人健身运动强度应达到本人最大心率的 $60\%\sim85\%$ 或以最大摄氧量 $50\%\sim70\%$ 为目标的心率范围,各年龄段有所不同。

(1)30—40 岁为 140~165 次/分。

(2)40—49 岁为 123~146 次/分。

(3)50—59 岁为 118~139 次/分。

健康的 35—60 岁的中年人运动时,心率最低应达到 130 次/分,但不要超过 160 次/分。

3.运动时间

中年人在运动强度达到有效心率后至少保持 20 分钟,再加上 15～20 分钟的准备活动和 5～10 分钟的放松整理活动,整个运动应持续 40～60 分钟。

4.运动频率

中年人若能安排好工作和生活,坚持每天运动,效果更好。一般来说,每周应安排 3～5 次。

5.注意事项

(1)运动前要做全面体检。这对 45 岁以上的中年人尤为重要。

(2)不常参加运动的中年人,应从小运动量开始,循序渐进地增加运动强度,并注意运动过程中的医务检测。

(3)避免运动疲劳过度,防止运动损伤。

(4)患有高血压、神经衰弱或各种慢性病的中年人,可进行太极拳、气功、迪斯科舞的练习,有颈、肩、腰、腿痛的患者可进行"练功十八法"锻炼,长期坚持,均对病体有缓解和康复功效,切忌参加剧烈运动。

(5)中年人由于肩负事业和家庭双重责任,平时很少有机会进行适当的娱乐和休息。因此,应尽量利用节假日安排自娱性较强的活动项目(如旅游、垂钓、周末舞会等)。

(6)运动要持之以恒,长期坚持。

(二)提高中年人身体素质的运动处方示例

中年人身体素质的提高应充分重视运动处方中各要素的科学安排,以耐力素质和力量素质发展为例,具体运动处方可参考表 8-14、表 8-15。

表 8-14　提高中年人耐力素质的运动处方

周次	每周跑 2～4 次	总时间/分
1	跑 1 分＋走 1 分,重复 3 次,再跑 1 分	7
2	跑 1 分＋走 1 分,重复 5 次	10

续表

周次	每周跑 2~4 次	总时间/分
3	跑 2 分＋走 1 分,重复 4 次,再跑 2 分	14
4	跑 3 分＋走 1 分,重复 4 次	16
5	跑 4 分＋走 1 分,重复 4 次	20
6	跑 5 分＋走 1 分,重复 3 次,再跑 2 rain	20
7	跑 6 分＋走 1 分,重复 3 次	21
8	跑 8 分＋走 1 分,重复 2 次	20
9	跑 10 分＋走 1 分,重复 2 次	18
10	跑 20 分(连续跑)	20

表 8-15 提高中年人力量素质的运动处方

基本信息	×××,男,45 岁。	
医学检查	无慢性疾病。	
体质检测	肺活量 31 毫升/千克; 台阶指数为 38。	
体质评价	体质水平相当低。	
运动目的	发展心肺耐受性和肌肉耐力。	
运动项目	走、跑	
运动处方	运动周期	分 4 个阶梯、11 个单元实施。每周锻炼 3 次,24 周完成。
	运动强度与运动时间: 第 1 阶梯 3 个单元,每 2 周完成 1 个单元,运动强度为 60%;以快走为主,慢走为辅,每次运动 40~45 分。 第 2 阶梯 3 个单元,每 2 周完成 1 个单元,运动强度为 65%,快走和跑交替,每次运动 40 分左右。 第 3 阶梯 2 个单元,每 3 周完成 1 个单元,运动强度为 70%,快走和跑交替,每次运动时间 40 分左右。 第 4 阶梯 3 个单元,每 2 周完成 1 个单元,运动强度为 75%,持续慢跑,每次运动时间 40~45 分。	
注意事项	(1)走、跑结合。 (2)无论是否完成全部处方,都可在自己达到的运动水平上继续锻炼。	

第四节 老年人健身运动处方

一、老年人身心发展特点分析

(一)老年人身体发展特点

通常将年龄在 60 岁以上的人称为老年人。

衰老、衰退是老年人身体发展的一个主要表现,随着年龄的增大,老年人的各器官、组织的生理机能会表现出明显的衰退,感官功能、运动能力等都会明显下降,反应越来越迟钝,会出现运动困难,智力也会下降。

具体来说,和其他年龄阶段的人群相比,老年人身体发展各方面呈现出以下特点。

1. 神经系统特点

随着年龄的增长,老年人的神经系统生理机能退化,中枢神经大量神经细胞萎缩、丧失,脑细胞数量减少,结构出现显著改变;神经元日渐退化,数量变少,神经肌肉活动能力受到影响。同时,视力、听力和记忆力减退,对刺激反应逐渐变得迟钝,并容易产生疲劳,恢复较慢。

2. 心血管系统特点

心脏、血管、淋巴管是心血管系统的主要构成部分。当人进入老年期之后,心脏和血管的生理功能、结构都会出现很多改变。

研究表明,在 20 岁以后,人体的最大摄氧量会以每年 0.4～0.5 毫升/千克的速率递减,这种状况发展到老年阶段会衰退明显。此外老年人还可能会出现每搏输出量下降、心肌收缩强度降低、心脏适应水平下降、心肌硬度增大、心血管硬度增加、动脉硬化等。

3. 运动系统特点

肌肉方面,在年龄不断增长的情况下,老年人的肌纤维体积和数量减少,肌肉弹性、收缩能力、肌纤维总量、肌肉力量、肌肉耐力等都会有所下降。

骨骼方面,老年人骨骼中无机盐成分会增加,有机物会减少,进而使骨骼弹性以及柔韧性出现下滑,增加发生骨折的概率。除此之外,老年人出现骨质变化的因素还有骨钙流失和骨密度下降。骨质疏松和骨质增生是老年人的常见疾病。在老年人关节软骨水分不断增加、化学成分发生改变的情况下，老年人关节软骨弹性会不如从前，可以承受的压力也会不断下降，关节边缘长出"骨刺"的概率会大大提升。

关节方面，随着年龄增长，关节的稳定性和活动性逐渐变差。老年人会面临关节弹性丧失、关节面退化、关节的灵活性丧失等各种问题。

4.呼吸系统特点

随着年龄不断增长，人体呼吸系统的功能会不断退化。在胸腔容积不断缩小的情况下，老年人的肺活量、肺弹性、回缩力均会随之下降。

(二)老年人心理发展特点

生命的生长发育、衰老、灭亡是一个不能改变的客观规律，老年人身体的适应能力和对疾病的抵抗力不断减退，而且减退的程度随着年龄的增大不断加大。因此，在这一阶段，人的患病率会逐渐上升，疾病对老年人的健康生活产生极大的破坏。此外老年人多从其工作岗位上退休，社会角色会发生极大的变化，身体状况的下降和社会角色的转变会给老年人带来各种心理问题。具体表现如下：

(1)老年人闲余时间多，身体疾病多，很容易产生消极的心理。

(2)老年人会因子女工作繁忙，对其关心少，表现出一定的孤独感和失落感。

(3)老年人对自身身体各项机能的衰退也会表现出一定的紧张和恐惧。

二、提高老年人身体素质的运动处方

(一)老年人运动处方重点要素安排

老年人的运动处方应结合老年人群的身心发展特点，注意运动处方重点要素的安排。

1.运动项目

老年人的健身运动大致可分为3类，即轻度到中度的耐力运动、伸展运动以及增强肌力运动。运动项目选择要结合老年人的生理特点、健康状况、运动目的以及个人兴趣等综合考虑，可以选择一些运动节奏不是很强，中小负荷，轻强度的体育健身项目。

具体来说,适合中老年人参与的体育项目有健身跑、游泳、门球、气功、太极拳、太极剑、体育舞蹈、慢跑、散步、游泳、垂钓、棋牌等。这些项目对于缓解中老年人的身体机能和心智能力下降都具有明显的作用。

2.运动强度

老年人开始运动时的强度应较小,且时间不宜过长,应充分安排 5～6 周的适应期,之后再逐渐增加运动强度至目标心率,一般达到 110～130 次/分钟为宜。

3.运动时间

老年人每次参加运动的时间不宜过长,但应不低于 30 分钟。体质较好的老年人每次运动时间可在 1～1.5 小时。

4.运动频率

老年人应每天参加运动,坚持不懈,最低运动频率也应保证每周 3～5 次。

5.注意事项

(1)在开始运动和增加运动强度之前要进行严格的身体检查(运动心电图尤为重要),以保证运动的安全性。

(2)老年人不要在空腹(空腹锻炼易得胆结石)、疲惫、有病时硬性参加锻炼活动。

(3)老年人在运动前应做好准备活动,使关节、肌肉和内脏器官能够满足运动中的需要;运动以后要做好调整活动,以消除锻炼时的疲劳和缺氧状态。

(4)老年人的健身应做到循序渐进、持之以恒,不要急于求成,以免对身体造成不必要的损伤。

(5)老年人在参加运动前后或运动期间均应配备医学监督,依照医生的检查结果,合理而有针对性地安排锻炼计划和确定锻炼项目,并改进锻炼方法,增强运动效果,确保运动安全。

(二)提高老年人身体素质的运动处方示例

对于老年人来说,走跑运动是最安全、便捷地发展其身体素质的运动内容,具体运动处方制定可参考表 8-16。

表 8-16 提高老年人身体素质的走跑运动处方

周	每周跑 2~4 次	总时间（分钟）
1	跑 1 分＋走 1 分,重复 3 次,再跑 1 分	7
2	跑 1 分＋走 1 分,重复 5 次	10
3	跑 2 分＋走 1 分,重复 4 次,再跑 2 分	14
4	跑 3 分＋走 1 分,重复 4 次	16
5	跑 4 分＋走 1 分,重复 4 次	20
6	跑 5 分＋走 1 分,重复 3 次,再跑 2 分	20
7	跑 6 分＋走 1 分,重复 3 次	21
8	跑 8 分＋走 1 分,重复 2 次,再跑 2 分	20
9	跑 10 分＋走 1 分,重复 2 次	22
10	跑 20 分钟（连续跑）	20

第五节 女性健身运动处方

一、女性身心发展特点分析

(一)女性身体发展特点

男子和女子在身体形态与生理机能上存在着很大差异,女性身体发展具体表现出以下特点。

1.身体形态结构特点

男女在青春期发育之前的不同之处很少,从青春发育期开始才慢慢表现出较大差异。从性别差异上来说,女孩比男孩发育早。青春期生长阶段女孩从 10—12 岁开始,男孩从 12—15 岁开始。在青春期,男孩的睾酮水平达到了成年人的水平,约为 600 纳克/100 毫升,而女孩则还停留在青春期前的水平上。18—25 岁时,男子的身高、体重、肩宽、上肢长、上臂围、胸围、坐高、小腿长、足长等都比女子大,女子只有大腿围比男子大。

体型特征方面,男孩和女孩在青春期之前是相似的。在 10 岁之前,男孩和女孩在体型各方面的指标是基本相同的,从青春期开始,男女会表现出明显的不同。一般来说,女子是四肢较短、躯干较长、肩部和胸部狭窄、上臂相对纤细、骨盆比较宽、大腿和小腿比较粗,男子则是上肢宽粗、下肢细长。

2. 身体成分特点

身体成分是指身体组成成分的简称,主要组成要素是体脂肪与去脂体重,这两项组成要素往往用体重的百分比来反映。

当处于儿童少年时期时,去脂体重的变化往往和年龄有密切联系。在青春发育期之前,去脂体重会随着年龄增加而增加。进入青春发育期之后,男子去脂体重依旧会随着年龄增加而出现变化,直至 20 岁之后;女子去脂体重的增加速度会比较慢,通常在 15～16 岁会达到最大值。女性的皮下脂肪比男性发达,约占全身体重的 28%,而男性脂肪只占体重的 19%。体重方面,女性往往会轻 11～15 千克,脂肪方面多 4.5～6.8 千克,而瘦体重方面则少 18.2～22.3 千克。

对于女性来说,体脂含量过低(少于 17%)会对卵巢雌性激素的分泌产生一定的影响,从而导致月经紊乱,甚至闭经。

3. 运动系统特点

女子和男子的肌肉分别占体重的 30% 左右和 40% 以上。与男子相比,女子上肢肌肉力量绝对值和下肢肌肉力量绝对值分别比男子小 40%～60% 和 25%～30%。

肌肉方面,女性全身肌肉的重量往往不会超过体重的 35%,而男性全身肌肉的重量却占到体重的 40%～45%,且女性瘦体重丢失时间要早于男性。瘦体重的丢失往往伴随着肌原纤维蛋白的合成及线粒体蛋白浓度下降,这也是女性肌肉力量较差的主要原因。

骨骼方面,女子骨骼的抗弯能力与抗压能力没有男子强,最好不要承受很重的负荷,原因在于女子骨骼中的水分与有机物含量相对较多,无机盐含量相对较少,骨密质相对较薄,关节囊与韧带相对较松。但需要注意的是,男子的柔韧性不及女子好。

关节方面,女性的关节囊较松、韧带薄、脊柱的椎间软骨较厚,柔韧性和弹性较好。体操、武术、舞蹈等运动项目比较适合女性参加。

4. 心肺功能与有氧耐力特点

女子心脏重量比男子轻 10%～15%;女子心脏体积比男子小 18%;血

量占体重的比例,女子和男子分别是 7% 和 8%;安静状态的心率,女子比男子高 1～2 次/分钟,每搏量比男子低 5～10 毫升。所以,女子的心脏功能弱于男子。

血压方面,女子收缩压比男子低 1.3 千帕(10 毫米汞柱);女子舒张压比男子低 0.66 千帕(5 毫米汞柱);女子每搏输出量比男子低 10～15 毫升;女子心输出量比男子低 0.5 升;女子血液中红细胞数量比男子少,血红蛋白总量约占男子的 65%。

肺功能发展方面,和男子相比,女子的胸廓、呼吸肌力量、胸围、呼吸差相对较小,所以其各项通气功能参数比男子低,运动过程中最大肺通气量比男子低 20%～30%。最大吸氧量是个体氧运输能力的重要评价指标。最大吸氧量高,则有氧运动能力潜力大,有氧耐力相对好。进入青春发育期后,性别不同则对应的最大吸氧量绝对值也会出现很大不同。女子的有氧能力较男子低,约为男子的 70%。

5.月经期与更年期特点

(1)月经期。月经是女性的一个特殊生理现象,当女性进入青春期之后,在生育年龄的全过程中,会在性激素分泌活动的影响下反映出规则的月周期波动,进而导致子宫内膜也出现对应的周期性变化,该周期性变化叫生殖周期,又叫月经周期。在每一次月经周期中,子宫内膜都会剥落一次造成阴道流血,即月经。女性第一次出现月经,通常是在 13—15 岁。卵巢功能、身体状况、营养状况、环境温度、社会因素等都会对初潮年龄产生影响。一般来说,女性的月经周期(月经来潮的第一天到下一次月经来潮的第一天)通常是 21—35 天,平均周期是 28 天。在月经期间,绝大多数子宫内膜会剥脱和血液同时外流,进而产生月经。随后在雌激素分泌数量增加的情况下,子宫内膜会再次增生,由此到下一个月经周期。

一般来说,女性在月经期间肺活量减低,肌肉力量下降。有些女性会出现腰酸、腹胀及腹部下坠,或出现全身无力、头晕、困乏、心情烦躁等轻度不适,这些症状都属于正常的生理反应,不影响正常的健身运动和锻炼。适当健身锻炼还有助于经血的排出,对身体是有利的。

但是,如果女性月经期间,有严重生理不适,应停止一切运动。

(2)更年期。更年期,又称为绝经期,指女性从性成熟期进入老年期的过渡时期。此阶段是卵巢功能退化、生殖能力停止的老化过程。更年期结束,即意味着老年期的开始。

（二）女性心理发展特点

和男性相比，女性大多比较感性，女性的形象思维能力较强，心理特点主要表现为：细致、耐心、坚韧耐劳、情感丰富、爱美、沉稳、心胸狭窄、易烦躁和忧郁等。

（三）女性身体素质发展特点

成年后，男子大多数肌群的力量比女子约大50％。雄性激素对男子在青春期快速生长阶段和运动训练中产生的肌肉肥大起主要作用，由于女子雄性激素水平低，力量训练对女子肌肉体积的影响小。女子的力量可通过运动训练提高，但并不能练出像男子一样发达的肌肉。

速度与耐力素质方面，女子大约是男子的80％；在肌纤维百分比构成方面，女子和男子的差异很小。

柔韧与灵敏素质方面，屈臂悬垂、立定跳远、1分钟仰卧起坐项目，女子分别是男子的30％、30％、70％。和男性相比，女性的关节韧性好，因此，比男子的灵敏和柔韧素质都要好一些。

二、提高女性身体素质的运动处方

（一）女性运动处方重点要素安排

女性运动处方中应注意重点要素的安排。

1. 运动项目

结合女子身心发展特点，适合女性人群的体育健身项目主要有体操、艺术体操、瑜伽、健身球运动、哑铃健美运动、慢跑、游泳、武术以及冰上舞蹈等。

2. 运动强度

根据女性的生理特点，尤其是月经期，合理安排运动强度。运动强度以大中等强度为宜，月经期运动应适当降低运动强度。

3. 运动时间

每次参加运动的时间应不低于30分钟，最长单次运动时间以不超过2个小时为宜，以免过度疲劳。

4.运动频率

应每天参加运动,最低运动频率也应保证每周 3～5 次。

5.注意事项

(1)运动前做 5～10 分钟的轻微热身运动,活动关节,避免肌肉拉伤和出现抽筋现象。

(2)女性做力量性运动项目时,不应引起明显疼痛。

(3)女性健身过程中应保持正确的身体姿势,这对女性良好形体的形成、减少运动损伤极为重要。

(4)不能盲目增加运动量,应严格控制运动强度。

(5)身体不适时,应停止锻炼。

(二)提高女性身体素质的运动处方示例

女性身体素质的提高,多以发展灵敏性、柔韧及协调性和身体某部分的力量为主,主要目的是提高体能水平,并达到健美塑形的效果。具体的运动处方制定可参考表 8-17、表 8-18。[①]

表 8-17 发展女子灵敏性、协调性运动处方

基本信息	×××,女,36 岁。身材适中,平时不爱运动。	
医学检查	无慢性疾病。	
体质检测及评价	10 米×4 往返跑,成绩"差"。	
运动目的	提高灵敏性和协调能力。	
运动项目	跳绳	
运动处方	运动周期	分 5 个阶梯,32 周完成。
	运动强度与运动时间: 第 1 阶梯 5 个单元,每周 1 个单元,每次运动 4～8 分。 第 2 阶梯 3 个单元,每周 1 个单元,每次 6～7.5 分。 第 3 阶梯 4 个单元,每 2 周 1 个单元,每次运动 8～12 分。 第 4 阶梯 2 个单元,每 4 周 1 个单元,每次 12～15 分。 第 5 阶梯 2 个单元,每 4 周 1 个单元,每次 18～21 分。	
	阶梯/单元	运动方式	运动时间/分
	1.1	跳 8 次,每次 20 秒,休息 10 秒	4

① 郎朝春.健康体适能与运动处方[M].北京:北京理工大学出版社,2013.

续表

阶梯/单元	运动方式	运动时间/分
1.2	跳 10 次,每次 20 秒,休息 10 秒	5
1.3	跳 12 次,每次 20 秒,休息 10 秒	6
1.4	跳 14 次,每次 20 秒,休息 10 秒	7
1.5	跳 16 次,每次 20 秒,休息 10 秒	8
2.1	跳 9 次,每次 30 秒,休息 10 秒	6
2.2	跳 10 次,每次 30 秒,休息 10 秒	7
2.3	跳 11 次,每次 30 秒,休息 10 秒	7.5
3.1	跳 12 次,每次 30 秒,休息 10 秒	8
3.2	跳 8 次,每次 45 秒,休息 15 秒	8
3.3	跳 10 次,每次 45 秒,休息 15 秒	10
3.4	跳 10 次,每次 45 秒,休息 15 秒	12
4.1	跳 8 次,每次 1 分,休息 30 秒	12
4.2	跳 10 次,每次 1 分,休息 30 秒	15
5.1	跳 12 次,每次 1 分,休息 30 秒	18
5.2	跳 14 次,每次 1 分,休息 30 秒	21

(左侧合并单元格:运动处方)

表 8-18　发展女子上肢肌肉力量运动处方

基本信息	×××,女,24 岁。身材单薄,肌肉不发达。
医学检查	无慢性疾病。
体质检测及评价	上半身肌肉耐力很差。
运动目的	提高上肢肌肉力量。
运动项目	杠铃负重练习

运动处方

运动周期	分 5 个阶梯,22 周完成。

运动强度与运动时间:
第 1 阶梯 4 个单元,起始阶段,负荷重量 6 千克(体重的 1/8)。
第 2 阶梯 4 个单元,负荷重量 7～8 千克。
第 3 阶梯 4 个单元,负荷重量 9～10 千克。
第 4 阶梯 6 个单元,负荷重量从 11 千克增至 16 千克。
第 5 阶梯 4 个单元,负荷重量 17～18 千克。

续表

	阶梯/单元	运动方式	负荷重量/千克
运动处方	1.1	连续10次，立式抓举、坐式挺举、俯卧推举、头后挺举各1次	6
	1.2	连续12次，方式同上	6
	1.3	连续15次，方式同上	6
	1.4	连续18次，方式同上	6
	2.1	连续15次，方式同上	7
	2.2	连续18次，方式同上	7
	2.3	连续15次，方式同上	8
	2.4	连续18次，方式同上	8
	3.1	连续15次，方式同上	9
	3.2	连续18次，方式同上	9
	3.3	连续15次，方式同上	10
	3.4	连续18次，方式同上	11
	4.1	连续15次，方式同上	12
	4.2	连续15次，方式同上	13
	4.3	连续15次，方式同上	14
	4.4	连续15次，方式同上	14
	4.5	连续15次，方式同上	15
	4.6	连续15次，方式同上	16
	5.1	连续15次，方式同上	17
	5.2	连续18次，方式同上	17
	5.3	连续15次，方式同上	18
	5.4	连续18次，方式同上	18

第九章 促进体质健康发展的运动方式选择与方法研究

目前,全民健身运动理念在我国已经深入人心,得到了广泛的推广。通过参加各种体育健身活动,人们的体质得到了普遍的增强。发展至今,促进人们体质健康的运动方式或运动项目越来越丰富,人们可以根据自己的喜好和身体特点合理地选择。本章重点研究能有效促进人们体质健康的运动方式及科学锻炼方法。

第一节 体质健康促进的理论基础

一、体质健康促进的基本原理

(一)新陈代谢原理

在人的生命活动中,新陈代谢有着至关重要的作用,它是人体生命活动最基本的特征。可以说,没有了新陈代谢,人的生命活动也就无法继续维持。新陈代谢是指生命物质与周围环境物质交换和自我更新的过程。这一过程非常复杂,它实际上是由两个相反的而又相互依存、相互统一的过程所组成,那就是同化作用和异化作用。同化作用是生物体把从体外摄取的营养物质转化成身体的组成部分的化学过程,需要消耗能量。异化作用是把细胞里的大分子分解成小分子,把有机物分解成无机物的过程,同时释放出能量,供给同化作用和其他生命活动的需要。这个过程,同化作用是合成,异化作用是分解,二者相互促进、相互影响,紧密联系在一起。从能量代谢的角度来看,同化意味着"收入",异化意味着"支出"。异化作用是同化作用的动力,同化作用是异化作用的源泉。当同化作用盛于异化作用时,有机体就得到一定程度的增强,而当异化作用盛于同化作用时,有机体就会被极大地削弱,这就是同化与异化的发展特点与规律。

大量的研究与实践表明,人们经常参加体育锻炼可以有效增强自己的体质,增进身体健康。人们在参加体育锻炼的过程中,身体会承受一定的负荷,引起一定的能量物质的消耗,活动越激烈,能量消耗就越大,从而出现代谢的不平衡,随之而来的便是引起同化作用的加强,加速恢复过程,使构成机体结构与功能最小最基本单位的细胞内部得到更多的物质补充,以合成新的物质,进而使人体获得更加旺盛的活力。通过参加各种各样的身体锻炼,人体的能量代谢不断得到增强,新陈代谢水平也得到提高,进而人的身体就会发生一系列的适应性变化,在这一变化过程中,人体素质得到了提高。

(二)超量恢复原理

超量恢复又被称为"超量代偿",它是指人体在运动中所消耗的能量物质,在运动后不仅可以恢复到原有水平,而且可以超过原有水平,且机能水平的恢复也可以超过原有水平。根据超量恢复原理,人体的锻炼过程可以分为3个阶段,即运动时各器官系统工作能力下降阶段、运动后工作能力复原阶段、工作能力超量恢复阶段。人的体质要想得到提高,就必须在参与运动锻炼的过程中获得超量恢复,一般情况下,超量恢复越强,人体素质提高的幅度越大。

在参加体育运动锻炼的过程中,人的身体必须承受一定的生理负荷,造成一定的疲劳并产生超量恢复,这样才能达到提高身体素质的目的。没有大量的身体消耗运动,就无法获得有效的健身效果。但需要注意的是,在参加运动锻炼后必须要有合理的恢复与休息,这是造成超量恢复的前提条件,否则就会产生过度疲劳,而过度疲劳对机体是不利的,因此需要合理把握运动负荷。

(三)身心互制原理

随着现代健身观念的深入,人们所认为的身体健康也不再只是以前单纯的生理上的健康,而是生理、心理和社会适应方面都具有良好状态的健康。而体育从其本质功能而言,是直接作用于人的生理结构及其机能,但由于心理是生理的功能形态,所以对生理的改造必然导致心理的发展,并且也只有将心理的发展纳入到身体的改造中,让人的心理来调控人的生理,才符合人的体育特征。因此,体育不仅要体现在人的身体方面,同时也要体现在人的心理方面。实际上,体育就是一种有目的的使人的身体文化化的和谐教育活动。因此,在体育锻炼活动中,锻炼者不仅要充分利用多种途径和方式来增进健康、增强体质,同时也应该充分发挥体育对人的多方面的作用和影响,也就是说体育锻炼是身心的全面锻炼。随着现代社会的不断发展,社会竞争力不断增强,人们因此面临着越来越大的压力,这时就急需通过一些有利于身体健康的手段来获得身心的协调发展,体育运动锻炼就是其中一个有效的方式。

(四)人体适应性原理

可以说,在整个自然界与人类社会中,适应是一切生物生存与发展的基础条件。如果不能适应整个自然或社会就不能生存与发展。在环境发生一定的变化时,生物有机体能产生一种变异来适应它,这就是适应。生物通过遗传保持特征,通过变异获得发展和进化。有机体在不断适应的过程中,某些常用的器官会发达起来,某些不常用的器官则会逐渐退化。生物有机体在形态、组织和机能方面的变化,能更好地适应环境的改变。这种"用进废退"的现象正反映了生物进化的基本规律。

在闲暇时间,人们通过各种形式的体育锻炼有效地提高了身体素质,这正是人体遵循生物进化和发展规律的结果。即人体通过身体活动,使机体承受运动负荷并逐步达到适应,然后再增加负荷量,使之在高一级水平上再适应。在这一过程中,有机体将不断提高适应能力和改善各器官、系统的机能和性状,于是体质得到增强,运动成绩得到提高。可是,身体锻炼一旦停止,人的身体机能水平就会出现下降的趋势,因此养成坚持锻炼和终身体育的意识和习惯是非常重要的。

二、体育锻炼的生理学基础

(一)运动锻炼的生理本质

1.运动技能的形成

大量的研究与实践表明,只要对人体施加一定的生理负荷刺激,就会引起机体各器官系统在生理功能和形态结构方面产生一系列的连锁性运动条件反射。运动的生理机理是以大脑皮质活动为基础的暂时性神经联系,运动技能是连锁性的运动条件反射,运动技能的获得需要经历复杂的过程。因此,人体掌握运动技能的生理本质,就是人体建立运动条件反射的过程。

运动技能是指人体按一定技术要求完成动作的能力。从运动生理学角度而言,运动技能是运动反射的一种非常重要的新形式,它是根据机体条件反射的机制形成的。人体在形成一定的运动技能时,会产生并巩固条件反射。生理学家巴甫洛夫把这些条件反射体系称为动力定型。动力定型的不断改进和完善是形成运动技能的基础,如果运动者在训练初期具有良好的动力定型,那么在后期的训练中就能顺利地完成运动技能。

运动技能的形成是一个从简单到复杂的过程,机理是在大脑皮层建立暂时性的神经联系,通过一段时间的训练后,就能建立和形成既定的运动条件反射。简言之,运动的生理学本质即运动条件反射,在运动过程中,运动技能的复杂条件反射过程的形成可分为泛化、分化、巩固、自动化 4 个相关渐进的过程。

(1)泛化过程。一般来说,人们参加体育运动锻炼,并不完全了解运动技能训练与发展的内在规律。人们在参加运动锻炼的过程中,外界刺激人体,会通过感受器传入大脑皮层各有关中枢,从而引起大脑皮质细胞的强烈兴奋,使得大脑皮质中的兴奋与抑制都呈现出扩散状态,从而出现一定的泛化现象。泛化阶段大脑对运动器官的调控力弱,肌肉的本体感觉差,完成动作的质量会比较低,这都是正常现象,伴随着锻炼时间的增加和熟练掌握运动技能后,这种现象会得到扭转。

(2)分化过程。健身者坚持参加运动锻炼一段时间后,运动技能会得到一定程度的提高,其大脑皮层运动区的兴奋、抑制过程在时空上的分化也日趋完善。由此,泛化过程中的表现逐渐消失,初步形成完整的动力定型。

健身者在运动锻炼的分化阶段,大脑对运动器官的调控力逐步增强,肌肉本体感受逐步精确,动作质量逐步提高。但在这个训练阶段,稳定性较弱,在新异或强烈刺激的干扰下容易遭到破坏,会再次出现多余、不协调甚至错误的动作。在此阶段,指导员的主要任务是促进运动者分化抑制的发展。通过观察、发现、纠错法的运用人们在进行锻炼时就能很好地掌握技术动作,从而提高运动技能。

(3)巩固过程。人们长期参加运动锻炼,可以有效巩固机体运动条件反射系统,以便达到运动动力定型的巩固阶段。巩固阶段的动作将更精确、更协调、更省力,动作细节也会正确无误,某些环节可在脱离意识控制下完成,就算是在不利条件下运动技能也不至于遭到破坏。在巩固阶段,运动条件反射相对巩固,大脑与肌肉本体感觉的调控力更强,动作更加省力,达到动力定型。运动锻炼的此阶段,健身者要促进兴奋与抑制过程高度集中,使动力定型更加巩固。在训练的过程中,要通过变换条件法、重复训练法等,来提高健身者运动技术的稳定性和自动化程度。

(4)自动化过程。健身者在通过一段时间的锻炼后,运动技能就会得到一定的巩固和提高,所运用的运动技巧也会得到提高,这时就会出现自动化现象,即练习某一套动作时,可以在脱离意识的情况下自动地完成。

自动化过程是指人们在练习某一套动作时,可以在脱离意识的情况下自动地完成。在运动锻炼中,随着动作技能达到技巧熟练的程度时,便进入到自动化过程。健身者参加体育运动锻炼,认识和掌握这种规律,有助于加深理解技术概念,建立正确的动作表象,强化肌肉本体感受,促进运动条件反射,夯实运动技能基础。因此,健身者要力求达到动作的自动化阶段,这样才能更加有效地促进自身素质的提高,并提高自己的运动技能水平。

2.运动技能的储存、再现与校正

对于任何一个运动者来讲,已经学会的动作的技能信息,会储存在大脑皮层的一般解释区和小脑。当需要做出相应的动作时,即大脑皮层有关部位需要该套程序发动运动时,首先自小脑中提取该套程序,然后复现该运动动作,此时所完成的动作是已经程序化了的,因而十分协调和精确。

健身者在参加体育运动锻炼的过程中,需要对肌肉的用力状况、用力时间、协调功能等不断进行改正。如做某一动作时,用力太大了需要减少,用力慢了需加快。这种从动作完成过程中的感觉或结果反过来再校正动作的过程,就是运动技能的校正,也就是运动生理学中的反馈原理。

运动者要想不断提高对动作技能运用的精确和完善,就需要善于运用反馈原理,收集并理解机体对技能动作学习的反馈,这对于建立正确的动作表象是非常有利的,从而为提高运动技术水平打下良好的基础。

(二)体育锻炼对人体各系统的影响

1.运动锻炼对心血管系统的影响

通过血液循环,人体实现了与外界物质的交换以及体内物质的运输,如果血液循环停止,人的生命活动也就无法进行。由此可见,心血管系统对人体生存具有非常重要的意义。而大量的研究与事实表明,经常参加体育锻炼能很好地提高心血管系统的机能。

(1)促进血液循环,防治心血管疾病。一般情况下,正常人的血液总量只占体重的8%,而经常参加体育锻炼的人血液总量约占体重的10%,且血液的重新分配机能快,这就保证了人体在承受较大的生理负荷时,经过神经系统的调节,反射性引起肝和脾释放储存的血液。同时,血管的收缩和舒张,动员了大量血液参加循环,保证了肌肉活动时的血液供给。

(2)改善心肺功能。相关研究表明,经常参加体育锻炼还能有效增加心肌肌红蛋白的含量,促进组织代谢能力的提高,供血量增加,使心肌纤维变粗,心脏的重量和大小增加,心脏搏动有力,有效地改善心肺功能。

(3)提高免疫功能。体育锻炼可以使总血量增加25%。一般成年男子每立方毫米血液中含有红细胞 450 万～550 万个，女子为 380 万～460 万个。经常参加体育锻炼的人，血液中红细胞增多，可达每立方毫米 600 万～700 万个，这是因为运动能够改善红骨髓的造血机能，能极大地提高人体的免疫功能。

2.运动锻炼对呼吸系统的影响

呼吸系统可以说是代表人体生命活动的重要标志，对人体的健康发展具有非常重要的作用。而经常参加体育运动锻炼，则能有效改善人体的呼吸系统机能。

大量的研究与实践表明，经常参加体育运动锻炼，会使机体的呼吸频率相对减少，呼吸深度加大，由于呼吸肌的力量增强，肺泡弹性增大，肺活量和肺通气量的指标明显增大，在这样的情况下，人体呼吸系统机能水平就能得到明显的提高和改善。

3.运动锻炼对运动系统的影响

人体的运动是由运动系统实现的。运动系统由 206 块骨骼、400 多块肌肉以及关节等构成。经常参加体育运动锻炼可以让人体的运动系统产生良好的适应性变化，从而增强运动系统机能。

（1）促进结构机能的有利变化。人们在参加体育运动锻炼的过程中，肌肉工作加强，血液供应增加，蛋白质等营养物质的吸收与储存能力增强，肌纤维增粗，因而肌肉逐渐变得更加粗壮、结实，肌肉力量得到极大的增强。此外，人体肌肉的灵活性和反应能力等也得到了有效提高。

（2）提高关节的柔韧性和灵活性。经常参加体育锻炼的人，可以增加关节面软骨和骨密度的厚度，并可让关节周围的肌肉发达、力量增强、关节囊和韧带增厚，因而可提高关节的柔韧性和灵活性。

（3）强化骨结构，提高骨性能。经常参加体育运动锻炼的人，由于其新陈代谢增强、血液循环加快，因此骨结构和性能也随之发生了变化，增强了骨质，提高了骨的性能。

4.运动锻炼对消化系统的影响

消化系统通过分泌相应的物质实现人体对营养物质的消化和吸收，最终为人体的生理活动提供必要的营养和能量。食物在消化管内被分解为小分子物质，然后这些物质进入血液和淋巴液，剩余的残渣通过大肠排出体外。

经常参加体育运动锻炼，对人体消化系统机能的提高具有非常重要的作用。大量的运动实践表明,长期参加体育运动锻炼能够有效促进肠胃平滑肌和消化道括约肌功能的改善,使其变得更强壮,从而使得肠胃的蠕动更加有力,促进肠胃消化功能的增强。除此之外,还能促进人体内固定内脏器官的韧带增强,有效预防胃肠下垂疾病,从而使人体的脏腑器官保持一个健康的生理状态。

第二节　体质健康促进的原则与方法

人们参加体育运动锻炼要遵循一定的原则,按照科学的训练方法参加锻炼,本节主要阐述人体体质健康促进的基本原则与方法。

一、体质健康促进的原则

(一)全面性原则

全面性原则是指人们参加体育运动锻炼应使身体的各个器官系统的机能、身体各个部位、各种身体素质和活动能力都得到全面的发展,以追求身心和谐发展。在体育运动锻炼的过程中,除了包括不同身体部位的活动外,还要包括各种项目和不同性质的活动,这样才能达到全面发展身体素质的目的。

人体各系统之间是紧密联系在一起的,相互影响、相互促进、协调配合,其中某一方面的发展必然会对其他方面产生一定的影响。因此,人们在参加体育运动锻炼的过程中充分贯彻全面性原则就显得尤为重要。体育项目对人体锻炼的作用各有不同,如参加短跑运动能够发展速度素质,参加投掷、举重运动则能够发展人的力量素质,而参加长跑运动则能够使人的耐力素质得到发展,参加篮球、足球等运动则能够发展人的灵敏性和协调性。所以,为了能够促进身体素质的全面发展,应合理选择与搭配运动项目。

(二)循序渐进原则

循序渐进原则是指体育运动健身的内容、运动负荷和方法等,要根据对事物的认识规律、生理机能的负荷规律和动作技能形成规律,由简单到复杂、由易到难、由小到大、有低级到高级的顺序逐步进行安排。在体育运动健身中,急于求成是不可取的,要想"一口吃个大胖子",只会适得其反,事与愿违,甚至还有可能会对身体带来一些生理损伤,造成伤害事故。这就要求在进行体育运动健身的过程中,动作的学习要由易到难,运动负荷的安排要由小到大,运动强度要由弱到强。此外,还要根据性别、年龄、身体素质、运动水平的不同,因人而异地安排练习的内容,这样才能获得良好的健身效果。

保持适量的运动负荷是循序渐进原则的内在要求。人们在参加体育运动锻炼的过程中,要合理安排运动负荷量,并随着身体发展水平和运动技能的提高做出相应的调整,这样才能保证良好的锻炼效果。

(三)经常性原则

经常性原则是指进行身体锻炼要持之以恒,并使之成为日常生活中的重要部分。只有进行不断反复的强化肌肉活动才能形成和提高运动技术水平,更好地改善人体各组织系统的机能。如果不能经常性地进行运动健身,那么后一次运动健身时,上一次运动健身的痕迹已经消失,失去了累积性的影响作用,因此,所获得的健身效果也很小,甚至没有作用。同时,人体结构和机能的改善,身体素质的不断提高以及运动技能的形成等都受到生物界“用进废退”规律的制约。如果不能经常性地进行锻炼,所获得的锻炼效果就会逐渐消退。俗话说“拳不离手,曲不离口”,所揭示的就是这个道理。

在长期的体育运动锻炼中,健身者应养成良好的体育运动锻炼习惯。在参加运动锻炼前,应制定一个科学的锻炼计划,并按照相应的计划进行锻炼,这样才能获得良好的锻炼效果,从而有效增强体质水平。

(四)针对性原则

针对性原则是指从个人的实际情况和外界环境条件实际出发进行身体运动锻炼,确定锻炼的目的,选择好适宜的运动项目,并对运动时间和运动负荷进行合理的安排。要遵循针对性原则参加体育运动锻炼,需要注意以下两点:

1.要从自身的实际出发

每名健身者都存在着一定的差异,因此人们在参加体育运动锻炼时要从具体实际出发,有目的地选择运动项目和锻炼方法,合理安排与调整运动负荷。在每次锻炼前要评估自己当时的健康状况,使运动的难度和强度不超过自己身体的承受能力。违反人体发展这一基本规律,只能损害身体健康。

2. 要从外界环境出发

人们在参加体育锻炼的过程中，还要注意外界环境变化。采用科学的锻炼方法，选择合理的运动项目，并安排好练习时间和运动负荷，才能获得良好的运动健身效果。如在冬季应着重发展耐力和力量素质，在春秋两季重点进行技术性项目，在炎热夏天，游泳是比较理想的运动项目。但不要在阳光下运动时间过长；在力量训练前要仔细检查器械，避免事故的发生。如此才能提高身体锻炼的安全性，避免运动损伤。

（五）自觉性原则

人参与任何活动都有一定的目的性，参加体育锻炼也是如此。只有具备了一定的目的性，人们才能自觉投入其中，才有可能获得理想的锻炼效果。自觉性原则是进行体育锻炼的基本原则，为了提高学生进行体育锻炼的积极性，首先应提高其对体育运动的认识，树立终身体育思想。还应使学生掌握相应的知识和技能，并且在以后的工作和生活中能够运用所学内容积极进行体育锻炼。体育锻炼的制约性和监督性都不强，锻炼者有很大的自主性，如果没有一定的自觉性，体育锻炼活动就很难维持下去。

人们参加体育锻炼要明确锻炼的目的，也就是出于什么样的动机参加这一项目的锻炼。如有人是为了更健全的生长发育；有人是为了某些运动技能与成绩的提高；有人是为了调节紧张的学习生活；有人是为了更健美结实；还有人则是为了锻炼意志、防治疾病。只有贯彻了自觉性原则，才能积极主动地参与到运动锻炼之中。

（六）可逆性原则

人们参加一段时间的运动锻炼后，身体会发生一定的适应性变化，这是一个积极的适应过程。但是，当运动锻炼突然停止，应激过程也会相应中止，以前形成的身体适应就会慢慢消失。因此，通过体育锻炼所提高与增强的生理功能是可逆的，会由于运动训练的中断而逐渐下降直至消失。这种可逆性在短时间的停止运动后会有明显的表现。如果人们长时期停止参加体育锻炼，就会导致已经掌握的运动技能逐渐生疏以至终不可完成。这是从运动技能的可消退性角度来对训练的可逆性进行提示。

因此，要保持锻炼的经常性和持续性，要合理科学地安排自己全年的训练计划，坚持进行运动训练的同时还应该注意训练的周期与节奏，从而不断改善并提高各器官系统的良好功能、身体素质以及所掌握的运动技能，防止由于运动训练中断而逐渐退化。

二、体质健康促进的方法

（一）重复锻炼法

在体育运动锻炼中，重复次数的多少不同，对身体的作用不同。重复次数越多，身体对运动反应的负荷量越大。如果重复次数不断地持续增加，就有可能使人体承受的负荷达到极点，从而破坏有机体的正常状态，不利于身体健康。

健身者在参加体育锻炼的过程中，一定要掌握好负荷的有效范围并据此调节重复次数。在重复锻炼中，要合理地控制运动负荷，提高锻炼的效果。在运用重复锻炼法进行锻炼时，既要保证每次重复练习的质量，又要克服练习的积极性，这样才能提高锻炼的质量和效果。

（二）间歇锻炼法

在体育锻炼过程中，人们体质的增强实际上主要是在间歇中实现的，是在休息过程中取得了超量恢复。若是离开在休息中取得超量恢复，则运动就变成对增强体质毫无意义的事情，甚至起不了作用。可以说，间歇对增强体质的作用并不亚于运动本身。因此，间歇锻炼法是一种有效的健身方法。

人们在参与体育锻炼的过程中，一般来说，当负荷反应（心率）指标低于有效价值标准时，应缩短间歇时间；而在高于价值标准时，则可延长间歇时间。通过适当的间歇，把负荷量调节到负荷有效价值范围，以追求良好的锻炼效果。在体育锻炼中，一般心率在 130 次/分钟左右时，就应再次开始锻炼。间歇时，不要做静止休息，而应边活动边休息，如慢速走步、放松手脚、伸伸腰腿或做深而慢的呼吸等。这是因为轻微活动可使肌肉对血管起到按摩作用，帮助血液流回和排除代谢所产生的废物。

（三）连续锻炼法

人们参与体育锻炼增强体质，不能只讲究间歇锻炼，还要讲究连续性锻炼。因为连续、间歇、重复等因素各有其特有的作用，连续的作用在于持续负荷量不下降，维持在一定的水平上，使身体充分地受到运动的作用。

连续锻炼时间的长短，同样要根据负荷价值有效范围而确定，通常认为在 140 次/分钟左右心率下连续锻炼 20～30 分钟，可使机体的各个部位都长时间地获得充分的血液和氧的供应，因而能有效地发展有氧代谢能力。在具体的身体锻炼中，要结合自身的特点选择适合自己的运动项目。

（四）循环锻炼法

循环锻炼法由几个不同的练习点组成。当一个点上的练习完成，练习者就迅速转移到下一个点，下一个练习者依次跟上。练习者完成了各个点上的练习，就算完成了一次循环。

一般来说，循环练习法对技术要求不高，因此适合绝大多数健身者。在采用循环锻炼法进行锻炼时，关键是要按照全面性原则去搭配项目，促进身体素质的全面发展。

（五）变换锻炼法

变换锻炼法也是一种非常有效的体育锻炼方法。在人们参与体育运动锻炼的过程中感到枯燥时，采用这种方法可以有效地调节生理负荷，提高兴奋性，强化锻炼意向，克服疲劳和厌倦情绪，以达到提高锻炼效果的目的。

在体育运动锻炼初期，可多做些诱导性练习和辅助性练习。随着锻炼水平的不断提高，应加大练习的难度，如用越野跑代替在田径场的长跑等。由于锻炼条件的变化，可使锻炼者的大脑皮层不断地产生新异的刺激，提高兴奋性，激发锻炼的兴趣，从而提高机体对负荷的承受能力，提高锻炼效果。另外，不断地对锻炼的内容、时间、动作速率等提出新的要求，可促使机体产生适应性变化，从而促进体质的增强。

（六）游戏锻炼法

游戏锻炼法是指采用游戏的形式进行锻炼身体的方法，目的在于提高兴奋性，激发学生对运动的兴趣。在嬉笑娱乐的游戏中锻炼身体、愉悦身心，有助于减轻学生的学习压力，释放激情。这种锻炼方法的运动量可以根据学生的实际情况而有所不同。在开展相应的游戏活动时，应注重与体育课堂教学内容相结合，寓教于乐，使健身者在轻松愉快的氛围下提高技能，增强体质。

第三节　体质健康促进的常见运动项目与锻炼方法

发展到现在，可供人们参与体育锻炼的运动项目有很多，其中健身走、健身跑、游泳、各种球类运动等都是人们日常生活中极为常见的锻炼方式。通过这些项目的锻炼，能有效地增强人体素质。受篇幅所限，本节主要讲解健身走、健身跑和游泳锻炼的方法。

一、健身走与健身跑及锻炼方法

（一）健身走

1.快步走健身

快步走健身是一种步幅适中或稍大、步频较快、步速较快、运动负荷稍大的健身锻炼方法。一般来说，"快走"要比"慢跑"消耗的热量更多，而且快走不易伤害足部、踝关节部，更为安全。快步走健身适用于中老年人和慢性关节炎、胃肠病、高血压病恢复期患者，另外对于减肥塑身者来说，快步走也是一种很好的锻炼手段。

在快步走时，身体适度前倾 3°～5°，基本姿势为抬头、垂肩、挺胸、收腹收臀。在行走过程中，两臂配合双腿协同摆动，前摆时肘部为 90°，手臂高度不高于胸，后摆时肘部为 90°，两手臂在体侧自然摆动，两臂摆幅随步幅的变化而变化。双腿交换频率加快，步幅尽量稳定，前摆腿的脚跟着地后迅速滚动至前脚掌，动作要柔和，然后后脚离地，如图 9-1 所示。

图 9-1

2.踏步走健身

踏步走健身是在原地走或稍有向前移动的特殊走法，这种锻炼方法没有任何限制，适用范围广。踏步走健身具有提高下肢、腰腹部肌肉力量和内脏器官系统机能的作用。

在练习踏步走时，要求身体直立，两臂自然下垂或屈臂。踏步走时两腿交换屈膝抬腿或前脚掌落地，两臂协同两腿前后直臂或摆动，屈膝抬腿至髋高达到抬腿最高点，直腿或屈膝落地均可，落地要轻缓、平稳。

在做踏步走动作时,要注意以下几点要求。

(1)踏步走两腿交换频率要根据自己的身体情况来确定。一般来说,以每腿 35～45 次/分为宜。

(2)踏步走时最好用前脚掌先着地,然后滚动全脚着地,注意脚的缓冲,身体重量落在前脚掌上。

(3)踏步走健身锻炼方法很多,如踏步四拍一转体、按音乐节拍踏步、台阶踏步等,健身者可以根据自己的身体情况合理选择。

(4)踏步时用脉搏控制运动负荷,健康成人 1 分钟踏步走脉搏最高可达 180 次/分;一般练习者 1 分钟踏步走脉搏达到 120～150 次/分即可达到健身最佳效果。身体不适者 1 分钟原地踏步走脉搏最高控制在 120 次/分以下。健身者要根据自己身体状况合理地调整,避免发生过度疲劳的现象。

3.散步健身

散步健身法比较悠闲轻松,适宜于中老年人和体弱多病者,以及关节炎、心脏病和糖尿病患者,可以缓解紧张心理和情绪。糖尿病人坚持在饭前 30 分和饭后 30 分,散步 0.5～1 小时,可使血糖下降。

在散步走时,要保持身体姿势正确,放松、自然、脚放平、柔和着地、抬头挺胸、收腹收臀、保持脊柱成一直线,两肩放松,两臂自然下垂协同两腿迈步,动作自然,前后摆动,两腿交替屈膝前摆,足跟着地滚动至脚尖时,另一腿屈膝前摆足着地,步幅因人而异,如图 9-2 所示。

图 9-2

散步走的形式有很多,其中常见的有以下几种。

(1)普通散步法:普通散步法速度为 60～90 步/分,每次应走 20～40 分钟。

(2)快速行走法:快速行走法速度为 90～120 步/分,每次应走 30～60 分钟。

（3）摩腹散步法：此法是传统的中医养生法，行走时两手旋转按摩腹部，速度为 30～60 步/分，每走一步按摩一周。

（4）摆臂散步法：行步时两臂前后做较大幅度的摆动，行走速度为 60～90 步/分。

（5）臂后背向散步法：行走时把两手背放在腰部，缓步背向行走 50 步，然后再向前走 100 步。这样一退一进反复行走 5～10 次。

4. 倒步走健身

倒步走健身是向后行走的锻炼方法。倒退行走时，两腿交替向后迈进，增强了大腿后肌群和腰背部肌群力量，同时还锻炼小脑，有利于提高人体的灵活性、协调性。可以说，倒步走是一种非正常的活动方式，这种方式适合各种年龄的肥胖者，也适用于腰部损伤、慢性腰部疾病的康复训练。倒步走主要有摆臂式和叉腰式两种方式。

（1）摆臂式倒步走。上体自然正直，腰部放松，身体不要后仰，不要抬头，眼要平视，右腿支撑，左腿屈膝后摆下落，以左前脚掌先着地，然后滚动到全脚掌着地，身体重心随之移至左腿，按同样方法左右脚交替后退，两臂配合两腿动作自然前后摆动，步幅 1～2 脚长，如图 9-3 所示。

图 9-3

（2）叉腰式倒步走。行走时双手叉腰，拇指在后按"肾俞"穴（位于第 2 腰椎两侧，离开脊柱 2 横指宽处，上下位置与脐相平），其余 4 指在前，腿部动作同摆臂式。每后退一步，用两手拇指按摩"肾俞"穴一次，缓步倒退行走 100 步，然后再正向前走 100 步。一背一正反复走 5～10 次，可以起到补肾壮腰的作用。

人们在做倒步走锻炼时，需要注意以下几点：

（1）选择早晨，空气清新的环境进行锻炼。时间基本上为 20 分钟左右，练习次数不限，并逐渐增至每次 30～40 分钟。

（2）倒步走要选择平坦、不滑、无障碍物的地方，不能在人多、有杂物的地方锻炼,以免发生危险。

(3)倒步走时,步幅要小,可以适当增加步频。走步时,一腿前脚掌擦着地面向后交替倒退走即可,不要屈膝抬腿。

(4)倒步走的负荷量要根据自己的身体情况而定,当感觉疲乏时,要进行适当的休息,以免造成过度疲劳,加重机体负担。

5. 其他形式走类健身运动

(1)登楼梯健身法。登楼梯健身法是一种很好的室内健身项目,适用于在高层办公楼办公的人们。登楼梯健身主要有以下几种形式:

①爬楼梯健身。这一方式适合健康的老年人及有慢性疾患的中年人。

②跑楼梯健身,即采用奔跑的形式登楼梯。一般需有一定的锻炼基础才可进行,例如在达到每分钟登 50～70 级梯阶或能连续登楼梯 6～7 分钟后,才可以进行跑楼梯锻炼。

③跨台阶健身,即登楼梯时每一步不是登 1 级梯阶,而是两级,甚至 3 级梯阶,这种方式适用于青少年体育健身。

④负重登楼梯健身。手提重物或肩背重物登楼梯也是一种加大运动量的锻炼方式,可以锻炼臂力、腿力和腰力。这种方式适用于青壮年。

(2)踩石子走健身法。踩石子可以起到很好的按摩和治疗作用。走石头路,一般选择穿较薄的软底鞋,也有赤脚走的。赤脚走的效果会更好些,赤脚踩石头,使脚直接与大地接触便于人体静电的降放,这将有助于降压和调节大脑神经。

(3)雨中散步健身法。在雨中行走,霏霏细雨会产生大量的阴离子,享有"空气维生素"的美称,会令人安神逸志,并有助于降低血压。另外,雨中散步能调整心态,稳定情绪。但在行走后要注意身体的保暖,不要着凉感冒。

(4)摆臂慢走法。摆臂慢走能有效地锻炼人体肩部的肌肉,提高肩关节的灵活性,对肩关节患者非常有益。在慢步行走时,加大手臂摆动的动作幅度,向前可摆至手臂与肩齐平,向后摆到不能再向后摆动为止。每次锻炼30 分钟左右,步行的速度保持在每分钟 60 步左右。

(5)颈部转动慢走法。上班族由于一天之中坐的时间较久,因此容易患上颈椎病,而颈部转动慢走法则是一种有效的缓解颈椎疾病的方法。在慢步走时转动颈部,可以活动僵硬的颈部,增强颈部肌肉的力量,提高颈部关节的灵活度。在采用这种方法锻炼时,每次锻炼 10 分钟,步行的速度保持在每分钟 25 步左右,每走 2 步,颈部向侧面转动 1 次。

（二）健身跑

1.原地跑健身

原地跑是在室内进行的一种健身锻炼,如图 9-4 所示。原地跑适用于普通健康人,以及有较好锻炼基础的慢性病患者。原地跑的时间可长可短,根据健身者的实际情况而定。健身者结合自身的身体能力,跑的速度可适当加快,动作也可逐渐加大,以便逐渐增加运动强度和运动量,这样能充分发挥其功效。

图 9-4

2.倒跑健身

倒跑是一种背部指向正常跑步方向,两脚向后移动的跑步方式。在进行倒跑时,上体正直稍向后,抬头挺胸,两眼平视,双手半握拳置于腰间,一条腿抬起向后迈出,脚尖着地,身体重心随之后移,再以同样的方式换另一条腿,小跑步向后退去,交替进行,两臂自然前后摆动,身体不要左右摇摆。

3.慢速跑健身

慢跑是一种以匀速慢跑的方式完成一定距离,来达到锻炼身体目的的运动方式,适用于各个年龄层的人群。在最初以每分钟跑 90～100 步为好,然后逐渐增到每分钟 110～120 步、120～130 步。运动时间以每天 20～30 分钟为宜,距离 2 500～3 000 米。或先从 1 000 米开始,待适应后,每月或每两周增加 1 000 米,一般增至 3 000～5 000 米即可。速度指标:慢跑 1 千米距离,8～12 岁儿童用 8～9 分钟;青少年用 7～8 分钟;30～49 岁中年人用 8～9 分钟;50 岁以上老人用 10～15 分钟。锻炼应每日或隔日进行一次,老年人和体质较弱者可以比走步稍快一些,体质好的跑速可稍快。

慢跑时,运动强度的把握以脉搏每分钟不超过 110～120 次最好;也可采用心跳的频率以每分钟不超过 180 次,减去自己的年龄数的计算方式进行跑步,在跑步过程中,呼吸以不喘粗气为宜。

4. 变速跑健身

变速跑就是改变速度的跑类健身运动,适合体质较好的健身跑爱好者。慢跑属于有氧代谢,能发展人的耐力;快跑则属于无氧代谢,能提高人的速度和耐力;变速跑则综合了以上两种跑速的优点,不仅有利于发展人体的一般耐力,而且也能提高人体的速度耐力素质。

人们在做变速跑时,根据自身的具体情况可以选择跑速,改变跑速,逐步增加运动量,以提高人体素质。

5. 滑步跑健身

滑步跑锻炼法是指健身者不是面朝前方,而是侧身跑,即向左跑或向右跑。人们在向左跑时,右脚先从左脚之前向左侧移动一步,左脚则从右脚之后向左移动一步,如此反复侧向前进;向右跑时,正好相反。这种跑步方式适用人群广泛,多在其他跑步方式锻炼中间隔进行,可增加机体的灵活性、敏捷性、协调性及平衡性。

6. 迂回跑健身

在跑步的前方,有许多障碍物,障碍物与障碍物之间有一定距离,跑步时交替性地从障碍物的左右侧跑过。跑过之后,还可以设法再跑回来。这种跑步方法,是一种游戏式的跑步,可增加跑步的趣味性,并锻炼身体的灵活性。

7. 旋转跑健身

旋转跑是倒序运动中的一项特殊的健身运动,但不同于倒跑,是向前跑、侧身跑和倒跑几种方式的综合运动。在旋转跑时,先在原地练习顺时针和逆时针旋转,不求快速只求匀速。在开始跑时,圈子要大一点,速度要慢,遵循循序渐进的原则,逐渐由慢到快,由大到小。向左向右转两个方向都要进行练习。一般人习惯了顺逆时针各转三圈后,即可在跑步过程中不时旋转,并逐步增加旋转的频率、速度及圈数。

8.跑跳交替健身

跑跳交替,即跑一段距离之后跳几下,再跑一段,再跳几下,跑跳交替进行,跑的速度可结合自己的身体情况合理选择,可快可慢,但要保持一个良好的节奏。跳是身体向前跑的过程中尽量向上跳起几下,使身体肌肉、关节在长时间的连续活动中得到刹那间的休息,可缓解跑步的疲劳,另外对人体弹跳力的提高也具有非常大的帮助。

二、游泳及锻炼方法

游泳属于一项有氧、无氧混合型运动项目,有着非常显著的健身效果,因此深受广大健身爱好者的欢迎和喜爱。游泳技术有多种,最常见的有蛙泳、爬泳、仰泳和蝶泳。受篇幅所限,下面主要讲解蛙泳的基本技术动作。

蛙泳是模仿青蛙游泳动作的一种泳姿,它是世界上最早的游泳姿势之一。人们在参加游泳健身时,蛙泳是一种常用的姿势,这种姿势具有省力、持久,实用性较强等特点。下面主要讲解蛙泳健身的基本方法。

(一)身体姿势

健身者在游进的过程中,身体姿势是随着臂、腿及呼吸动作的周期性变化而不断变化着的。在一个动作周期中两臂前伸、两腿向后蹬直并拢时,身体是几乎水平地俯卧于水中,头部夹在两臂之间,两眼注视前下方,腹部与大、小腿位于同一水平面上,臀部接近水面,身体纵轴与水平面约成5°~10°角,如图9-5a所示。这种身体姿势,可以减小游进时水的阻力。

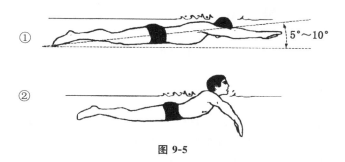

图 9-5

健身者在游进的过程中要注意胸部自然伸展,稍收腹,微塌腰,两腿并拢,脚尖伸直,两臂并拢尽量前伸,全身拉伸成一直线。而在划水和抬头吸气时,上体会向前上方抬起,肩和背部的一部分上升露出水面,此时躯干与水面的角度较大,如图 9-5b 所示。当两臂前伸、两腿向后蹬夹时,肩部随低头动作再次浸入水中,使身体恢复比较平直的流线型姿势继续向前滑行。

(二)腿部技术

蛙泳的腿部动作可以分为收腿、翻脚、蹬夹水与滑行四个阶段,健身者一定要勤加练习,以便熟练掌握。以上 4 个阶段的腿部动作如下所述。

1.收腿阶段

收腿技术是翻脚技术、蹬夹技术的准备动作,是从身体伸直成流线型向前滑行的姿势开始的。收腿时,腿部肌肉略为放松,大腿自然下沉,两膝开始弯曲并逐渐分开,小腿和脚跟在大腿后面向前运动。收腿时,踝关节放松,脚底基本朝上,脚跟向上、向前移动,向臀部靠拢,两腿边收边分开。两小腿和两脚在前收的过程中要落在大腿的投影截面内,以避开迎面水流,减小收腿的阻力。收腿动作应柔和,不宜太用力。在收腿的过程中臀部略下降。收腿结束时,两膝内侧的距离约同肩宽;大腿与躯干约成 130°~140°角,大、小腿折叠紧,小腿接近于与水面垂直,整个收腿就像压缩弹簧一样,为翻脚和蹬夹做好准备,如图 9-6 所示。

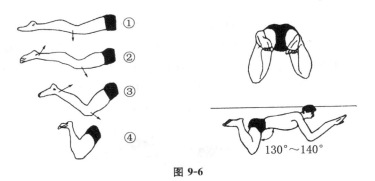

图 9-6

2.翻脚阶段

在蛙泳运动中,翻脚是收腿的继续和蹬水的开始。它的主要目的在于使腿在蹬夹时有一个良好的对水面。在蛙泳技术中,翻脚动作的好坏会直接影响到蹬水的效果,而翻脚动作的好坏则取决于踝关节的灵活性和腿部的柔韧性。当收腿使脚跟接近臀部时,大腿内旋,两膝稍内扣,小腿向外张开,两脚背屈使脚掌勾紧向外翻开,脚尖转向两侧,使小腿和脚的内侧面向后,形成良好的对水面,为蹬夹动作做好准备。翻脚实际上是收腿的结束动作和蹬夹的开始动作。在收腿接近完成时就开始翻脚,翻脚快完成时就开始蹬夹,在蹬夹的开始阶段继续完成翻脚。

3.蹬夹阶段

蹬夹技术是蛙泳游进中获得推进力的主要阶段。它在翻脚即将完成时就已开始。由于翻脚动作的惯性,脚在后蹬的开始阶段是继续向外运动,完成充分的翻脚。随后,由腰腹和大腿同时发力,依次伸展下肢各关节,两脚转为向后向内运动并稍下压,直至两腿蹬直并拢,完成弧形的鞭状蹬夹。蹬夹动作是"蹬"与"夹"的结合,两腿是边后蹬边内夹,当两腿蹬直时两膝也已并拢了。既不是完全向后蹬,也不是向外蹬直了再内夹并腿,如图 9-7 所示。蹬夹时,下肢各关节的伸展顺序是保持最大对水面积的决定因素。正确的顺序是:先伸髋关节,后伸膝关节,最后伸踝关节,直至两腿伸直并拢。蹬夹开始时,主要是大腿向后运动,膝关节不宜过早伸展,以使小腿尽量保持垂直对水的有利姿势,避免出现小腿向下打水的错误。在蹬夹过程中,脚应保持勾脚外翻姿势;在蹬夹将近结束时,脚掌才内旋伸直,完成最后的鞭水动作。如果先伸踝关节,则会破坏翻脚所形成的良好对水面,形成用脚尖蹬水的错误。

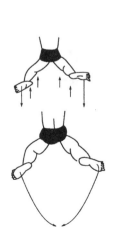

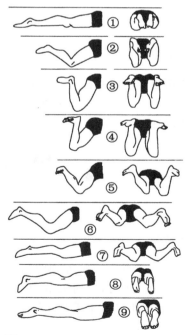

图 9-7

4. 滑行阶段

当游泳者的蹬腿结束时,其腿处于较低的位置,脚距离水面约为 30～40 厘米。此时,身体在水中获得最大速度,两腿伸直并拢,腰、腹、臀及腿部的肌肉保持适度紧张,使身体成流线型向前滑行,准备开始下一个腿部动作周期。

(三)臂部技术

在蛙泳运动中,游泳者的整个手臂动作都是在水下完成的。对游泳者而言,手的划水路线近似于两个相对的"桃心形"。即两手从"桃心"的尖顶开始,不停顿地划动一周回到尖顶,如图 9-8 所示。为便于分析,把蛙泳的一个划水动作分为外划、下划、内划、前伸等 4 个紧紧相连的阶段。

图 9-8

1. 外 划 动 作

外划是从两臂前伸并拢、掌心向下的滑行姿势开始的。外划时两臂内旋,两手掌心转向外斜下方,略屈腕,两臂向外横向划动至两手间距离约为两倍肩宽处,如图 9-9 所示。

图 9-9

2. 下 划 动 作

当游泳者的手臂在继续外划的同时,前臂稍外旋,肘关节开始弯曲,转腕使掌心转为朝后下方,以肘关节为轴,手和前臂加速向下、向后划动。下划结束时,肘关节明显高于手和前臂,手和前臂接近垂直于游进方向,肘关节约屈成 130°,如图 9-10 所示。

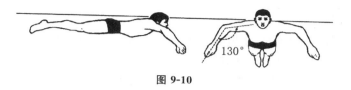

图 9-10

3. 内划动作

内划是手臂划水产生推进力的主要阶段。下划结束,掌心迅速转向内后方,手臂加速由外向内并稍向后横向划动,屈肘程度进一步加大,肘关节也同时向下、向后、向内收夹至胸部侧下方,两手划至胸前时的动作应规范,尽量将双手靠在一起,如图 9-11 所示。

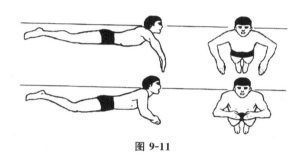

图 9-11

4. 前伸动作

当游泳者的内划接近完成时,两手在继续向内、向上划动的过程中逐渐转为向上、向前弧形运动至颌下。此时两手靠拢,两掌心逐渐转向下,手指朝前。接着,肘关节不停顿地沿平滑的弧线前移,推动两手贴近水面向前伸出。与此同时迅速低头,将头夹于两臂之间。伸臂动作完成时,两臂伸直并拢,充分伸肩,两手掌心向下,成良好的流线型向前滑行,如图 9-12 所示。

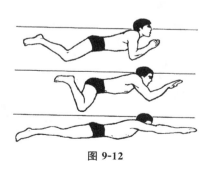

图 9-12

（四）完整配合技术

蛙泳一般采用呼吸、手臂和腿 1∶1∶1 的配合技术，即在一个完整动作周期中，蹬夹一次，划臂一次，呼吸一次。配合游时应在充分发挥臂、腿力量的基础上，努力做到协调、连贯、有节奏和匀速前进。

1. 臂与腿的配合

蛙泳运动中，臂和腿的配合是一种交替进行稍有重叠的技术。两臂外划和下划时，两腿保持稍紧张的伸直姿势；两臂内划时，两腿放松，两膝下沉，开始收腿；两臂开始前伸时，迅速完成收腿并做好翻脚动作；两臂接近伸直时，开始向后快速蹬夹；蹬夹结束后，全身伸直成良好的流线型向前滑行，如图 9-13 所示。对于初学者来说，注重蹬夹后的滑行具有十分重要的作用。只有在带滑行的从容游进中，才能掌握配合技术的要领，形成正确的动作节奏。

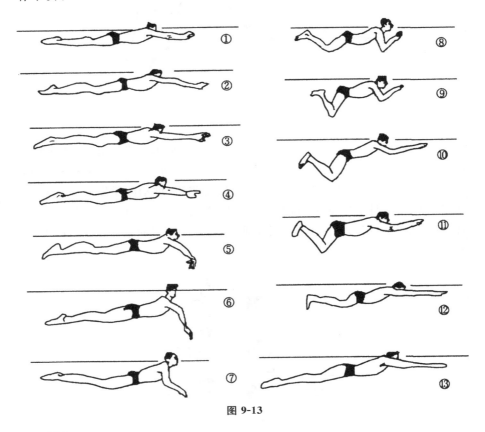

图 9-13

2.呼吸与臂的配合

蛙泳的呼吸是和手臂的划水动作紧紧结合在一起的,主要有以下两种类型。

(1)早吸气配合。游泳者的两臂开始外划时,颈后肌收缩,开始向上抬头,下颌前伸,使口露出水面将气吐尽;在两臂下划和内划的过程中吸气;两臂前伸时低头闭气;滑行时在水中呼气。这种呼吸方式利用了划水开始阶段手臂向外、向下划动所产生的向上的反作用力,使头部比较容易抬出水面,整个呼和吸气的时间较长,动作比较从容。早吸气配合技术比较适合于初学大学生采用。

(2)晚吸气配合。晚吸气配合技术没有明显的抬头和前伸下颌的动作。两臂外划和下划时,身体仍保持较平直的流线型姿势;在两臂内划的过程中,随着头、肩的上升,口露出水面将气吐尽;内划结束头、肩向前上方升至最高位置时快速吸气;两臂前伸时迅速低头闭气;滑行时向水中呼气。这种呼吸方式有利于减小水的阻力,同时有利于更好地发挥手臂划水的力量,动作紧凑连贯,前进速度均匀。

三、乒乓球及锻炼方法

(一)发球

1.平击发球

平击发球具有运行速度慢、力量轻、旋转弱等特点。平击发球可分为以下两种方式:

(1)正手平击发球:发球运动员两脚开立,略宽于肩。抛球时向后上方引拍,球拍拍面略前倾。在球的下降期击球的中上部并向前方发力,使球的第一落点在球台的中段附近。

(2)反手平击发球:发球运动员站位于球台中间偏左处,右脚稍前或平行站立,身体略向左转,含胸收腹,将球抛至身体左侧前方的同时,向左后方引拍。右臂外旋,拍形前倾,在球的下降期击球的中上部并向右前方发力,使球的第一落点在球台的中段区域。

2. 正手发奔球

运动员左脚稍前,身体略向右偏转,左手掌心托球置于身体前右侧,左手将球向上抛起,同时右臂内旋,使拍面角度稍前倾,前臂手腕自然下垂,肘关节高于前臂,向身体右后方引拍。击球时,当球从高点下降至网高时,击球右侧向右上方摩擦,触球一瞬间拇指压拍,手腕从右后方向左上方挥动。球击出后第一落点接近自己方的端线。击球后,手臂继续向左前方挥动并迅速还原,如图 9-14 所示。

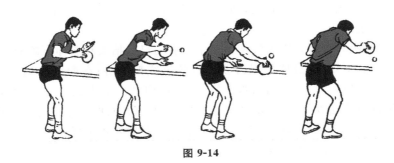

图 9-14

3. 正手发下旋球与不转球

发强烈下旋球时,将撞击球力与摩擦球力融为一体,触球部位为下中部,用拍面偏左的位置触球,如图 9-15 所示。发不转球时,力求使整个动作轮廓与发下旋球时一致,触球瞬间用拍推球,触球中下部(偏中部),用拍面的偏右位置触球,如图 9-16 所示。

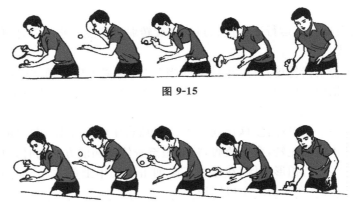

图 9-15

图 9-16

（二）削球

1. 近削

近削具有动作较小，球速较快，前进力较强等特点。

以正手近削为例，左脚稍前，身体离球台 50 厘米左右，上体稍向右转。击球时，手臂弯曲，把球拍引至与肩同高，拍形稍后仰。触球时，前臂用力向左前下方挥动，手腕配合下压，在上升后期或高点期，击球中部或中下部，如图 9-17 所示。

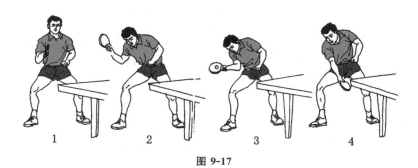

图 9-17

2. 远削

远削具有动作大，球速慢、弧线长、回球下旋特点。远削可分为正手远削和反手远削两种，下面主要阐述正手远削的方法。

以正手远削为例，中台站位，左脚稍前，上体稍向右转，重心落于右脚，持拍手臂自然弯曲于腹前。顺来球方向向右上方引拍与肩同高，拍面后仰。当球从台上弹起时，持拍手上臂带动前臂由右上向左前下方加速切削，手腕向下转动用力，在右侧离身体 40 厘米处击准下降期球的中下部，并顺势前送，如图 9-18 所示。

（三）搓球

1. 快搓

（1）正手快搓：肘部自然弯曲，手臂外旋使拍面角度稍后仰，后引动作较小。当来球跳至上升期，利用上臂前送的力量，前臂与手腕配合，借力结合发力，触球中下部并向前下方用力摩擦。

（2）反手快搓：与正手快搓基本相同，但方向相反。

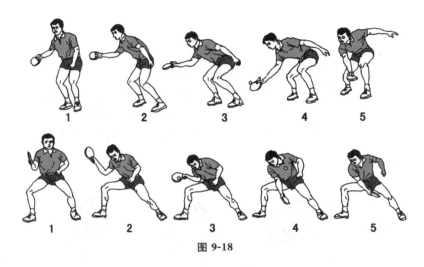

图 9-18

2.慢搓

（1）正手慢搓：左脚稍前、身体稍向右转。击球前手臂向右上方引拍，然后前臂带动手腕向左前下方用力搓球，在球的下降后期击球的中下部，如图9-19 所示。

图 9-19

（2）反手慢搓：与正手慢搓相同，但方向相反。

（四）攻球

1.正手攻球

（1）正手快攻。正手快攻时，左脚稍前，身体离球台约 40 厘米。击球前，持拍手臂要右前伸迎球，前臂自然放松，球拍呈半横状。当球从台面弹起时，前臂和手腕向前上方挥动，并配合内旋转腕的动作，使拍形前倾，在上升期击球中上部。拍触球刹那，拇指压拍，同时加快手腕内旋速度，使拍面沿球体做弧形挥动。击球后,挥拍至头部高度,如图9-20所示。

(2)正手扣杀。正手扣杀时,左脚稍前,击球前持拍手臂向右后方引拍,并稍高于台面,球拍呈半横状。当球弹起到高点时,上臂带动前臂由后向前。将触球时,前臂加速用力向左前挥击,手腕跟着转动,在高点期前后击球中上部,拍形稍前倾。球拍触球的刹那间,整个手臂的力量应发挥到最大限度,同时腰部配合向左转动,触球点一般在胸前50厘米左右。击球后,要随势将拍挥至左胸前,上体左转,重心由后脚移至前脚,如图9-21所示。

图 9-20

图 9-21

2.反手攻球

(1)反手快攻。反手快攻时,右脚稍前,身体离球台约 40 厘米。持拍手臂自然弯曲,将球拍移至腹前偏左的位置。击球时,前臂和手腕向右前上方挥动,同时配合外旋转腕动作,使拍形前倾,在上升期击球中上部。击球后,随势将球拍挥至右肩前,如图 9-22 所示。

(2)反手拉攻。反手拉攻时,右脚稍前,身体离球台约 60 厘米。击球前,持拍手臂的上臂靠近身体,前臂向左下方移动,将球拍移至腹前偏左的位置,球拍略下垂并稍低于台面,拍形稍后仰。击球时,上臂稍向前,同时配合向外转腕动作,前臂向右前上方迅速挥动,在下降期击球中部或中下部,腰部应辅助用力。击球后,随势将球拍挥至额前,身体重心移至右脚,如图 9-23 所示。

图 9-22

图 9-23

（五）推挡球

1. 快推

快推时，站位近台，左脚稍前，两脚与肩同宽或略宽于肩，重心在前脚掌上。上臂靠近身体，整个身体的重心应稍高。引拍后，球拍距球约 25 厘米，拍形基本与台面垂直，球拍与球同高。球刚弹起，上臂带动前臂向前迎球，在来球的上升前期或中期，借来球之力，前臂手腕用力向前将球推出；触球中部或中部稍偏上，食指稍用力压拍，拇指略放松，如图 9-24 所示。

图 9-24

2. 加力推

一般来说，加力推的动作幅度比快推大。引拍后，拍与球相距约 30～40 厘米，球拍略高于来球或与球同高。击球时间为上升后期或高点期。触球瞬间，在前臂用力向前推击的同时，手腕有一由后向前的弹击力，拍后中指应用力顶住球拍，拍前拇指略抬起，食指用力压拍。为加大推球力量和动作的稳定性，应善于运用身体向前移动的力量，如图 9-25 所示。

图 9-25

3. 推挤

推挤球时，在上升期，触球的左侧中上部，沿球体向左下方用力，以摩擦为主。触球瞬间,中指应用力顶住球拍。推挤加转弧圈球时,球拍应在身体重心的带动下向前迎球,球拍稍高于来球,拇指放松,食指压拍,拍形前倾(约与台面形成50°角)。

(六)弧圈球

1.正手高吊弧圈球

准备用正手高吊弧圈球前,两脚开立,右脚稍后,身体略向右转,两膝微屈,重心放在右脚上。准备击球时,持拍手臂自然下垂,并向后下方引拍,右肩略低于左肩,拇指压拍使拍形略为前倾,呈半横立状,并使拍形固定。当来球从台面弹起时,手臂向前上方挥动,前臂在上臂带动下爆发性用力做快收动作。将要触球时,手腕向前上方加力,在球下降期用拍摩擦球的中部或中上部。球拍擦击球时,要注意配合腰部向左上方转动和右腿蹬地的力量。击球后,重心移至左脚,如图 9-26 所示。

图 9-26

2.反手弧圈球

在击反手弧圈球时,两脚平行或左脚稍后站立,两膝微屈,重心较低。击球前,将球拍引至腹部下方,腹部略内收,肘部略向前,手腕下垂,拍形前倾。当球从球台弹起时,以肘关节为轴,前臂迅速向上挥动,结合手腕向上转动的力量,在下降期用拍擦击球的中部或中上部。在击球过程中,两腿向上蹬伸,重心上提,如图 9-27 所示。击球后,手臂顺势向前上方送过头部,并迅速还原。

图 9-27

第十章 我国全民健身运动及健身效果的测评研究

当前,全民健身开展得如火如荼,这已经成为提升全民体质的重要途径和方式。全民健身运动不仅开展得较好,其所产生的健身效果也较为显著。本章主要对全民健身的基本知识、全民健身活动的分类与管理以及全民健身效果的评价这几个方面进行分析和研究,从而为全民健身运动的进一步开展提供一定的依据和支持。

第一节 全民健身概述

一、全民健身的概念

在《全民健身计划纲要》中首先明确指出:"为了更广泛地开展群众性体育活动,增强人民体质,推动我国社会主义现代化建设事业发展,特制定本纲要。"由此可以看出,其中包含着 3 个重要的关键词,即群众性体育活动、人民体质、社会主义现代化建设事业。这 3 个关键词在一定程度上将全民健身的主体、内容和目的等信息反映出来了。

《全民健身计划纲要》(送审稿)中将全体国民是全民健身计划的实施对象明确指出来。具体来说,全民健身中的"全民"是指包含十几亿具有中国国籍的国民,这与老幼男女、南北东西,甚至居住在国外的侨民都没有区别。

从某种程度上来说,所谓的"健身"就是增强和维护人的身体健康。很多国内学者从对象和方法两方面来对全民健身进行界定,具体来说,就是全民健身是指全体人民为了增强体质,采取不同的手段、方法,达到健身的目的。人们所使用的"全民健身"的含义,已经不仅仅是全国人民来健身的字面意义了,它已经成为"全民健身事业""全民健身计划""全民健身战略""全民健身工作"和"全民健身工程"等的代名词。

我国全民健身具有非常重要的功能和作用,强身健体只是其中的一个方面,除此之外,积极向上、团结合作、崇尚规则、公平竞争、人与自然和谐共生等都是全民健身所倡导的精神,这与和谐社会的理念是完全一致的。因此,这就要求深入思考在以人为本、加快发展社会事业、全面改善人民生活中,如何更好地发挥全民健身的综合功能和作用,使全民健身不仅成为身体运动,更要成为一种生活方式,一种促进人的全面进步和发展的巨大动力,一个推动家庭和睦、邻里和顺、社风和谐的有效手段。

由此可以得知,全民健身已经被演化、延伸为"中国特色的大众体育"的含义,其包含的内容主要有以下几个方面。

(1)全民健身活动的法规法律与组织。

(2)全民健身活动设施与资源开发。

(3)全民健身活动分类与基本内容。

(4)中国社会体育指导、市民健身、农民健身、学生健身、特殊人群健身。

(5)全民健身效果评价以及全民健身的国际借鉴等。

二、全民健身的基本特征

全民健身有着其本身的显著特征,具体来说主要表现在以下几个方面。

(一)全民性和公益性

全民健身的全民性特征,主要体现在其以人为本,以全国国民为服务对象,竭诚为大众服务,保障公民平等参加体育的权利,让全体国民享受到体育的乐趣。与此同时,这也在一定程度上将全民健身中全民参与的社会性体现了出来。此外,全民健身活动还具有人人都有权利参与其中,同时也受到一定的公共规则和社会道德约束。

群众性体育事业,从某种程度上来说,属于公益性事业的范畴,所谓公益就是指公共的利益,而公共则是指属于社会公众的。全民健身事业作为一项公益性的社会事业,在社会主义市场经济体制下的发展,并不是要求国家大包大揽,成为完全福利性事业,而是要求政府、社会、公民各自承担相应的责任。

(二)健身性和娱乐性

对于群众体育来说,其本质在于追求健身性和娱乐性两个方面。

经常参加体育活动,有利于人们促进健康、增强体质、发展体能、保持活力,这就是群众体育的健身性。

人们在体育活动中可以抒情养心、松弛心灵、振奋精神,这就是群众体育的娱乐性。

群众体育的健身性和娱乐性两个特征是相辅相成的,健全的精神寓于健全的身体之中，身体是精神的重要载体。亿万群众作为参与群众体育的主体，在自愿、自主的基础上，通过直接的身体活动，达到愉悦身心、强身健体、陶冶情操、人际交流的目的。

（三）多元性和灵活性

全民健身的多元化与灵活性特征在很多方面都有所体现，比如服务对象、投资主体以及工作方式等方面。

1.服务对象的多元性和灵活性

全民健身服务体系面向全体国民，包括少儿、青年、中年、老年，不同阶层、不同文化程度、不同职业的所有人群。因此，这就要求以不同的对象服务不同的人群为依据来有针对性地开展全民健身活动。

2.投资主体的多元性和灵活性

实施全民健身计划，资金投入是必不可少的重要保障。《全民健身计划纲要》提出："体育部门要改善资金支出结构，逐步增加群众体育事业费用在预算中的支出比重，鼓励企事业单位、社会团体、个人资助体育健身活动。"这是一种政府拨款、社会筹集和个人投入相组合的多元化资金投入格局。随着我国社会经济的快速发展，投资主体的多元性和吸收资金方式的灵活性也更加显著。

3.工作方式的多元性和灵活性

随着全民健身活动不断深化，一个由政府组织、社团组织、单位组织、社区组织以及民间健身俱乐部组织构成的多元的工作体系和工作方式逐渐形成。在体育组织中，政府体育机构、体育社会团体、社会体育指导中心、群众健身辅导站、各种健身项目俱乐部都将其各自的功能和作用充分发挥出来。

三、全民健身的作用与地位

全民健身有着非常重要的地位和作用，可以从以下几个方面得到体现。

（一）社会发展方面

从本质上来说，社会发展实质上就是人的全面发展。我国全民健身事业是社会发展总体内容的有机组成部分。随着机械化、电气化和自动化程度的提高、现代化交通工具的普及,以及信息技术的发展,人们从事各种体力劳动的机会和时间大大减少;家务劳动社会化和家用电器的普遍使用,人们用于家务劳动的时间也大大缩短;社会竞争加剧,生活节奏加快,使人们常常处于紧张状态之中,精神压力过大,种种情况,使得各种文明病滋生蔓延,对人们的生活产生较大的困扰。在这样的背景下,全民范围内的运动健身正在逐渐兴起。大量的科学研究和实践表明,体育运动是防止现代文明病的有效手段。体育与科技、教育、文化、卫生共同在经济和社会发展中,能够对社会良性运行产生积极的推进作用,而全民健身是体育的"助推器"。因此,全民健身不仅使体育事业发展的速度进一步加快,同时也对社会的良性运行起到积极的促进作用。

(二)社会主义精神文明方面

全民健身能够使社会矛盾得到有效的化解、缓和,有维护社会稳定的作用。人类社会的文明,包括物质文明、精神文明、政治文明和制度文明。其中精神文明表现为人类精神活动的进步状态,反映人类精神生活和精神财富的成果。现代社会竞争激烈、人们精神压力很大,如果不及时释放压力,就会产生心理问题,甚至引发社会矛盾。而全民健身作为社会的"安全阀"可以起到缓解、宣泄、减少利益冲突带来的社会动荡和各种矛盾的作用。广泛开展全民健身活动,不仅能够使此类社会问题得到妥善的解决,而且还能使人们受到健康美、形态美、道德美的文化陶冶,形成合理的生活方式,营造一种积极向上、健康活泼的文化氛围,这对于社会主义精神文明建设将起到积极的促进作用。同时,全民健身在营造人与人之间,人与社会、人与自然之间的和谐氛围也具有十分重要的地位和作用。全民健身活动是人的一种积极生活的活动,在活动或竞赛中,一般都有公认的规则和道德标准。在健身活动中,每个人可扮演不同的社会"角色",在公认的规则和道德标准下,体会竞争、集体的归属感和服从感,由此,人与人之间在一定规则"统治下"的良好的人际关系就会得以形成。

(三)体育经济与产业方面

为社会提供体育产品的同一类经济活动的集合以及同类经济部门的总和,就是所谓的体育产业。全民健身能为体育产业创造巨大的体育消费群体,目前城市社区化和农村城镇化进一步培养和发展体育市场。需要强调的是,当前人们对物质消费的要求越来越低,但是,对服务业和消费品的要求越来越高,换句话说,就是与人们健康生活息息相关的行业的需求逐年上升。人们对健康的需求和对生活质量的需求是无限制的,因此,人们对体育消费要求也是无限制的,由此,带来了体育健身、体育娱乐、体育康复、体育表演、体育广告市场、体育彩票等巨大的体育消费市场,全民健身将大大推动体育产业发展。全民健身还能够将旅游、商业、交通、新闻出版等相关服务行业的发展带动起来,从而对国民生产总值(GDP)的提高起到积极的促进作用,从而最终取得经济收入。

(四)我国国民健康观的改善方面

由于中国人生活方式的转变并不是逐渐进行的,而是突然发生的,这使我们在很多方面缺乏足够的思想准备,也给社会体育提出了新的问题。钟南山院士指出:体质健康与身体健康是两个概念。所谓身体健康,是指身体各器官都没有病痛;而体质是指人的有机体在机能和形态上相对稳定的特征。体质包括体格、体能和社会适应能力等几个方面。其中,体格包括人体生长发育的水平和体型等;体能包括力量、速度、灵敏、柔韧、耐力等身体素质;社会适应能力则包括对外界环境的适应力和对疾病的抵抗力。

全民健身活动在国民生活方式转变的过程中,对城乡居民的健康观、健身观起到积极的促进作用,越来越多的人开始重视健康问题,把通过运动健身的手段获取健康看得越来越重要,"花钱买健康"的概念已经被越来越多的人所接受。可以说,这也在一定程度上为我国全民健身活动的发展提供了良好的思想基础。

(五)我国体育事业方面

作为我国体育事业的两条主线,"全民健身计划"和"奥运争光计划"有着非常重要的地位和作用。其中,全民健身是体育事业的基础和主体,是我国体育工作之本,也是竞技体育工作之源。

第二节　全民健身活动的分类与管理

一、全民健身活动的分类

关于全民健身活动,可以从广义和狭义上来分析。从广义上来说,全民健身活动指国民参与的体育活动系统,体育锻炼(项目)、体质检测、群众运动竞赛及其相关的体育文化活动都属于全民健身的范畴;从狭义上来说,全民健身活动指健身者日常参加的体育锻炼。

根据不同的标准,可以对事物进行不同的划分,对于全民健身活动来说,也是如此。具体来说,对全民健身活动的类型进行划分的依据和标准主要有以下几个方面。

（一）以活动的内容为依据划分

按照这一标准进行类型划分,实际上就是对大众选取的锻炼项目进行分类,可以说,这是一种比较传统的分类。例如,可以从球类、田径类、操类、舞类、武术类、游泳、体育游戏等角度出发进行分类。这种分类方法对于区别锻炼项目的技术特征与文化特征是较为有利的。

（二）以活动组织规模为依据划分

按照这一标准进行类型划分,实际上是对锻炼项目必须参与人数的数量进行分类。例如,需要大群体参与的项目有操类和球类,而有利于个体参与的锻炼项目有游泳类和太极拳等。这种分类方法对于群体和个体选择锻炼项目是非常有利的。

当前,社会上十分流行家庭体育项目。这些项目一般为体育游戏类,需要三两个人互动来完成。

（三）以性别为依据划分

按照这一标准进行类型划分,实际上是针对运动项目对不同性别的适应程度而进行的分类。例如,大秧歌对于女性群体是较为适用的,而大球类对于男性则更为适用。这种分类对于指导不同性别锻炼者健身是非常有利的。

（四）以体育消费为依据划分

按照这一标准进行类型划分,实际上是对锻炼项目的商业价值进行分类。例如,当前流行的跆拳道、搏击操等就是在商业健身房有偿服务的项目;练习大秧歌、长走等就属于低消费健身类项目。但是,由于体育项目的健身价值"趋同",不论高消费健身活动还是低消费健身活动,锻炼的价值是一样的,只是享受的程度不同而已。通过这种分类方法,对于区分健身活动的商业开发价值是较为有利的。

（五）以目标优先级为依据划分

按照这一标准进行类型划分,实际上是指健身者的健身活动目标可能不是一个,而是几个,按照目标权重程度进行排列之后的分类。例如,如果休闲目标是优先级,而锻炼目标是其次,那么,锻炼者可能选择体育休闲类项目;相反,如果锻炼目标是优先级,而休闲目标是其次,那么,锻炼者可能选择休闲体育类项目。需要强调的是,这里的体育休闲类项目主要包括滑雪、滑沙、潜水、跳伞等项目;休闲体育类项目则主要包括乒乓球、羽毛球、篮球等。

(六)以是否使用体育器材为依据划分

按照是否使用体育器材分类是指根据健身活动是否需要体育器材进行的分类。我国是个大国,也是个弱国,全民健身的物质基础比较薄弱。因此,可以看到,我国大众中的锻炼者,不使用体育器材的锻炼形式比较多,也就是空手进行练习的人很多。例如,太极拳、长走等锻炼形式。随着国民经济的发展和我国全民健身事业的发展,使用体育器械的锻炼活动逐渐多起来。例如,羽毛球、太极柔力球、全民健身路径的锻炼等。从这个角度分类,可以根据场地和器材选择不同的锻炼活动。

(七)以参与人群活动地域为依据划分

按照这一标准进行分类,实际上就是以我国地方与少数民族体育项目多的特征为依据来对健身活动进行的分类。例如,内蒙古地区蒙古族的摔跤、延边朝鲜族自治州朝鲜族的荡秋千以及舞龙、舞狮等。从这个角度分类,不仅对于区分不同地区开展体育活动的传统优势有所助益,对于观察与学习其他地区的健身活动特点也是非常有利的。

(八)以广义与狭义的健身活动为依据划分

按照这一标准进行类型划分,实际上就是以健身系统为依据进行分类。广义的健身活动包括锻炼活动、体质检测、运动竞赛等。这些重要因素都会对大众体育的健康发展起到积极的促进作用。狭义的健身活动仅仅指锻炼活动本身。从这个角度分类,对于从系统的角度出发观察健身活动,组织健身活动,管理健身活动,提高体育锻炼的效益都是非常有利的。

(九)以参与锻炼人群的年龄特征为依据划分

按照这一标准进行类型划分,实际上就是以健身活动适宜人群为依据进行的分类。众所周知,人在不同的年龄段,喜爱的体育锻炼项目也是有所变化的,很少有人终身只喜爱一个项目、从事一个项目。这是由于体育项目的文化特质不一样,适应的人群也不一样。例如,年轻人更喜欢时尚项目,如轮滑;而中老年则更喜欢选择有锻炼实效而又休闲的项目。

(十)以运动项目的运动强度为依据划分

按照这一标准进行类型划分,实际上是以锻炼项目需要的运动强度大小为依据进行的分类。有些锻炼项目的锻炼强度大,如长跑;有些锻炼项目的锻炼强度小,如长走。从这个角度分类,有利于观察到适合不同人群锻炼的项目选择问题。弱者,就选择运动强度低的锻炼项目;强者或有锻炼积累的人,就可以选择运动强度大一些的锻炼项目,从而使锻炼的需要得到更好的满足。

二、全民健身活动的管理

全民健身活动种类繁多,内容更是丰富多彩,因此,对全民健身活动进行管理就显得尤为重要。

(一)全民健身管理的目标

对于一个组织来讲,通过决策和行动争取达到的理想目的,以及验证其决策行动同其理想目的相符程度的衡量指标,就是所谓的目标。作为任何一项具体的全民健身管理活动或工作一定有一个欲达成的具体目标,而管理活动的具体达成目标又一定是组织总体目标规定下的产物。组织既定目标是其存续目的性的一个阶段性表现。

总的来说,体育组织的管理目标是要实现组织既定的目标,组织既定目标可以被分解成各类管理活动的具体目标,这些具体管理目标的逐步实现将最终帮助实现组织的既定目标,如图 10-1 所示。

当前,增强人的健康水平,减少疾病发生率,提高工作效率,增加经济效益,促进社会经济的发展,是全民健身的主要目的所在。因此,各种全民健身组织的既定目标应该是使社会成员的体质和健康水平得到有效的提高,使人们的娱乐、消遣等需要得到较好的满足。全民健身管理的目标则是促使全民健身组织既定目标得以顺利实现。

现阶段,需要实现增加体育人口、开展国民体质监测、进行全民健身宣传、培训全民健身干部、筹措全民健身经费等一系列管理工作子目标,才能使全民健身的管理目标得以更好地实现。

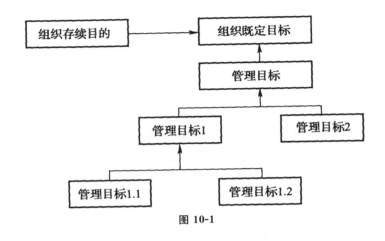

图 10-1

（二）全民健身管理的任务

任务是目标的具体化。从当前形势来看，全民健身管理的基本任务主要有以下几个方面。

1.使健身人口增加,国民健康水平得到有效提高

我国全民健身的根本目标就是使健身人口进一步增加,国民健康水平得到有效提高,而将这一目标落实到全民健身管理工作中则需要广泛开展形式多样、健康文明的全民健身活动,动员更多的人参与全民健身活动。所谓使更多的人参与,就是要做到以下 3 个方面的要求:首先,要使正在参与的人坚持下去;其次,要使中断参与的人重新参与;最后,要使尚未参与的人尽快参与。

2.使全民健身的效果得到有效提高

作为健身的主体,人本身就具有非常重要的地位和作用。我国人口众多,全民健身一定要使各类人不同的需要都得到较好的满足,并使人们得到不断的发展。这些人(尤其是成年人)具备自身发展的动机和能力,在全民健身过程中,全民健身的对象所处的地位具有全民健身客体与全民健身主体的双重性,全民健身工作者受国家政府的委托,担负着实施全民健身的任务,是全民健身的组织者和管理者,他们要运用一定的科学知识与原理向全民健身对象施加影响,使之达到社会所期望的目的。全民健身管理工作要不断地为人民群众创造和提供科学文明、丰富多彩的体育知识和技术,从而使人们健身的效果得到进一步的提升。

3.使全民健身的环境得到改善

全民健身环境的改善主要涉及舆论环境、信息环境和物质环境这3个方面。为了使更多的人参与体育健身活动,不仅需要营造一定的舆论氛围,还需要提供一定的物质保障条件。要通过各种宣传活动,引导激励人们崇尚体育健身、参与体育健身、科学健身的理念,使全民健身成为社会的普遍共识;要为人们参与健身活动创造更好的条件,不断建设和完善体育设施、体育组织、指导者队伍和法规制度等组成的多元化体育服务体系,以支持、吸引、动员更多的人参与全民健身活动。这不仅是各级政府的责任,也是有条件的社会组织和个人的共同责任。

4.对健身与健康投资进行有效的刺激

从社会的角度来说,健康是人们生存、享受与发展的基础和资本,向体质与健康投资,进行体能与健康储备,如同知识储备与能力储备一样重要。进行体质与健康消费,就如人们进行教育消费一样,应当成为人们日常消费的一部分。全民健身工作应当在开展群众性体育活动中引导人们进行体质投资和体育消费,并不断致力于繁荣发展全民健身产业,从而有效满足人们的不同体育需求。

(三)全民健身管理的原则

对于全民健身来说,对其进行管理是需要遵循一定的原则的,具体来说,应遵循的原则主要有以下几个方面。

1.整分合原则

全民健身管理目标的多样性使得管理者难以准确地确定目标,而应用整分合原则,可以使复杂多样的目标条理化、系统化,构成科学的目标体系。

(1)全民健身管理的整分合原则的基本内容。就全民健身的管理目标而言,在管理过程中遵循整分合原则应具体做好以下3个方面的工作。

一方面,从整体意义上来说,对全民健身系统的总体目标进行总体的本质把握。这是构筑目标体系的基础,是整个目标体系的纲领。增强人民体质,提高全民素质和生活质量,就是全民健身的根本目标所在。

另一方面,将全民健身的总体目标科学地分解为一个个分目标,逐一实现,从组织系统的角度,可以把组织的总体目标分解为下属各个单位的目标。例如,可把一个省的目标分解后分配到各个市,成为各市的目标;从管理要素的角度,可以对总体目标进行分解,最终成为人事目标、财务目标和物质配置目标。

还有一方面,对全民健身的多个目标进行总体组织综合。实现系统的总体目标分工不是管理活动的终结,是管理活动的细化和继续。分工后的各个环节,可能在时间、空间、数量和质量等方面脱节。因而需要严密的组织,有力的协调,实现科学有效的综合。

(2)全民健身管理的整分合原则的注意事项。这样一个总体—分解—综合的过程,能够将整分合原则的主要含义反映出来。由于全民健身管理系统存在着复杂性,因此,社会环境的差异,参与人员的差异以及活动内容的差异,都会在不同程度上影响全民健身。因此,这就要求以不同的情况为依据来有针对性地采取不同的管理办法。

另外,在全民健身活动管理过程中贯彻执行整分合原则时,要对以下几个方面加以注意。

第一,分解不是管理职能和职权的分解,而是对全民健身管理目标的分解。任何一个承担任务的组织或个人,必须对所承担的工作具有计划、组织、控制等全面职能。

第二,承担全民健身任务的组织或个人,应享有必需的人、财、物上的自主权,实现责、权、利的一致。

第三,要对全民健身社会环境条件的区别加以注意。我国是一个正在迅速发展、迅速变革的国家。发展和变革不可避免地导致了社会环境的不平衡。在一些沿海地区已经接近中等发达国家的同时,一些内陆省份还未能彻底解决温饱问题,这就造成了全民健身管理环境的千差万别和管理因素的错综复杂。因此,在全民健身管理中,必须贯彻区别性原则。

第四,要对全民健身活动内容和形式的区别加以注意。由于参与全民健身活动的人们有着千差万别的体育需求,全民健身的内容也是千姿百态。一般说来,全民健身活动应当是小型的,多样化的,以便适应不同群体的需要,使全民健身活动能为多数人所接受,并长期地坚持下去。目前健身、健美、娱乐等体育形式已经为人们所接受并呈现出良好发展的势头。

第五,要对参与全民健身人员的区别加以注意。全民健身参与人员的构成极为复杂,对于不同年龄、性别、职业,不同文化和社会背景以及参与体育活动的不同动机等要有所区别。

2. 社会化原则

动员和团结各部门、各行业、各社会团体共同抓好全民健身工作,使全民健身活动进入家庭,深入社会,这就是所谓的社会化原则。

在全民健身活动管理过程中贯彻社会化原则,需要对以下几个事项加以注意。

第一，全民健身管理者应提高对体育社会化的认识。

第二，体育系统要尊重其他各部门的意见，善于团结，一起抓好全民健身工作，处理好相互之间的关系。

第三，改革体育体制，突破纵向，打开横向，调动各种社会力量的积极性，促进全民健身社会化。

3. 激发性原则

采用各种形式与手段激发人们自觉积极地参加体育活动，就是所谓的激发性原则。全民健身活动是广大群众自觉自愿参加的一种有目的有意识的社会行为。开展全民健身活动，关键在于群众的积极性，而群众的积极性，不是靠行政手段强迫命令逼出来的，而是靠宣传、教育、启发、诱导等多种形式激发出来的。

在全民健身活动过程中贯彻激发性原则，需要对以下几个事项加以注意。

第一，要对人民群众参加体育活动的动机的激发引起重视。使"让我参与"变成"我要参与"，激发参加者的主动性。使人们自觉锻炼身体，而不是靠强制性来从事全民健身活动。在激发参与全民健身活动的同时要注意提高参与者的自信心，使他们意识到自己有能力参与并且会做得很好。

第二，要对人民群众学习先进和榜样的热情的激发引起重视。这也是激发性原则的一种方式，即榜样激发，通过树立样板、典型示范等方式提供学习的榜样，运用榜样的力量激励人们积极地参与体育活动，并在活动中取得良好的效果。

第三，要将人民群众的竞争性适当激发出来。这是一种重要的激发方式，虽然全民健身本质上不是以竞技成绩为目标的体育，但是通过引入各种形式的竞争，可以满足人们好胜心与高成就的愿望，从而提高人们的参与兴趣。在实行竞争激发时，可以组织各种有趣味的竞赛，也可以进行各种内容的评比。

4. 多样性原则

照顾各类人员的需要、地域的差异、季节的变化，采取各种各样的活动内容、组织形式和竞赛方式，使得全民健身活动得以持久、生动地开展，是遵循多样性原则是主要目的。全民健身活动的多样性主要表现在活动内容的多样性、组织形式的多样性、竞赛方式的多样性3个方面，因此，在全民健身管理过程中要充分重视全民健身活动的多样性，为人民群众更好地从事健身活动提供选择。

5.可行性原则

全民健身的组织、内容、形式及开展全民健身活动的计划、方案、措施等,必须从实际出发,做到切实可行,这就是所谓的可行性原则。

在全民健身管理过程中贯彻实施可行性原则,需要做到以下 3 个方面的具体要求。

第一,从我国经济实际出发,利用有限的人力、物力、财力多办事。

第二,从我国人民身体实际出发,选择全民健身活动内容。

第三,从我国民族习惯出发,形成我国全民健身的特点。

(四)全民健身的科学化管理方法

实现目标的手段,就是所谓的方法。由此可以得知,在全民健身管理活动中,为实现全民健身管理目标,所采取的各种具体手段和措施,就是全民健身管理的方法。管理原则是制定管理方法的基准,管理方法是管理原则的具体化。因此,全民健身的管理方法也一定要根据全民健身管理的基本原则和全民健身的具体情况来确定。

由于我国全民健身具有广泛性、业余性、自愿性、松散性等显著特点,因此,在制定全民健身工作的管理方法时,要对这些特点进行充分的考虑。要想实现全民健身的科学化管理,应综合运用以下管理方法。

1.行政方法

行政方法是全民健身管理中的一个基本方法,具体是指按照一定的职权范围,下达指令直接指挥管理对象的方法。

(1)行政方法的基本特点。行政方法具有较为显著的特点,主要表现在以下几个方面。

第一,强制性特点。行政方法具有鲜明的强制性,究其原因,主要是由于行政方法是通过各种行政指令来对管理对象进行指挥和控制,这些指令是上级组织行使权力的标志,下级必须贯彻执行。需要强调的是这种强制是指"非执行不可"的意思,与官僚主义的强迫命令有很大不同,它对人们的要求是在思想上和行动上服从统一意志,强调原则上的高度统一。

第二,权威性特点。行政方法是否有效,所发出指令的接受率以及上下级之间的沟通,最重要的决定性因素就是管理者的权威。因此,不断地完善和健全学校各级体育管理机构,强化职、资、权、利的有机统一,努力提高管理组织和管理者的权威性,是行政方法得以有效运用的基本条件。

第三,针对性特点。行政方法是不断变化的,其变化在实施的具体方式、方法等方面都有所体现,变化的依据是对象、目的和时间在不断变化。这也使行政方法具有一定的局限性,往往只对某一特定时间和对象产生重要的决定性作用。因此,在运用行政方法进行管理活动时,既不能把它看成是唯一的方法,也不能不顾对象、目的和时间的不同而滥用。

第四,稳定性特点。管理系统具有严密的组织结构、统一的目标、统一的行动、强有力的调节和控制,对于外部因素的干扰具有较强的抵抗作用,因此具有稳定性,但这种稳定性是相对的。

总的来说,行政方法实行强制,但是,这并不意味着专制。应用行政方法要有一定的条件,即指令的目标性、科学性和权威性。目标性是指行政指令一定要符合管理目标。在全民健身工作中,由于管理目标具有多样性,因此在应用行政方法时,一定要慎重,不要使指令违背管理目标;科学性是指行政指令要实事求是,要经过科学的调查研究;行政管理中,应注意管理者是否具有权威性。因为行政指令被接受和执行的程度取决于管理组织和管理者的权威。权威越高,指令被接受和执行的效率越高,反之效率越低。

(2)行政方法的执行方式。在实行行政方法时,下达指令的方式包括命令、指令、条例、规定、通知和指令性计划等。实际工作中,可采用的行政性方式往往有以下几种。

第一,依靠各级体育行政部门的领导,将全民健身工作纳入其工作计划和目标。

第二,争取单位行政领导的支持,纳入单位的工作计划、工作目标,积极向单位领导进行宣传,争取得到领导的指示。

第三,正式向行政领导或有关部门提出请示或报告,争取得到领导或有关部门的批示。有了文字的依据,便于推动工作。

第四,纳入领导议事日程,形成工作决议争取把全民健身工作问题纳入领导的议事日程,并形成决议。一旦形成决议,就要贯彻执行。

第五,将一些行之有效的制度制定出来。在一个基层单位或一个小环境中也可以制定一些制度,比如制定锻炼制度、竞赛制度、检查身体的制度等。

第六,将利于基层全民健身的计划和规划制定出来。这样的计划和规划一经领导批准,就可根据它来执行。比如竞赛活动的计划、场地设施建设的规划等。

第七,将促进基层体育活动开展的规定和标准制定出来。如有关场地设施使用的规定,单位场地设施的标准,人均活动费用标准等。

2.经济方法

经济方法是全民健身管理中的一个基本方法,是指使用经济的手段,利用经济利益的后果影响被管理者的方法。

(1)经济方法的基本特点。同行政方法一样,经济方法也具有其本身显著的特点,具体如下。

第一,间接性特点。经济方法是通过对各方面经济利益的调节来进行的,是间接性的,如物质奖励等经济方法的运用等,并不能对人们的行为方式进行直接干预。经济方法实现调动积极性、提高工作效率的目标是通过对人们的价值取向和行为的引导、激励达到的。

第二,有偿性特点。运用经济方法,要求组织之间的经济往来应根据等价交换原则,实行有偿交换,因此,在全民健身管理工作中运用经济方法,必须注重多种方法的综合运用,强化思想教育,以促进全民健身目标的尽早实现。

第三,关联性特点。经济方法具有较宽的影响面、涉及的因素也较多,而且每一种经济手段的变化都会影响到全民健身管理系统内部多方面的连锁反应。因此,在管理中运用经济方法,应把握具体管理对象的特殊性质,注重对未来发展的预测,使经济方法将其应有的作用充分发挥出来。

(2)经济方法的执行方式。在推动全民健身管理工作的过程中,采用经济方法进行管理时,往往会用到拨款、投资、赞助、奖金、罚款等经济手段和经济责任制、承包制、招标制等经济制度。采用经济方法进行管理,要特别注意不能脱离主要的管理目标,还应注意不要忽略社会效益,实际上,也只有当满足了人们的体育需求时,全民健身活动才有经济效益可言。

实际工作中可采用的具体经济方法主要有以下几种。

第一,尽可能争取相应的资金投入。开展基层全民健身工作,提高广大群众的体质与健康水平是关心群众生活的具体表现,也是企业文化、社区文化、村镇文化、校园文化等建设的一个内容,应当有必要的资金投入。我们的全民健身工作者要善于争取到这部分资金。

第二,尽可能争取赞助,保证集资的广泛性。在社会上开展群众性体育活动的资金,可从这个单位争取一点,那个单位争取一点,有钱的出些钱,有物的出物。此外,全民健身可以用集资、自己负担自己的办法,比如参加某项活动,部门、单位、个人交报名费,或大家凑一点,把钱集中起来搞活动。

第三,将奖励与处罚有机结合起来。该方式对于个人和集体都是适用的。具体操作时,可规定一定条件下奖励与处罚的标准,可以是物质的奖励与处罚。也可以是精神的奖励与处罚,比如规定一次活动出席人数达到什么比例奖励多少,达不到如何处罚等。在奖励和处罚中要注意调动集体的荣誉感,用集体利益调动或制约个人行为。

3.宣传方法

对于全民健身管理来说,宣传方法是一个重要方法,同时也是任何一种管理方法实行,管理决策制定,都必须采用的方法。由于全民健身大多以人们自愿参加为主,因而通过有效的宣传,可以使人们加强对体育的理解。从而自觉自愿地投身到体育活动中来。

(1)宣传方法的基本特点。宣传方法所具有的特点主要表现在以下几个方面。

第一,先行性特点。通过宣传教育,被管理者可以对管理方法和决策有充分的了解,同时也可以对自己如何配合行动加以思考;在管理过程中实施各项决策之前,通过宣传和教育,还可事先预测到人们可能产生的各种反应,制定相应的宣传教育措施予以预防,从而使其正面效应得以强化,可能产生的不良效应得到有效的抑制。

第二,疏导性特点。开展宣传教育,要动之以情、晓之以理,将人们的自觉性充分激发出来。对思想问题采取回避或捂堵的方式是不能奏效的,甚至会激化矛盾。只有因势利导,才能达到教育的实效。

第三,滞后性特点。人们的认识和思想是对客观事物的反映,因此,管理者只有在事情发生之后或有些苗头的时候,才能保证一些思想教育工作的顺利开展。

第四,灵活性特点。时期不同、管理对象不同,思想基础、性格类型、价值观念和需求等方面也存在着一定的差别,这就要求宣传教育工作必须以不同的时期和不同的管理对象为根据,对宣传教育的内容和重点、形式和手段进行确定,使其灵活性和针对性得到有效的保证。

(2)宣传方法的执行方式。宣传的形式有很多种,除了大量的口头宣传,还有广播、壁报、通信等。在有条件时,应该争取向报刊、电台投稿;在举行大型活动时,还可以争取电视台转播。越是广泛运用宣传工具,就越能收到较大的宣传效果。

要将宣传方法在基层全民健身管理中的作用充分发挥出来,可采用以下具体方式。

第一,使对基层人民群众的宣传得到加强。宣传党和国家的全民健身方针政策;宣传全民健身改革的新思路、新举措、新观点;宣传先进单位的典型经验;宣传科学的健身知识和方法,转变陈旧落后的健身观念;宣传科学健康文明的生活方式,转变不科学的生活方式;宣传参加健身活动的好处,动员全民参与健身。

第二,将各方面的关系协调好。树立全民健身工作机构和成员的良好形象。协调好各方面的关系,疏通好各种工作渠道,求得各方面的支持,是各基层全民健身管理工作的重要手段。

第三,通过分类分别进行相应的指导。区别不同单位、不同人的情况,因人、因地、因时制宜,提出不同的要求,并在工作中给予具体指导。

第四,对完成计划的情况进行检查与评价督促,从而使任务的落实得到有力的保证。不能什么工作只有布置没有检查,否则任务就容易落空。

第五,在基层开展具有竞争性特点的全民健身活动,竞赛是一种好形式,被称为推动全民健身工作开展的"杠杆",可以起到调动、激励、宣传和号召的作用。竞赛形式可灵活多样。

第六,表彰与评比树立典型,鼓励先进,激励后进,找出差距,不断提高。这种手段是利用人的向上心理和竞争机制,能够有效地促进工作。通过典型经验,来对全局工作起到积极的推动作用。

第七,积极弘扬中华体育文化,开展传统健身活动,使一些为群众喜闻乐见的体育活动形成传统。比如,可以每年利用一些传统节日开展形式多样的运动会。

第三节　全民健身效果的评价

一、全民健身效果评价的概念与意义

(一)全民健身效果评价的概念

依据一定的标准,对在全民健身过程中取得的成效进行评定或验证,就是全民健身效果的评价。全民健身效果评价包括 3 个基本过程,即检查、测定和评定。其中,检查是通过观察、主观感觉而对全民健身效果和锻炼者身体状况所进行的一般衡量;测定是通过实验、测量和测验等客观手段,对全民健身活动和个人身体状况指标进行描述和标记;评定有时也称评估,是根据测定所获取的数据或指标,运用有关标准或理论,对全民健身过程的成果进行价值判断。检查带有经验判断的性质,测定和评定是两个互相联系的不同过程,测定是评价的基础,评定以测定为前提,评定的准确性在很大程度上与测定手段和操作方法的科学性,以及正确标准的支撑有着密切的关系。科学组织的全民健身活动,不能脱离对全民健身效果的评价。

通常情况下,可以将全民健身效果的评价大体分为两个基本层面,一个是宏观层面,另一个是微观层面。从宏观层面上说,全民健身效果的评价主要体现在国家和社会推进全民健身的政策措施的制定和执行上。国家应当在把握现代社会和广大民众对体育需求的基础上,制定出切实可行的推进全民健身的政策措施,并保证其得到良好的贯彻实施。全民健身事业与整个文化事业的和谐和可持续发展,也是全民健身效果评价的重要体现。对个体而言,全民健身运动效果的评价主要在生物性效果、心理性效果和社会性效果3个基本方面得到体现。全民健身的终极目标,是使锻炼者个体发生由弱趋强、由病转康的变化,达到益寿延年之效,但这种转化过程是由一系列锻炼单元(若干个锻炼日)逐渐积累而成的。只有在各个锻炼单元中都能取得良好的锻炼效果,才能有效保证锻炼的积累效果。

(二)全民健身效果评价的意义

全民健身效果的评价对于克服体育健身的盲目性有积极的帮助,对获得最佳身体锻炼效果,克服伤病等不良反应也都具有重要的意义。

具体来说,全民健身效果评价的意义主要表现在以下几个方面。

首先,在宏观层面上对全民健身的效果进行评价,国家有关部门以全民健身的需要和现实情况为依据,将科学有效的全民健身政策和措施制定出来,保证这些政策和措施在实践中得到有力的贯彻实施,并以实际进程为依据及时调整全民健身的政策措施,对整个社会的全民健身工作有序地向前发展以及全民健身事业与其他文化事业的和谐协调起到积极的推进作用。

其次,对锻炼者的身体状况和运动能力等进行测定和评价,能够将锻炼者在身体各机能、各种身体素质和运动能力等方面的基础条件明确下来,以便科学地确定体育锻炼的内容、方法和负荷量度,并为体育锻炼结束后评价体育健身效果提供基础指标,从而对体育锻炼时身体受到刺激的程度进行分析,为锻炼过程的负荷控制积累资料。

最后,全民健身效果个体评价的反馈作用非常重要。比如,体育健身效果测定与评价中的良性结果,对于锻炼者的积极性和兴趣的调动有着积极的帮助,其不良结果为运动后的不良反应提供预警机制,为改进锻炼手段、方法提供了努力方向。因此,其在一定程度上保证了体育健身运动的科学化,以及体育锻炼效果的提高。

二、全民健身效果评价的类型划分

全民健身效果的测定方法有很多种,可依不同的需要灵活选用。具体来说,全民健身效果评价的类型划分主要有以下几种。

(一)纵向评价与横向评价

以时间的纵深发展来评价全民健身的效果,就是所谓的纵向评价;从现代社会的大背景来评价全民健身的效果,就是所谓的横向评价。俗话说,有比较才有鉴别。通过对历史和现代的、过去的和现在的、目前的和将来的、现实的和预期的材料进行分析评价,才能坚持用历史唯物主义的观点看待问题,才有可能把握我国全民健身运动的发展规律和未来趋向。通过对国际国内以及各个地区的横向比较,才可能分析各个国家和地区在全民健身运动中的差异和不同,才能扬长避短,从而使全民健身工作的思路得到进一步的拓展。

(二)自我评价与他人评价

自我评价主要通过主观感觉、观察进行定性检查和评价,也可采用较为简易的定量测评方法。这是健身锻炼最常用的方法,具有方法简便、及时,便于操作,但主观成分较大等显著特点。

他人评价是以特定要求为依据由专人进行的评价,其主要特点是需要一定的设备和仪器,但客观性较好,比较规范,他人评价要有一定的组织工作。

(三)主观评价和客观评价

评价人根据观察、感觉和个人经验等来评价健身锻炼效果,就是所谓的主管评价,其既可由锻炼者个人进行,也可由他人进行。需要注意的是,该法不需要仪器设备,简便易行,缺点是客观性较差。

借助于测试仪器设备,用规范的方法获得精确的数据,用一定的标准评价锻炼效果,这就是所谓的客观评价。在实践中,应创造条件,更多地采用定量化评价的方法。

(四)绝对评价和相对评价

绝对评价即不考虑被评者的个人情况,只依据某种特定的标准或指标而对其进行评价。它反映出个人参加全民健身活动的实际水平和身体发展程度,有利于在不同个体之间进行横向比较。相对评价是考虑锻炼者个人在身体和运动能力方面的进步幅度而进行的评价。尽管这种评价方法不利于进行不同个体的比较,但在把握个人锻炼状况时却有其特定的优势。由于每个个体存在身体、运动能力和心理状态的差异,而体育锻炼过程也是一个渐进的身体优化过程，因此，在全民健身实践中常常更多地采用相对评价的方法。

（五）单一指标评价与多指标综合评价

只选择一个指标对全民健身某一方面的效果进行测评，就是所谓的单一指标评价。比较常见的有：长跑锻炼中采用时间测评法，减肥锻炼中采用体重测评法。这种测评方式具有较为显著的特点，主要表现为：简便，针对性强，能较灵敏地反映身体锻炼后某一方面机能和能力的改善情况。要使单一指标测评更为有效，重要的是选择合理有效的测评指标和进行科学的测定。

以锻炼者体质和身体锻炼的特定需要为依据，精选若干个测定指标，组成一个测定体系，对锻炼对象进行测定，再利用一定的权重关系对锻炼者身体锻炼情况做出综合评判，这就是所谓的多指标综合评价，比较常见的有我国的"国家体育锻炼标准""中国成人体质测定标准"等。需要注意的是，多指标综合测评的具体方法很多，可以有定性评价，但以定量评价为主。在定量测评的若干因素中，可以采用单项评分累加法、平均法、标化加权法、相关法、指数法等。选用各类指标时要尽可能全面反映全民健身不同方面的效果，从而使同类指标重复的现象得到有效避免。

（六）对个体的评价与对群体的评价

以某个人作为测定评价对象，运用有关手段、方法进行测定评价的方法，就是所谓的对个体的评价。在对个体进行评价的基础上，对某一特定群体的身体状况和体育健身效果进行评价，就是所谓的对群体的评价，较为常见的有：对某个学校学生或社区体育锻炼者进行的整体评价。对体育人口的评价，也属于这一类型。有了对不同群体的身体状况和体育锻炼的测评结果，就可以进行不同群体之间的比较分析，而个体也可以用群体指标作为参照系，评价自身的身体状况，并对体育健身过程加以综合分析。

（七）对健身结果的评价与对健身过程的评价

对体育健身结果的评价侧重于对健身锻炼结果（即某一锻炼单元结束后成果）的测评，是由果推因的评价。这种评价结果对锻炼者积极性的提高起到直接的推动作用，但是，也存在着一定的缺点，即运用的周期较长。

对体育健身过程的评价是对健身锻炼过程状态的检查，是一种由因推果的方法。如根据运动处方的要求组织的测评，可使锻炼者达到所规定的运动强度、运动时间和频度。其对行为本身的评价较为重视,具有方法简单,标准明确等显著特点,能对人们参加身体锻炼起到积极的推进作用。

(八)静态评价与动态评价

静态评价是在锻炼者处于静息或相对安静时所进行的测评,较为常见的有:测评锻炼者的基础脉率、血压、锻炼前的脉率等。静态测评主要是对锻炼者的长期适应情况进行了解,从而对身体锻炼的效果加以评价。

动态评价则是对锻炼过程进行的测评与控制,较为常见的有:根据遥测心率计测定和控制锻炼者的心率变化。这对于了解身体在运动时的反应以及身体运动指标等是有所帮助的。

(九)瞬时评价与延时评价

瞬时测评主要在身体锻炼过程中运用,常用于对身体锻炼负荷量度的控制,比较具有代表性的有:测定运动中的各种生理生化指标,身体练习的刺激大小和身体对负荷的适应情况。

延时测评主要测评身体锻炼的积累效果,通过分析人体处于常态时的身体状况,从而对其效果加以评价。

三、全民健身效果评价的基本要求

在进行全民健身效果评价时,为了保证评价的客观性和科学性,需要做到以下几个方面的要求。

(一)要以评价对象的需要为依据来有针对性地选择评价手段

全民健身过程中所用到的评价手段多种多样,每一种手段都有其专门的职能和作用,对评价器材、仪器和评价对象本身也有一定的要求。因此,要以锻炼者的需要为依据,有针对性地进行选用。

(二)要保证测评手段的可靠性、有效性、客观性、安全性

测评的指标和方法要有代表性和多层次性,采用同类指标时可运用不同的测定手段,因此,这就要求在选择时要达到可靠、有效、客观。同时,也要对安全的要求进行充分的考虑。

（三）评价标准要具有一定的可比性

在评定全民健身效果的相关研究中,所选择的对象应具有随机性,所采用的评价标准应具有可比性。因此,这就要求在选择时要对不同年龄性别和锻炼者的身心特点加以考量。

参考文献

[1]吴旭光.体育·健康促进·安全[M].北京:地震出版社,2007.

[2]刘星亮.体质健康概论[M].北京:中国地质大学出版社,2010.

[3]杨忠伟.体育运动与健康促进[M].北京:高等教育出版社,2004.

[4]王晶.大学生体质健康状况分析及对策研究[D].泰山医学院,2012.

[5]郭文.大学生体质健康突出问题的现状、影响因素及其干预实验研究[M].杭州:浙江大学出版社,2012.

[6]杜伊涛.青少年体育锻炼行为习惯养成研究——以烟台市为例[D].鲁东大学,2013.

[7]谭思洁,王健,郭玉兰.青少年运动健康促进导论[M].北京:知识产权出版社,2012.

[8]晋愈飞.健康促进视域下大学生体质健康教育模式的构建及干预策略研究[J].山东农业工程学院学报,2016(06).

[9]吴景全,赵大鹏,周媛.增强高职学生体质健康途径和方法的研究[J].职教研究,2010(03).

[10]李洁,陈仁伟.人体运动能力检测与评定[M].北京:人民体育出版社,2005.

[11]袁尽州,黄海.体育测量与评价[M].北京:人民体育出版社,2011.

[12]孙庆祝,郝文亭,洪峰.体育测量与评价[M].北京:高等教育出版社,2010.

[13]裘琴儿.健康体适能理论[M].徐州:中国矿业大学出版社,2012.

[14]陈文鹤.健身运动处方[M].北京:高等教育出版社,2014.

[15]关辉.体育运动处方及应用[M].北京:北京师范大学出版社,2016.

[16]王文刚.运动处方[M].广州:广东人民出版社,2005.

[17]郎朝春.健康体适能与运动处方[M].北京:北京理工大学出版社,2013.

[18]邹学家.社会适应力[M].北京:北京理工大学出版社,2016.

[19]陈恣.学生心理健康与社会适应[M].北京:教育科学出版社,

2015.

[20]李相如,苏明理.全民健身导论[M].北京:高等教育出版社,2008.

[21]张发强.全民健身综论[M].北京:人民体育出版社,2007.

[22]《全民健身活动指导丛书》编委会.全民健身活动指导丛书·时尚健身体育篇(二)[M].西安:陕西科学技术出版社,2011.

[23]陈跃华.运动健身科学原理与方法研究[M].北京:水利水电出版社,2013.